编 委 会

2021年水利水电混凝土坝信息网技术交流论文集

■ 水利水电混凝土坝信息网　主编
■ 中国电建集团成都勘测设计研究院有限公司　主审

电子科技大学出版社
University of Electronic Science and Technology of China Press
·成都·

图书在版编目(CIP)数据

2021年水利水电混凝土坝信息网技术交流论文集 / 水利水电混凝土坝信息网主编. — 成都：电子科技大学出版社，2021.12

ISBN 978-7-5647-2056-8

Ⅰ.①2… Ⅱ.①水… Ⅲ.①混凝土坝–学术会议–文集 Ⅳ.①TV642.2-53

中国版本图书馆CIP数据核字（2021）第241207号

2021年水利水电混凝土坝信息网技术交流论文集

2021NIAN SHUILI SHUIDIAN HUNNINGTUBA XINXIWANG JISHU JIAOLIU LUNWENJI

水利水电混凝土坝信息网　主编

策划编辑　杨仪玮　刘　愚
责任编辑　杨仪玮
助理编辑　杨雅薇

出版发行　电子科技大学出版社
　　　　　成都市一环路东一段159号电子信息产业大厦　邮编 610051
主　　页　www.uestcp.com.cn
服务电话　028-83203399
邮购电话　028-83201495

印　　刷　四川煤田地质制图印刷厂
成品尺寸　185 mm×260 mm
印　　张　13.5
字　　数　320千字
版　　次　2021年12月第一版
印　　次　2021年12月第一次印刷
书　　号　ISBN 978-7-5647-2056-8
定　　价　68.00元

引 言
YINYAN

一、国外抽水蓄能电站的发展情况

抽水蓄能电站自从1882年在欧洲问世以来，已有100多年的历史。在瑞士苏黎世兴建的世界上第一座蓄能电站，功率仅515 kW，抽水扬程153 m，是一座季节型的抽水蓄能电站。此后这种电站逐年增加，1910年已有14座，1930年有42座。到20世纪40年代中期，世界上已有50余座抽水蓄能电站投入运行，其中有些蓄能电站抽水扬程在300 m以上。当时最大单机容量为33 MW，电站装机容量达132 MW。

早期的抽水蓄能电站以蓄水为主要目标，大多在汛期抽水蓄存在上水库中供枯水期发电用。20世纪50年代开始，随着电力系统的发展，抽水蓄能电站以调峰和调频等为主要任务。20世纪60年代后，抽水蓄能电站有了很快的发展：1961年世界各国投入运行的蓄能电站装机容量为6400 MW；1972年约达35 000 MW；1980年世界上已建成的抽水蓄能电站有170多座，总装机容量已近70 000 MW；1990年世界抽水蓄能电站总装机容量达到90 000 MW左右。1990年后，美国与西欧各国抽水蓄能电站建设速度明显减缓，亚洲的中国、韩国、印度等国的抽水蓄能电站建设速度明显加快，世界抽水蓄能电站建设重心转移至亚洲，尤其是中国。

二、我国抽水蓄能电站的发展情况

我国水力资源丰富，但分布极不均衡，主要集中在西南、西北地区，华北、东北、华东等地区水力资源贫乏。为解决电网调峰问题，我国自20世纪60年代开始研究开发抽水蓄能电站。最早在河北省岗南水电站引进1台日本11 MW抽水蓄能机组，20世纪70年代又有2台11 MW抽水蓄能机组安装于京郊密云水电站。它们是水头低、容量小、常规机组和抽水蓄能机组相结合的水电站。

自1978年以来，随着国民经济的持续、稳定发展，国家对电力的需求急剧增长，在京津唐和华东等以火电为主的电力系统中，缺乏调峰电源的矛盾日益突出。因此，在大工业基地和大城市等负荷中心附近且缺乏足够的水电调峰能力的电力系统中，修建抽水蓄能电站的必要性和经济合理性日益为人们所认识，抽水蓄能电站的建设和规划选点工作的步伐大大加快，开创了我国抽水蓄能电站建设的新局面。20世纪70年代后期，潘家口混合式抽水蓄能电站开始建设，潘家口水库被作为上水库，除了常规发电机组外，还安装了从意大利引进的3台90 MW抽水蓄能机组。高水头、大容量的纯抽水蓄能电站的建设也提上了日程。

截至2018年年底，我国已建抽水蓄能电站34座，投产总装机容量达到30 025 MW，在建装机容量达到42 710 MW，均为世界第一。到2020年，我国抽水蓄能装机容量已达到32 490 MW，预计到2025年，抽水蓄能装机容量将达到约90 000 MW。

本论文集共收录论文25篇，参与的会员单位有设计院、业主单位、施工单位、大专院校等，涉及内容包括施工新材料、新工艺、工程设计、科研与试验、工程监测、温控技术等，可供广大水利水电工程技术人员参考阅读。

目 录

MULU

抽水蓄能篇

常规电站篇

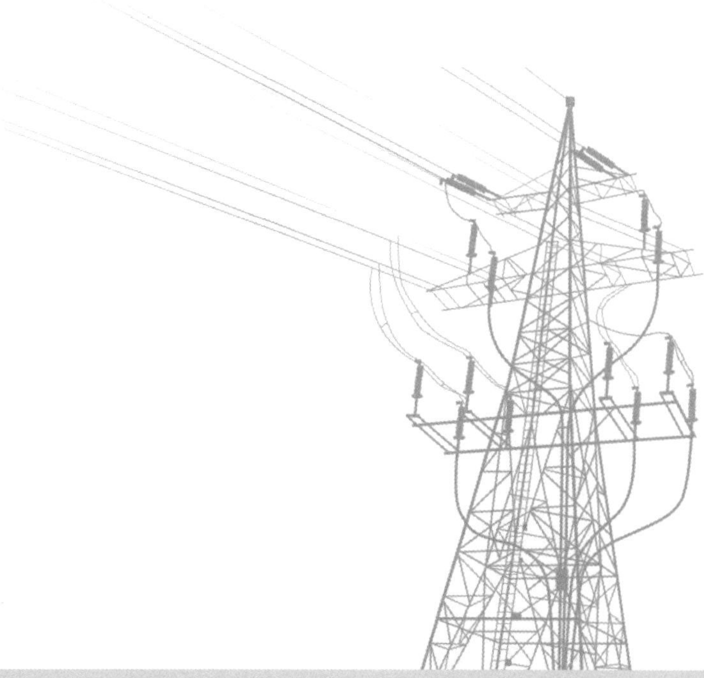

抽水蓄能篇

呼和浩特抽水蓄能电站枢纽布置

李振中　杨　威

（中国水电顾问集团北京勘测设计研究院有限公司，北京 100024）

摘　要：介绍呼和浩特抽水蓄能电站的总体枢纽布置，包括工程建设条件和主要枢纽建筑物的布置情况。

关键词：呼和浩特；抽水蓄能电站；枢纽布置；设计

1　工程概况

呼和浩特抽水蓄能电站位于内蒙古自治区呼和浩特市东北部的大青山区，距呼和浩特市中心约20 km。电站总装机4×300 MW，年发电量2075亿千瓦时，年抽水用电量26.767亿千瓦时，年利用小时发电数1673 h，为日调节的抽水蓄能电站。电站建成后以一回500kV出线接入蒙西电网，在电网中担任调峰、填谷、调频、调相以及事故备用任务。

电站枢纽工程由上水库、水道系统、地下厂房系统和下水库四大部分建筑物组成，主要建筑物包括上水库大坝和库盆、引水隧洞及引水调压室、高压管道、地下厂房洞室群、地面出线场、尾水隧洞、下水库拦沙坝和拦河坝、泄洪排沙洞及永久公路等。地下厂房采用尾部布置方式，引水系统采用一管两机、尾水系统采用一管一机的布置方案（如图1所示）。

工程等别为一等，工程规模属大（1）型，主要建筑物按1级建筑设计、次要建筑物按3级建筑物设计。上水库、地下厂房系统洞室正常运用洪水标准为200年一遇，非常运用洪水标准为1000年一遇；下水库拦河坝正常运用洪水标准为200年一遇，非常运用洪水标准为1000年一遇；下水库拦沙坝和泄洪排沙洞的正常运用洪水标准为500年一遇，非常运用洪水标准为2000年一遇。本工程上、下水库壅水建筑物抗震设防类别为甲类，抗震设计标准采用基准期100年超越概率2%，相应的地震水平峰值加速度为0.374 g，校核标准采用基准期100年超越概率1%，相应的地震水平峰值加速度为0.437 g；非壅水建筑物抗震设防类别为乙类，抗震设计标准采用基准期50年内超越概率10%，相应的地震水平峰值加速度为0.171 g。

2　工程建设条件

电站上水库位于大青山自然保护区主峰料木山的东北侧，下水库位于主峰西坡下的哈拉沁沟峡谷中部，输水发电系统位于哈拉沁沟左岸上、下水库间的山体内。

上、下水库间直线距离约为2 km，上、下库坝址处库底高差约553 m，额定发电水头为521 m，最大发电水头580 m，最小发电水头491 m，水泵最大扬程591 m，最小扬程510 m。

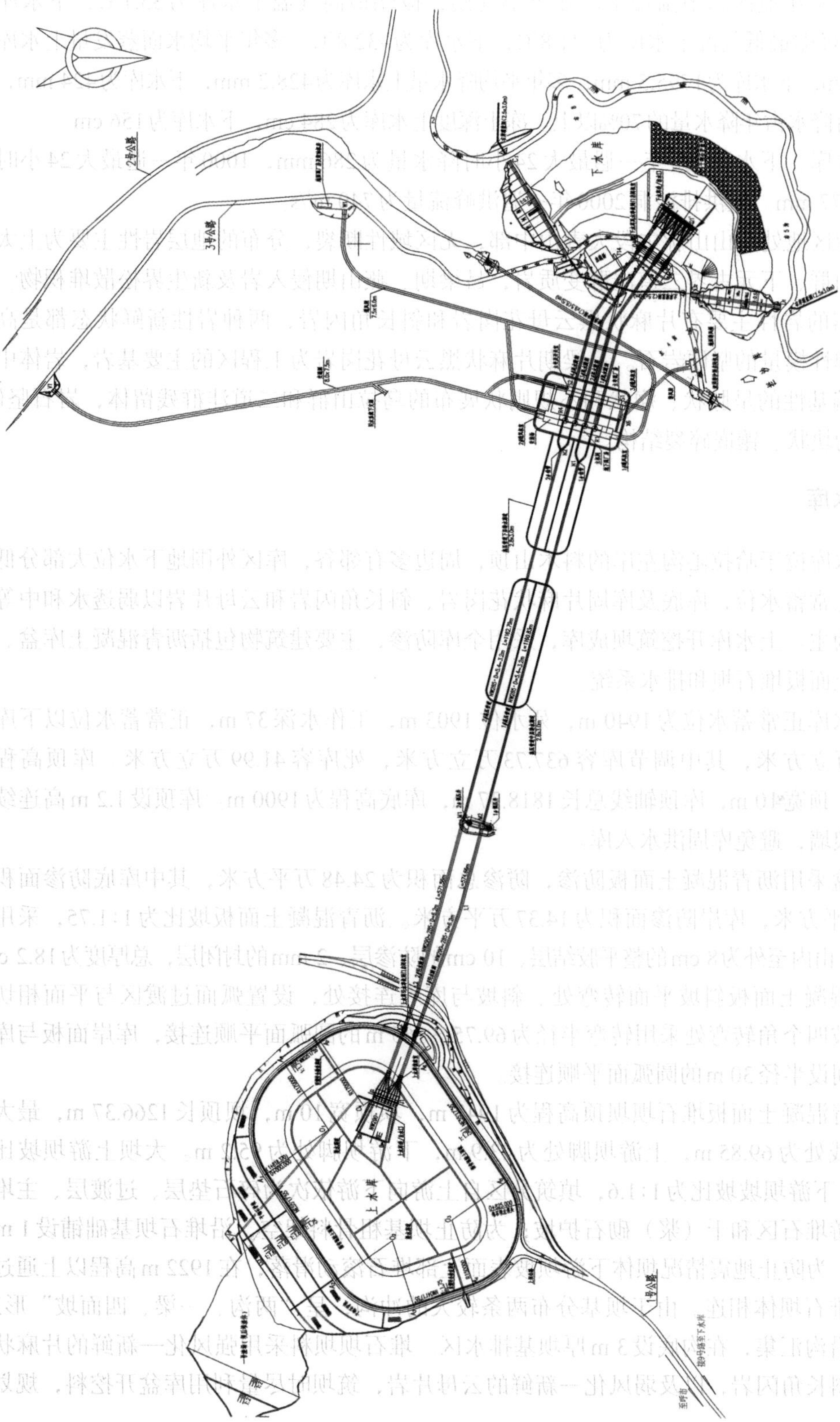

图1 枢纽布置平面图

工程所在地区属中温带季风亚干旱气候，极端最高气温上水库为35.1℃，下水库为38.5℃；极端最低气温上水库为-41.8℃，下水库为-32.8℃。多年平均水面蒸发量上水库为1883.6 mm，下水库为1795.5 mm；多年平均降水量上水库为428.2 mm，下水库为424 mm，其中6—9月降水占年降水量的70%以上。冻土深度上水库为284 cm，下水库为156 cm。

上水库、下水库200年一遇最大24小时降水量为286 mm，1000年一遇最大24小时降水量为377 mm。泄洪排沙洞2000年一遇洪峰流量为740 m^3/s。

工程区地处阴山山脉中段大青山中部，无区域性断裂，分布的地层岩性主要为上太古界乌拉山群、下元古界二道洼群变质岩，吕梁期、燕山期侵入岩及新生界松散堆积物。工程区出露的岩性主要有片麻状黑云母花岗岩和斜长角闪岩，两种岩性新鲜状态都是高强度、高弹性模量的坚硬岩石。吕梁期片麻状黑云母花岗岩为工程区的主要基岩，岩体中包裹大量偏基性的呈脉状、瘤状和不规则状展布的乌拉山群和二道洼群残留体，岩石坚硬，大部分为块状、镶嵌碎裂结构。

3 上水库

上水库位于哈拉沁沟左岸的料木山顶，周边多有邻谷，库区外围地下水位大部分低于上水库正常蓄水位，库底及库周片麻状花岗岩、斜长角闪岩和云母片岩以弱透水和中等透水岩体为主。上水库开挖筑坝成库，采用全库防渗，主要建筑物包括沥青混凝土库盆、沥青混凝土面板堆石坝和排水系统。

上水库正常蓄水位为1940 m，死水位1903 m，工作水深37 m，正常蓄水位以下库容679.72万立方米，其中调节库容637.73万立方米，死库容41.99万立方米。库顶高程为1943 m，顶宽10 m，库顶轴线总长1818.37 m，库底高程为1900 m。库顶设1.2 m高连续封闭的防浪墙，避免库周洪水入库。

库盆采用沥青混凝土面板防渗，防渗总面积为24.48万平方米，其中库底防渗面积为10.11万平方米，库岸防渗面积为14.37万平方米。沥青混凝土面板坡比为1∶1.75，采用简式断面，由内至外为8 cm的整平胶结层、10 cm的防渗层、2 mm的封闭层，总厚度为18.2 cm。在沥青混凝土面板斜坡平面转弯处、斜坡与库底连接处，设置弧面过渡区与平面相切连接，岸坡四个角转弯处采用转弯半径为69.75～165 m的圆弧面平顺连接，库岸面板与库底面板之间设半径30 m的圆弧面平顺连接。

沥青混凝土面板堆石坝坝顶高程为1943 m，坝顶宽10 m，坝顶长1266.37 m，最大坝高坝轴线处为69.85 m，上游坝脚处为43.9 m，下游坝脚处为95.2 m。大坝上游坝坡比为1∶1.75、下游坝坡坡比为1∶1.6，填筑分区自上游向下游依次为碎石垫层、过渡层、主堆石区、下游堆石区和干（浆）砌石护坡；为防止坝基粗骨料架空，沿堆石坝基础铺设1 m厚过渡料；为防止地震情况坝体下游坝坡表面上部堆石滚动滑落，在1922 m高程以上通过长锚筋与堆石坝体相连。由于坝基分布两条较大的冲沟，呈“两沟、一梁、四面坡”形态，渗漏水沿沟汇集，在沟底设3 m厚坝基排水区。堆石坝坝料采用强风化—新鲜的片麻状花岗岩和斜长角闪岩，以及弱风化—新鲜的云母片岩，筑坝时尽量利用库盆开挖料，规划紧邻水库东岸的四号山梁作为备用料场。为减少大量弃渣对工程区环境的影响，在坝后设置堆渣区。

排水系统包括排水垫层、排水管网和排水廊道。沥青混凝土面板堆石坝面板后设水平宽3 m的碎石排水垫层，坝面渗水通过面板后再通过排水垫层排到坝脚，然后沿过渡料或库底排水垫层排到坝下游或库底排水廊道。库岸边坡沥青混凝土面板后设0.6 m厚的碎石垫层，面板渗水透过排水垫层排至库底排水垫层内的塑料排水盲沟，最终排至库底排水廊道。排水廊道分为库底周圈廊道、连接廊道、外排廊道和安全检查廊道，总长约3056.35 m，城门洞形，宽1.5 m，高2 m。库底排水垫层内布置塑料排水盲沟管网收集面板渗水排入库底排水廊道，所有汇集至库底排水廊道中的渗水最后通过布置于坝基下的外排廊道集中排出库外。

4 引水系统

引水系统为一管两机布置，尾水系统为一机一洞布置，直进直出厂房。水道系统由上水库进/出水口、引水隧洞、引水调压井、压力管道、尾水隧洞和下水库进/出水口组成，长约2293 m（如图2所示）。

上水库设两个岸边侧式进/出水口，中心间距为272 m，底板高程1886 m，由进/出水口段、隧洞段和闸门井段组成，进/出水口前沿设前池。

引水隧洞布置在上水库西北侧的山体中，洞线走向为NW290°～NW285°。1#、2#引水隧洞分别长4384 m和434.94 m，坡度分别为6.787%和6.835%，圆形断面内径均为6.2 m，钢筋混凝土衬砌厚0.55 m。

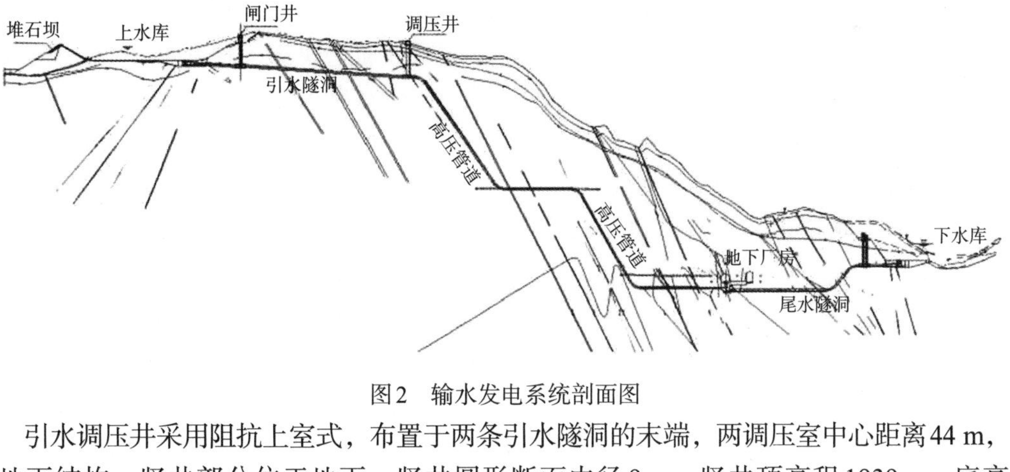

图2 输水发电系统剖面图

引水调压井采用阻抗上室式，布置于两条引水隧洞的末端，两调压室中心距离44 m，为半地下结构，竖井部分位于地下，竖井圆形断面内径9 m，竖井顶高程1939 m；底高程1860.5 m，下部设直径4.3 m的连接段与引水隧洞相连；上室位于地面，断面尺寸为25 m×9 m×12 m（长×宽×高），上室底板高程1940 m，顶板高程1951 m。

压力管道采用一管两机的布置方式，由压力主管、岔管和高压支管组成，采用钢板衬砌。两条压力主管平行布置，平面走向为NW285°，立面采用地下埋藏式斜井布置。1#压力主管长1092.14 m，上斜井与水平面夹角为55°，下斜井为60°；2#压力主管长1109.1 m，上斜井与水平面夹角为60°，下斜井为55°，均设有中平段，中平段中心高程为1550 m。压力主管管径由5.4 m变至4.6 m，钢衬外围回填混凝土厚0.6 m。

高压岔管布置在距厂房上游边墙65 m/50 m处，采用对称“Y”形内加强月牙肋钢岔管，分岔角70°，公切球直径为5.2 m，中心高程1280 m。岔管将每条压力主管分成2条高压支管，高压支管内径为3.2～2 m，长度为68.672、53.672 m，四条高压支管平行布置，走向为NW285°，垂直进厂。

为降低钢管外水压力，在压力管道中平段和下平段分别布置排水廊道，断面尺寸为2.8 m×3 m，中平段排水廊道长1363.22 m，与中部施工支洞相连；下平段排水廊道长856.76 m，与厂房上层排水廊道相连。

尾水隧洞采用一机一洞的布置方式，设四条尾水隧洞，洞轴线走向为NW285°～NW305，尾水隧洞长度分别为377.91 m、385.66、393.42、401.18 m，内径5 m，由下平段、斜井段和上平段组成，下水库防渗帷幕上游采用钢板衬砌，下游侧采用钢筋混凝土衬砌。在尾水隧洞上部布置了尾水隧洞排水廊道，与厂房上层排水廊道相接，断面尺寸2.8×3 m，长624.17 m。

下水库设四个岸边侧式进/出水口，中心间距为22 m，底板高程1338 m，由闸门井段、隧洞段和进/出水口段组成，进/出水口末端设前池。

5 地下厂房系统

地下厂房系统主要包括主副厂房、安装场、母线洞、主变洞（含主变副厂房）、主变运输洞、低压电缆洞、排水廊道、出线洞、排风洞及排风竖井、通风洞、交通洞等地下建筑物和出线场、地面副厂房和排风楼等地面建筑物。

本工程主机间长度为95 m，布置4台机组。其中1#机边机组段长度为15 m，1#～4#机组中心间距为22 m，4#机边机组段长度为14 m。主机间宽度为23.5 m，机组中心线上游侧为13.5 m，下游侧为10 m。

发电机层以上布置吊顶支座梁和吊车梁，均采用岩壁梁的型式。吊车梁上安装2台250/50 t单小车桥式起重机，轨顶高程为▽1305.8 m，岩壁吊车梁以上的开挖跨度为25 m。

主机间发电机层地面高程▽1295 m，上游侧布置机旁动力盘，下游侧布置励磁盘、机组控制保护盘等。母线层地面高程为▽1288.8 m。风罩内径10 m，风罩混凝土结构外边形状布置为八边形，结构厚度为0.7 ~ 0.9 m。水轮机层地面高程为▽1282.8 m，机坑里衬内径为7.5 m。外围形状仍为八边形，机墩混凝土最小厚度为2.25 m。蜗壳层地面高程为▽1275.7 m，布置有机组技术供水泵及滤水器、压力钢管充水泵、机组检修排水泵等。蜗壳层以下为尾水管层，布置有尾水管排水廊道、厂内渗漏排水泵室、闸阀室等，1#机组右侧布置有集水井。主机间上游侧布置有两个楼梯满足各层交通要求，同时在每台机组均布置了球阀吊物孔。主机间混凝土结构采用一机一缝。

安装场长度为33 m，按布置两个定子位设计。地下副厂房布置在主厂房右端，与主机间同宽，长度24 m，分八层布置。由下至上依次为空压机层、公用变和照明变层、电缆层、配电盘和保护盘层、中控室层、通信设备和电源设备层、蓄电池和直流盘层及通风管道层。

主变及开关室分三层布置，为变压器层、管道层和GIS层。变压器层与主厂房发电机层同高程，布置1#4#主变压器、冷却器等设备。管道层地面高程▽1306.7 m，布置SF6管道母线及电缆。GIS层地面高程▽1310.7 m，主要布置GIS开关设备。主变副厂房布置在主变及开关室右端，与主变及开关室同宽，长度30 m，分八层布置。由下至上依次为SFC变压器层、电缆层、SFC盘柜层、电缆层、10 kV开关柜层、电缆层、直流盘室和蓄电池室层及通风管道层。

出线洞位于主变洞下游边墙，经出线平洞、出线斜洞通向地面出线场。出线洞全长328 m，上平洞结构断面尺寸为4.5 m×8.2 m，其余部位结构断面尺寸为4.5 m×5.5 m。出线下平洞与主变洞电缆层相平，高程为▽1306.7 m；出线上平洞接地面出线场，分两层出洞，上层与出线场相平，高程为▽1409 m，下层与出线场管道母线廊道底板相平，高程为▽1404.5 m。

地面出线场位于下水库左岸环库公路边，长45.5 m，宽33 m，与尾水闸门井平台相平，高程为▽1409 m；布置有出线构架、避雷器及电压互感器等设备。地面副厂房位于通风洞洞口左侧，占地41.4 m×10.1 m。分四层布置，主要布置变压器室、中控室、值班室和消防水箱间等。

交通洞布置在安装场左侧，由交通洞引出支洞至主变开关室。交通洞洞口设在下水库拦河坝下游左侧的3#公路边，交通洞全长1117 m。通风洞布置在厂房右侧，由通风洞引出通风支洞至厂房左侧，通风洞全长1012 m。通风洞洞口设在下水库拦河坝下游左侧的3#公路边。

6 下水库

下水库位于哈拉沁沟与大西沟交汇处上游，由拦河坝河拦沙坝围筑形成，正常蓄水位为1400 m，死水位为1355 m，工作水深45 m；正常蓄水位以下库容698.29万立方米，其中调节库容628.73万立方米，死库容69.56万立方米。下水库封闭布置成蓄能电站专用水库，主要建筑物由拦河坝、拦沙坝及左岸泄洪排沙洞组成。左岸开挖以满足调节库容需要；采用右岸覆盖层清理、表面不稳定岩体清除和库底1347 m高程以上河床覆盖层全部清除的方式，避免泥沙对机组的不利影响。

拦河坝采用“金包银”式碾压混凝土重力坝，坝顶高程为1401 m，顶宽6 m，坝顶长236 m，最大坝高73 m，上游坝坡上部铅直，下部为1∶0.1；下游坝坡为1∶0.7。坝体不设纵缝只设横缝，共分14个坝段，坝缝间距18 m、14 m。坝体内布置上、下两层廊道，并设两个通向下游坝面的出口。下水库的泄洪放空通过坝体内埋设钢管来解决，在河床坝段布置5根内径400 mm的钢管，管中心线高程为1366 m，泄洪时采用闸阀控制下泄量；当下水库放空检修时，在拦河坝前放置潜水泵，将排水管与预埋的放空钢管连接，使库水排往下游。

拦沙坝也采用“金包银”式碾压混凝土重力坝，位于拦河坝上游约740 m处。坝顶高程为1401 m，顶宽6 m，坝顶长200 m，最大坝高58 m，上、下游坝坡均为1∶0.5。坝体不设纵缝只设横缝，共分12个坝段，坝缝间距18 m、14 m。坝体内布置上、下两层廊道，通过廊道或竖井互相连通，并设通向坝顶的出口。为满足下水库补水的要求，在河床坝段设置2根自流钢管，钢管内径700 mm，管中心线高程为1385.5 m，采用电动蝶阀控制补水量。

泄洪排沙洞布置在左岸，为一条直洞，长525.754 m，采用有压短管进口后接无压隧洞的类型，施工期兼作导流洞。进口底板高程为1380 m，设一道7 m×9 m的平板事故门和一道7 m×8 m的弧形工作门；洞身断面尺寸为7 m×9.5（8.5）m，采用钢筋混凝土衬砌，无压隧洞底坡度为4.14%；出口采用渐扩式连续挑坎挑流消能。

库区左、右岸库顶均设有三级公路，公路宽8 m，靠山侧设置浆砌石排洪沟，公路临库侧、拦河坝上游侧及拦沙坝下游侧设置封闭的防浪墙，防浪墙高出路面1.2 m。库顶以上开挖边坡喷混凝土支护，每20 m设一条马道和排水沟。暴雨时山洪漫流由边坡上的排水沟及库岸公路内侧的排洪沟排洪，遇特大暴雨时，库岸公路参与汇流排洪，排往拦沙库或拦河坝下游，确保两岸洪水不入库。

7 结语

呼和浩特抽水蓄能电站距离负荷中心近，地理位置和建设条件好，枢纽布置合理，技术经济指标较优，建成后将大大改善蒙西电网火电运行工况，降低污染、改善环境，是蒙西电网经济的、运行灵活的调峰电源，同时承担系统调频、调相、紧急事故备用等任务。

惠州抽水蓄能电站高压隧洞围岩渗透特性研究

吴国荣

（广东省水利电力勘测设计研究院，广东　广州 510635）

摘　要：惠州抽水蓄能电站高压隧洞开挖洞径10 m，内水静水压力172～627 m。场区发育的NE向和NW、NNW向断层、裂隙构成复杂的透水性好的网络，水文地质条件复杂。围岩在高压内水作用下的透水性大小是隧洞能否采取钢筋混凝土衬砌的关键。通过对围岩透水特性的研究，查明隧洞围岩岩体多数为弱微透水，仅局部属中等透水，高压隧洞具备采用钢筋混凝土衬砌的条件。运行证明采用钢筋混凝土衬砌成功。

关键词：惠州抽水蓄能电站；高压隧洞；渗透特性；钢筋混凝土衬砌

1　引言

惠州抽水蓄能电站工程是世界上一次性修建的装机容量最大的抽水蓄能电站。电站总装机容量为8×300 MW，工程为Ⅰ等大（1）型。分A厂、B厂两条输水发电系统，各采用一洞四机供水方式。两厂共用同一上、下水库，上、下水库自然高差531 m，水平距离约4140 m。A厂输水隧洞长4493 m，高压隧洞长1257 m；B厂输水隧洞长4487 m，高压隧洞长955 m，高压隧洞包括调压井后上平洞段、中斜井、中平洞、下斜井、下平洞、高压岔管等。开挖洞径约10 m，衬砌后洞径8.5 m，采用钢筋混凝土衬砌，限裂设计。高压隧洞内水静水压力172～627 m，在这样大的内水压力条件下，能否采用钢筋混凝土限裂设计，围岩的渗透性是控制因素。因此对高压隧洞沿线围岩渗漏特性的研究至关重要。

2　工程地质概况

高压隧洞大体呈北东—南西向，两条隧洞大体平行布置，间距70～150 m。沿线山坡坡度一般5°～30°，地形较完整。地面高程780～490 m，隧洞埋深135～420 m，隧洞上覆弱风化—微风化，岩体厚度115～400 m，覆盖厚度满足上抬理论（如图1、图2所示）。

岩性主要为燕山四期（$\gamma_5^{3(1)}$）中细粒花岗岩及加里东期混合岩（$M_{\gamma3}$），岩石坚硬属硬质岩。加里东期混合岩分布于地面高程较高的范围，主要在上游调压井至中斜井地段，混合岩覆盖在燕山期花岗岩之上，呈残留顶盖形式存在。两者呈逐渐过渡关系，接触带有混合岩化现象，接触面胶结好。

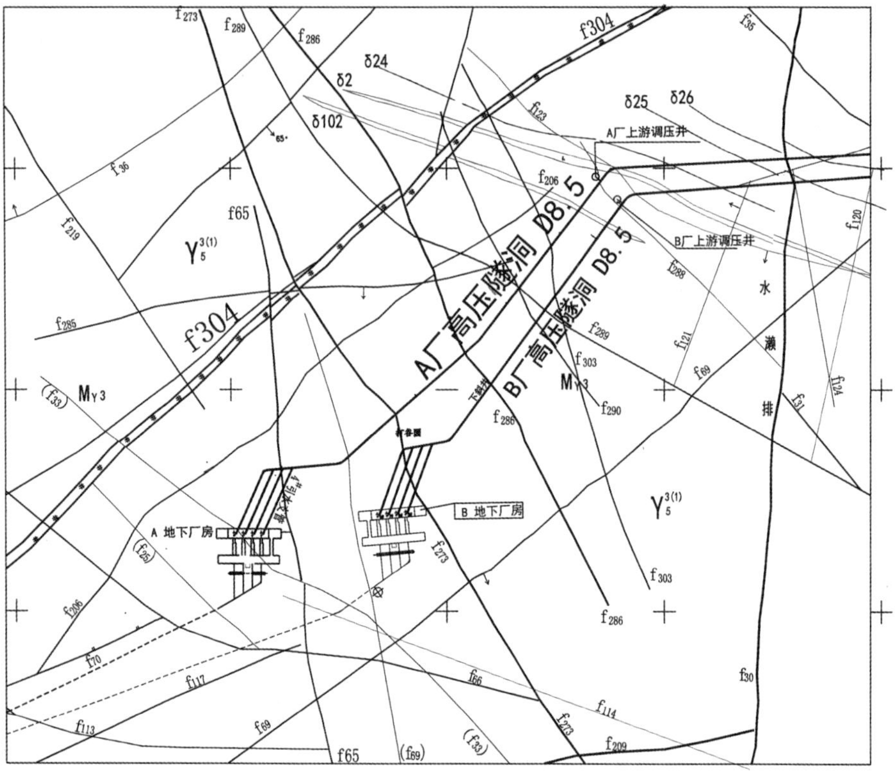

图1　高压隧洞平面布置图

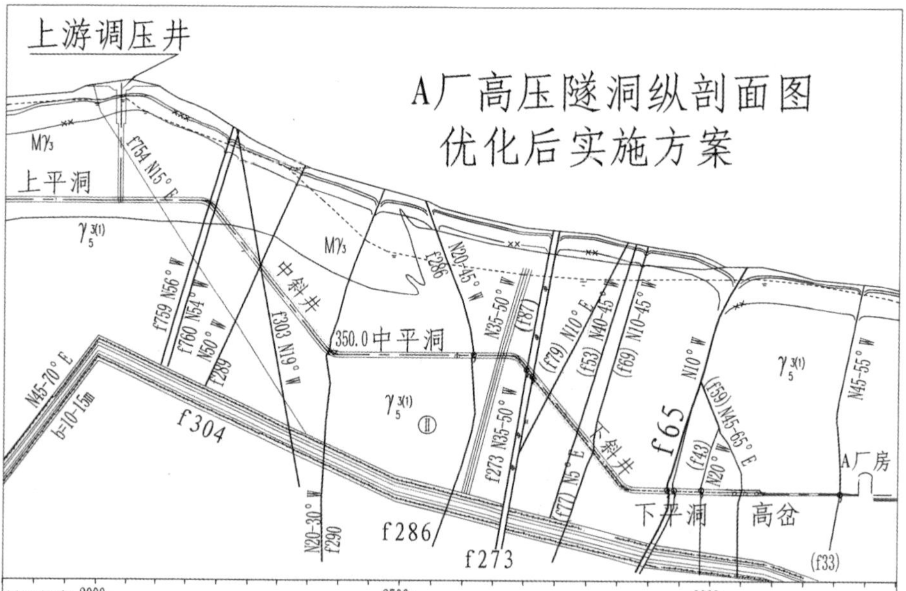

图2　高压隧洞剖面布置图

沿线坡积层厚0～2 m，全风化带厚2～6.5 m。强风化带厚5～15 m，RQD值一般为0～23%，钻孔平均声波速度为Vp=3268～3414 m/s，完整性系数Kv=0.35～0.39，岩体完整性差。弱风化带埋深10～21 m，厚10～50 m，RQD值一般40%～85%，钻孔平均声波速度为Vp=4469～4630 m/s，岩体完整性系数Kv=0.66～0.71，属较完整。微风化带埋深30～80 m，RQD值一般80%～100%，局部50%～80%，钻孔平均声波速度为Vp=4720～4893 m/s，完整系数Kv=0.74～0.79，属较完整—完整。高压隧洞除断层破碎带处为弱风化岩体外，其余绝大部分深埋于微风化—新鲜的岩体内。

高压隧洞沿线发育主要断层有21条，其中：北西向组12条，主要是f273、f286、f289、f53；北北西组4条，主要f69、f65；NE组2条，f59、f220为裂隙性断层；近SN向组2条，f77、f79。

高压隧洞Ⅰ～Ⅱ类围岩共约占70%，Ⅲ～Ⅳ类围岩约占30%，围岩工程地质条件较好。

最小主应力σ_3随埋深增加而增大，在高压隧洞埋藏深度范围为36～9.71 MPa，最小主应力大于内水静水压力，满足最小主应力准则。

高压隧洞北西侧发育NE向f304断层，f304断层是场区控制性断层，断层带宽度10～15 m，断层存在空洞，是导水、贮水构造，为导水主动脉。由于受上游调压井及厂房区等地形限制，高压隧洞优化后布置于f304断层上盘，高压岔管及下平洞距f304断层最近约60 m，中平洞距f304断层最近约90 m，上平洞距f304断层最近约200 m，避开了断层影响带。但场区NNW、NW向断层裂隙发育，构造网络会将高压隧洞与f304断层连通，仍可能存在较大的渗水，水文地质条件较复杂，因此项目开展了高压隧洞水文地质条件、围岩渗透特性研究。

3　岩体渗透特性研究

3.1　地下水的类型和补给、径流、排泄关系

高压隧洞地下水类型为储存于全风化带、第四系松散堆积层中的孔隙性潜水以及储存于基岩裂隙、断层带中的基岩裂隙水。

天然条件下，地下水的补给、径流、排泄主要受地形地貌、地质构造和降雨、蒸发的影响。地下水补给来自降雨，由地表下渗，地下水径流方向与地形一致，由地形高处往地形低处渗流，由山脊顺山坡向低洼的坡脚、沟谷排泄，以泉水形式出露，并逐渐汇集于冲沟。地下水位随季节变化，山脊地下水位一般分布在全风化带下部—弱风化带上部，根据长观孔资料，年变幅一般不超过10 m。一般坡积土层、全风化带渗透系数10^{-5}～10^{-3} cm/s，属中等—弱透水层。

高压隧洞周围地下水主要为基岩裂隙水，储存于微张—张性裂隙及断层带的裂隙和空洞中，主要受大气降水及冲沟地表水下渗补给。

3.2　地下厂房区探洞揭露断裂透水性

探洞共揭露断层67条，其中有32条断层出现涌水或线流水、滴水现象。以f304断层

涌水量最大，在A厂主探洞PD01揭露此断层时出现了突发性大量涌水，初始揭露时断层带中的地下水从掌子面离探洞底板1 m、直径30 cm的孔口中喷射6～7 m远，测得初始单位流量约1 m^3/s，历时7 h，累计涌水量约2.44万立方米，后逐渐减少，9天后单位流量0296 m^3/s，累计8天涌水量约8.4万立方米。探洞揭露f304断层大量涌水后，中平洞以下地面钻孔地下水位有不同程度的下降，中平洞钻孔ZK2057、ZK2085水位降幅分别为290 m、111 m，下平洞、高压岔管一带ZK2001、ZK2002、ZK2008降幅分别为209.44 m、55.71 m和165.59 m，中斜井附近ZK2086、ZK2087、ZK2088钻孔地下水位埋藏浅，地下水位几乎没有变化，未受到探洞开挖f304断层涌水的影响。勘察查明，f304断层为一储水导水构造，存在储水空洞和透水裂隙断层网络。

据探洞统计，共计119条裂隙出现渗水、线流水、滴水，占揭露裂隙总条数3545条的3.3%，其中NW向54条，EW向裂隙26条，NNW向22条，NNE、NE向分别为11条和4条，零星分布。32条断层有涌水、渗水现象，占揭露断层总条数67条的48%，其中NW向断层10条、NE向断层9条、NNW向断层9条、近EW向断层4条。

分析发现，探洞地下水出露的断层、裂隙主要集中在f304断层附近一定范围，对应地表上靠近平塘冲沟，超出一定距离后，地下水活动明显减弱。探洞揭露f304断层后，明显改变了岩体中地下水的运动条件，使得部分渗、滴水洞段出现地下水疏干现象。地下水的活动与f304断层存在密切相关，形成一个宽达数十米至上百米的条带状区域。这一区域地下水活动强烈，说明这些部位的岩体节理网络具备良好的连通性，这是由于f304断层的多期次活动及其配套构造的影响，形成了沿f304断层及影响带在内的拉裂渗漏区，正是由于处于饱水状态的拉裂渗漏区大量储水，导致了f304断层初始揭露时产生大量涌水。建筑物布置应尽量避开f304断层及拉裂区，在这部分岩体内，连通性良好的结构面对围岩渗透稳定性是非常不利的，并存在着较高的外水压力。高压隧洞在综合地形、地质条件和满足水力过度计算的基础上研究优化布置，高压隧洞全部布置于f304断层上盘，A厂距离断层f304比B厂近些，A厂高压隧洞距离f304断层60～200 m。

3.3 岩体常规压水试验

高压隧洞沿线地表钻孔18个，在弱风化带—微风化带岩石中进行常规压水试验共计214段，孔口最大压力1 MPa，孔深范围5.67～349.9 m，透水率0.69～90 Lu，其中仅5段透水率大于10 Lu，中等透水性占2.3%，弱—微透水性209段，占97.7%，小于2 Lu的共计175段，占81.8%。剔除5段中等透水值209段压水试验成果平均值1.12 Lu。除ZK2057在断层破碎带透水率17 Lu，其他4段透水率大于10 Lu的孔深在5.67～21 m范围，处于弱风化带内。

地下厂房探洞有14个钻孔中进行常规压水试验238段，钻孔范围对应地面高程460～560 m，探洞高程约246 m，各孔压水试验段位于地面以下220～400 m，岩石除个别段位于断层破碎带，属弱风化岩外，基本上处于微风化—新鲜岩石中，其中237段的透水率范围值为0～9.8 Lu，平均值为0.98 Lu，岩体属弱—微透水性。在PDZK03孔有一段位于f69断层破碎带上，透水率稍大，为30 Lu，属中等透水性。

从常规压水试验结果分析得知，中等透水性岩石一般位于靠近地表浅部弱风化带岩石中，不在高压隧洞埋深范围，个别断层破碎带透水率也达到中等透水性。一般自地表起50～70 m以下，岩石为微风化—新鲜岩石，岩石透水性基本上属于弱—微透水性，绝大部分透水率小于2 Lu，仅极少数裂隙较发育段透水率2～10 Lu，断层破碎带也有透水率大于10 Lu，属于中等透水性。

3.4 高压压水试验

在内水压力最大的下平洞、高压岔管一带区域，在探洞中钻PDZK03、PDZK04、PDZK05、PDZK11、ZK2002五孔进行了60段高压压水试验。除个别断层破碎带透水性稍大，1段试验值为30 Lu达到中等透水外，其余59段在总压力6～9.5 MPa作用下透水率为0～4.5 Lu。60段高压压水试验结果中：大于2 Lu的试验值有5个，占8.3%；小于2 Lu试验值55个，占91.7%。剔除透水率30 Lu 1段，其余59段透水率平均值0.67 Lu，有8段透水率为0.0 Lu，总体上透水性微弱，并且在低压力阶段透水率大小与高压力条件下基本一样，透水率不会因为压力增大而增大，这表明岩体在高内水压力条件下，透水性多数微弱，岩体能够承受高内水压力的作用，不会产生渗透破坏。

f304断层破碎带的高压压水结果显示：在高程200～135 m，钻孔离地面深度350～450 m范围，PDZK03孔断层带上盘及断层破碎带上部透水率较大，在压力0.2～6.2 MPa时流量为28～30 l/min，透水率为1.7～30 Lu；断层带下盘及断层带下部透水率较小，在压力7 MPa时流量为1～13 l/min，透水率为05 ～0.54 Lu；PDZK04孔断层破碎带透水率稍大，在压力7 MPa时流量为23～28 l/min，透水率为0.86～1.19 Lu，其余在7 MPa时流量为0～14 l/min，透水率为0～0.53 Lu。总体上f304断层破碎带透水性要比其他岩体大，但仍属弱—微透水性。

3.5 水力劈裂试验

在内水压力最大的下平洞、高压岔管一带区域，在探洞中钻孔PDZK03、PDZK04、PDZK05和PDZK11，在孔中各进行了3段水力劈裂试验（试验成果见表1、表2所列）。在PDZK03孔和PDZK04孔各有1段位于f304断层带中的裂隙密集带上，受f304断层的影响，劈裂压力相对偏低，分别为4.8 MPa、5 MPa。钻孔PDZK05孔深35.5～36.5 m处发育了一条陡倾角裂隙，受其影响劈裂压力仅4.3 MPa。其余试段的劈裂压力在6.9～12 MPa。水力劈裂试验成果表明，在高压岔管、下平洞内水压力达到627 m的高压力条件下，岩体不会产生水力劈裂。这与该范围地应力测试成果最小主应力大于内水压力，围岩不会产生水力劈裂，满足最小主应力准则的结论一致。

表1　水力劈裂试验成果汇总表

PDZK03孔			PDZK04孔		
深度/m	高程/m	劈裂压力/MPa	深度/m	高程/m	劈裂压力/MPa
16.06～16.86	232.37～231.57	12	16.06～16.86	234.59～233.79	7.6
62.80～63.60	185.63～184.83	7.5	71.25～72.25	179.4～178.4	7.7
75.32～76.12	173.11～172.31	5	85.74～86.74	164.91～163.91	4.8
PDZK05孔			PDZK11孔		
深度/m	高程/m	劈裂压力/MPa	深度/m	高程/m	劈裂压力/MPa
35.50～36.60	211.46～210.36	4.3	13.50～14.40	234.41～233.51	7.1
105.00～106.10	141.96～140.86	11	24.00～24.90	223.91～223.01	9.3
122.02～123.12	124.94～123.84	7.2	91.00～91.90	156.91～156.01	6.9

表2　典型水力劈裂试验结果表

<table>
<tr><td colspan="9">PDZK03孔深:16.06 ~ 16.86 m 段长:0.80 m</td><td>P-Q曲线</td></tr>
<tr><td>压力阶段</td><td>1</td><td>2</td><td>3</td><td>4</td><td>5</td><td>6</td><td>7</td><td>8</td><td rowspan="7">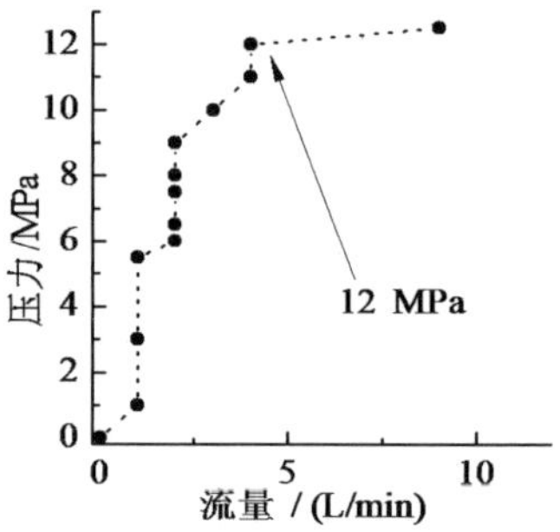
</td></tr>
<tr><td>总压力(MPa)</td><td>1</td><td>3</td><td>5.5</td><td>6</td><td>6.5</td><td>7.5</td><td>8</td><td>9</td></tr>
<tr><td>流量Q(L / min)</td><td>1</td><td>1</td><td>1</td><td>2</td><td>2</td><td>2</td><td>2</td><td>2</td></tr>
<tr><td>压力阶段</td><td>9</td><td>10</td><td>11</td><td>12</td><td>13</td><td>14</td><td>15</td><td>16</td></tr>
<tr><td>总压力(MPa)</td><td>10</td><td>11</td><td>12</td><td>—</td><td>—</td><td>—</td><td>—</td><td>—</td></tr>
<tr><td>流量Q(L / min)</td><td>3</td><td>4.5</td><td>4.5</td><td>—</td><td>—</td><td>—</td><td>—</td><td>—</td></tr>
<tr><td>劈裂压力(MPa)</td><td colspan="8">12.0 MPa</td></tr>
<tr><td colspan="9">PDZK11测段深度:91.00 ~ 91.90 m 段长:0.9 m</td><td>P-Q曲线</td></tr>
<tr><td>压力阶段</td><td>1</td><td>2</td><td>3</td><td>4</td><td>5</td><td>6</td><td>7</td><td>8</td><td rowspan="6">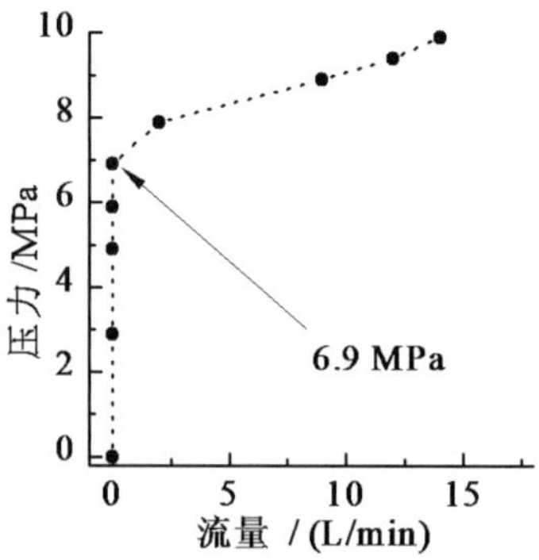
</td></tr>
<tr><td>压力表压力/MPa</td><td>2</td><td>4</td><td>5</td><td>6</td><td>7</td><td>8</td><td>8.5</td><td>9</td></tr>
<tr><td>水柱压力/MPa</td><td>0.9</td><td>0.9</td><td>0.9</td><td>0.9</td><td>0.9</td><td>0.9</td><td>0.9</td><td>0.9</td></tr>
<tr><td>总压力/MPa</td><td>2.9</td><td>4.9</td><td>5.9</td><td>6.9</td><td>7.9</td><td>8.9</td><td>9.4</td><td>9.9</td></tr>
<tr><td>流量Q/(L / min)</td><td>0</td><td>0</td><td>0</td><td>0</td><td>2</td><td>9</td><td>12</td><td>14</td></tr>
<tr><td>劈裂压力/MPa</td><td colspan="8">6.9 MPa</td></tr>
</table>

4 结论

①综合地表调查、探洞揭露资料、常规压水试验成果、高压压水试验成果、水压劈裂试验等成果，惠州抽水蓄能电站高压隧洞大部分岩体渗透性微弱，多小于2 Lu；围岩最小主应力大于内水压力，具有较高的抵抗水力劈裂能力，高压岔管、下平洞一带在627 m内水压力作用下不会产生水力劈裂，可以采用限裂钢筋混凝土衬砌。

②场区张性断裂较发育，透水性较好，尤其以NE向F304为导水主动脉，与场区最发育的NW、NNW向断层构成透水性较强的网络条带，可能导致高压内水外渗量较大的问题，水文地质条件较复杂。针对这一问题，高压隧洞采取了系统的高压水泥灌浆处理，灌浆圈深度一般为5 m，即0.5倍洞径，灌浆压力根据隧洞内水压力大小采用4～7.5 MPa；断层及裂隙发育、围岩条件较差、透水性好的洞段增加高压化学灌浆处理，充水运行观察到高压隧洞漏水量约20 立方米/h，这表明在复杂水文地质条件下，高压隧洞采用钢筋混凝土衬砌，可以通过进行高压水泥灌浆，局部高压化学灌浆来进行防渗处理。

③施工前高压灌浆试验、灌前压水试验365段，平均透水率为2.4 Lu，$q<2$ Lu为301段，占总段数的82.5%；2 Lu$\leqslant q<$5 Lu为32段，占总段数的9%；$q\geqslant$5 Lu为15段，占总段数的8.5%。与勘察研究成果相吻合。

参考文献

[1] 中国电力企业联合会. GB 50287—2006水力发电工程地质勘察规范[M]. 北京：中国计划出版社，2008.

[2] 中华人民共和国国家发展和改革委员会. DL/T5195—2004水工隧洞设计规范[M]. 北京：中国电力出版社，2004.

[3] 许百立、刘世煌，中国水利发电技术发展与成就. 地下工程设计理论与实践[M]. 中国电力出版社，1997.

[4] 李宏，杨树新，安其美. 广东惠州抽水蓄能电站水压致裂地应力测试及岩体水力劈裂试验[R]. 中国地震局地壳应力研究所，2004.

[5] 刘元坤，肖本职，罗超文. 惠州抽水蓄能电站解除法地应力测量报告[R]. 长江科学院，2004.

斜钻孔在坝基渗漏检测中的应用

王汇明　黄森胜

（广东省水利电力勘测设计研究院有限公司，广东　广州 510635）

摘要：本文根据某蓄能电站上水库坝基渗漏斜钻孔检测案例，介绍了斜孔设计、施工工艺、检测方法，检测成果分析，并与常用的坝顶垂直钻孔检测进行对比，斜孔检测是一种对坝体心墙无损伤的先进方法，检测范围广，效果好。

关键词：坝基渗漏；防渗帷幕；斜钻孔；检测

1　引言

在水利水电工程中，水库大坝坝基通常采用灌浆帷幕来进行防渗，防渗帷幕深入相对隔水层一定深度（一般为5 m），与坝体（或坝体防渗心墙、防渗斜墙等）连成一体阻止库水外渗。若防渗帷幕存在质量缺陷，防渗效果不好，水库蓄水运行后库水沿坝基将产生大量渗漏，不仅损失大量水量，而且渗水对坝基产生渗透破坏、严重威胁大坝的安全与稳定。因此，当坝基出现渗水量过大的情况时，需对坝基防渗帷幕质量进行检测，查明渗漏部位，进行防渗补强处理。

以前水库大坝、坝基渗漏检测均采用“物探+垂直钻探”的方法。首先采用物探方法初步调查大坝渗漏的范围，圈定可能渗漏的部位和通道，然后在坝体布置垂直钻孔进行勘探和检测试验。由于物探受地形、地质、环境等因素影响较大，成果以定性为主，而且解译具有多解性，因此其成果主要作为钻探布置的指导。在坝体布置垂直孔钻探和试验，大多需要降低水库水位，沿可疑渗漏部位进行钻探和试验。这种方法的缺点是：布置的钻孔为单点状，其反映的是“一孔”之见，检测范围有限；工程实践反映，这种方法效果一般不理想，难以全面查明大坝和坝基的渗漏部位。

本文根据某抽水蓄能电站上水库大坝坝基渗漏检测的研究成果，介绍斜钻孔在坝基渗漏检测方面的应用。

2　工程概况

某抽水蓄能电站上水库正常蓄水位612.5 m，总库容1179.8万立方米，有效库容1054.46万立方米。大坝为黏土心墙堆石（渣）坝，坝顶长度230 m，坝顶高程615.6 m，最大坝高52.5 m，坝顶宽7 m；坝体中间为防渗黏土心墙，心墙以坝轴线为中心对称布置，顶部宽度3 m，上下游侧坡度均为1∶0.2，黏土心墙底部与坝基之间为灌浆盖重混凝土，厚0.5～1 m，盖重混凝土基础为强风化岩，对心墙范围内基础进行固结灌浆处理，沿坝轴进行坝基防渗帷幕灌浆，孔距1.5 m，帷幕深入相对隔水层（$q \leqslant 3$ Lu）5 m；心墙上游坝体填筑新鲜块石，坝体上游边坡高程592.6 m以下坡比为1∶2.75，高程592.6 m以上坡比为1∶2.25；下游填筑全强风化料，坝体下游边坡坡比为1∶2.5，在下游坝坡上每隔15 m设宽2 m的马道；堆石、堆渣与心墙间分别设置过渡层、反滤层，下游设排水层和排水棱体。

大坝位于上水库库盆东南面的冲沟沟口处，冲沟呈北西—南东向，两岸地形不太对称，左岸山体较雄厚，右岸山体较低矮单薄，正常蓄水位时对应的河谷宽度约166 m，河谷底高程约565 m，剖面上呈较开阔的“V”字形。

坝址地层岩性为寒武系八村群第三亚群（$\in_{bc}^{c}$）石英砂岩、粉砂岩，地层产状为N40°～50°E/SE∠50°～60°，相对稳定，呈单斜构造，中—厚层状，裂隙发育，岩体较破碎。大坝防渗心墙基础为强风化石英砂岩，断层、裂隙发育，裂隙多张开，裂隙面充填泥质或钙质，岩体破碎呈镶嵌碎裂状结构；黏土心墙左岸建基面下强风化岩厚度为2.2～8 m，右岸建基面下强风化岩厚度为7.9～12.5 m，河床建基面下强风化岩厚度为1.2～2.3 m，断层带进行槽挖回填混凝土处理。大坝上游堆石和下游堆渣坝基主要为全风化带中部硬塑状土层，河床附近基本上为强风化岩。

大坝防渗系统自上而下为黏土心墙、灌浆盖重混凝土、基础固结灌浆+帷幕灌浆。

水库蓄水后，库水位在590.35 m时，坝下游三角堰测得渗流量为10～15 L/s，库水位上升至592 m时，渗流量增加了5 L/s左右，在电站机组安装调试抽水至库水位610.3 m时，最大渗流量约85 L/s，远超设计允许渗漏量，渗水过程如图1所示。根据监测资料、物探成果分析讨论和专家咨询，项目组认为大坝心墙质量可靠，没有产生渗漏，可能产生渗水主要部位为通过坝肩和坝基的断层、心墙底部灌浆盖重混凝土分缝止水位置、盖重混凝土与基岩接触带、坝基防渗帷幕及帷幕下绕渗至坝后等。为查明渗漏部位，先采用综合物探方法进行调查，圈定可疑部位，然后在坝肩布置斜孔，对坝基帷幕进行勘探、试验、综合测井的检测方法。

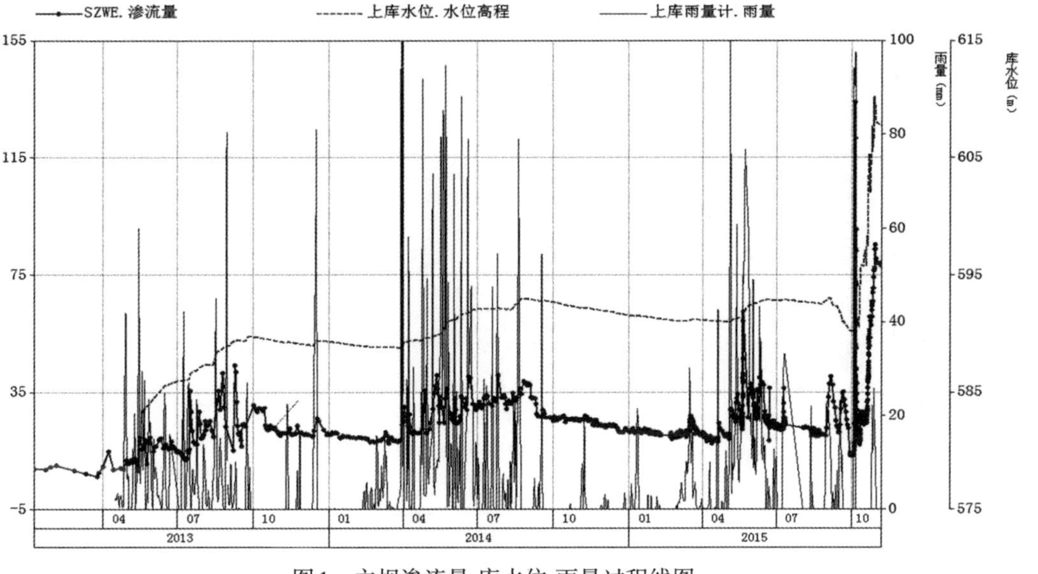

图1　主坝渗流量-库水位-雨量过程线图

3 渗漏检测

综合物探主要采用自然电场法、伪随机流场法、大地电磁法、水温测试等方法，综合分析各物探成果，心墙完好，未出现渗漏。根据自然电场法测试成果，在坝基发现5处可疑渗漏区域（如图2所示），主要在左坝肩和河床。由于物探成果不能确定渗漏准确位置和渗漏量，决定采用钻孔钻探和压水试验进一步检测。钻探对坝顶布置垂直钻孔和在两岸坝肩布置斜孔的方案进行了比较，垂直钻孔检测是大坝渗漏普遍采用的方法，但垂直钻孔为单个点，范围小，效果差，若要检查所有可疑部位，需要布置大量钻孔。本工程坝体黏土心墙较薄，在坝顶垂直钻孔穿过心墙及底部灌浆盖重混凝土存在极大的破坏心墙的风险，而且当时水库已蓄水，水位接近正常蓄水位，电站正进行调试，水位变幅频繁，在心墙中大量钻孔有劈裂心墙的危险，可能引起心墙大量渗水，其后果不堪设想。因此，经过慎重研究论证、多次专家咨询，项目组采取了从坝头外打斜孔直接对坝基防渗帷幕进行渗漏检测、避开坝体心墙的安全稳妥的方案。这种方案既避免了对坝体产生破坏，而且还可以对河道整个一岸坝基帷幕进行检测，范围广、效率高、效果好，并通过在孔内进行压水试验、示踪与孔内电导等测试，准确确定渗漏部位、渗漏量、渗漏方向，为防渗补强处理提出准确位置，取行很好效果。

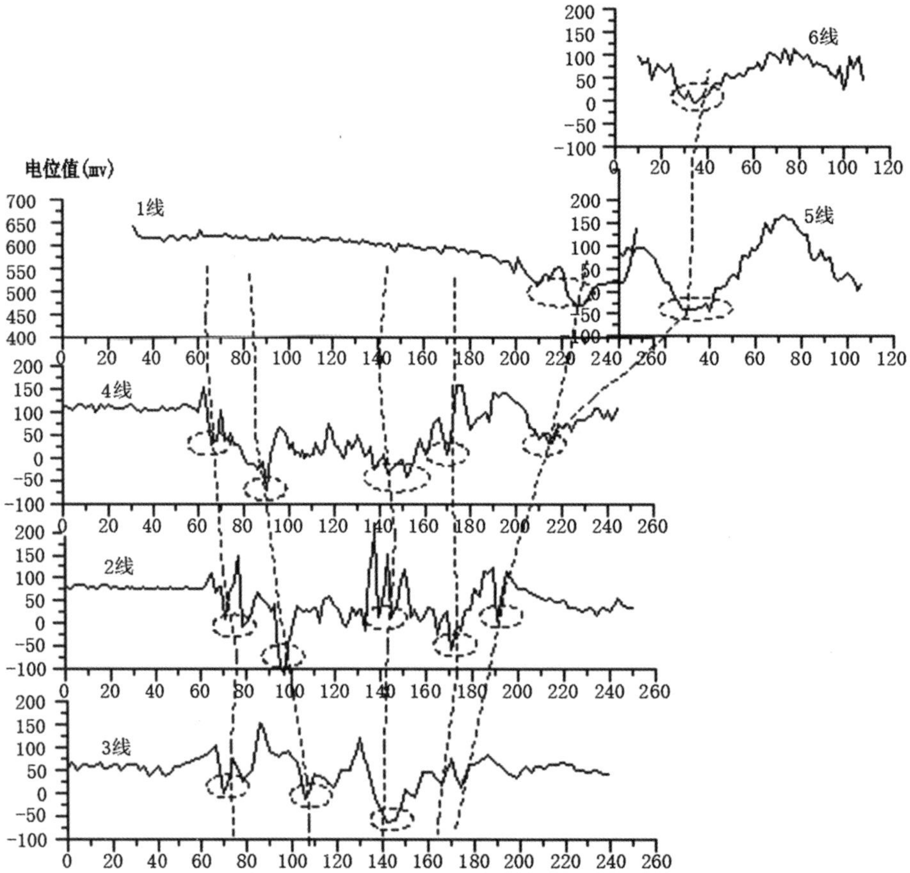

图2　自然电场法6条测线电位值曲线图

4　斜钻孔布置

根据大坝竣工图、坝基地质资料及防渗帷幕施工竣工图、物探成果综合分析布置斜钻孔平剖面布置如图3、图4、图5所示，斜钻孔结构示意图如图6所示。

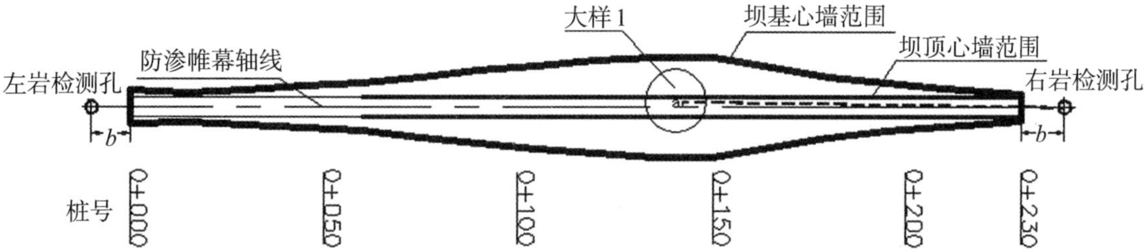

b:钻孔距坝体距离,应根据斜钻孔倾角*β*要求来进行调整。

图3　斜钻孔平面布置简图

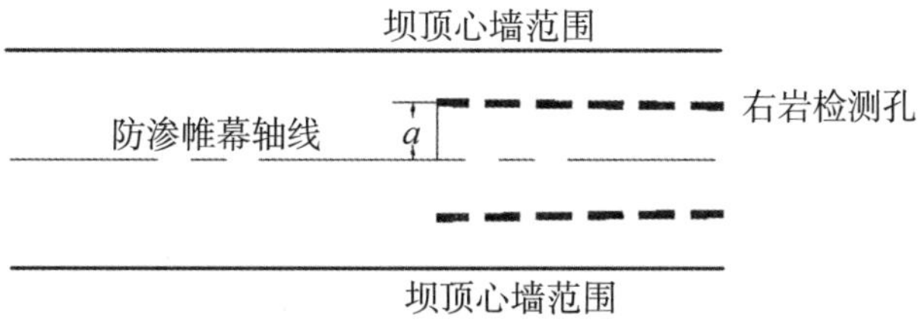

a:钻孔距防渗帷幕轴线横向偏差,*a*< ±50 cm。

图4　大样1

检测钻孔布置在两岸坝头坝体以外一定距离（如图5所示），避免对大坝和坝体防渗心墙产生破坏。

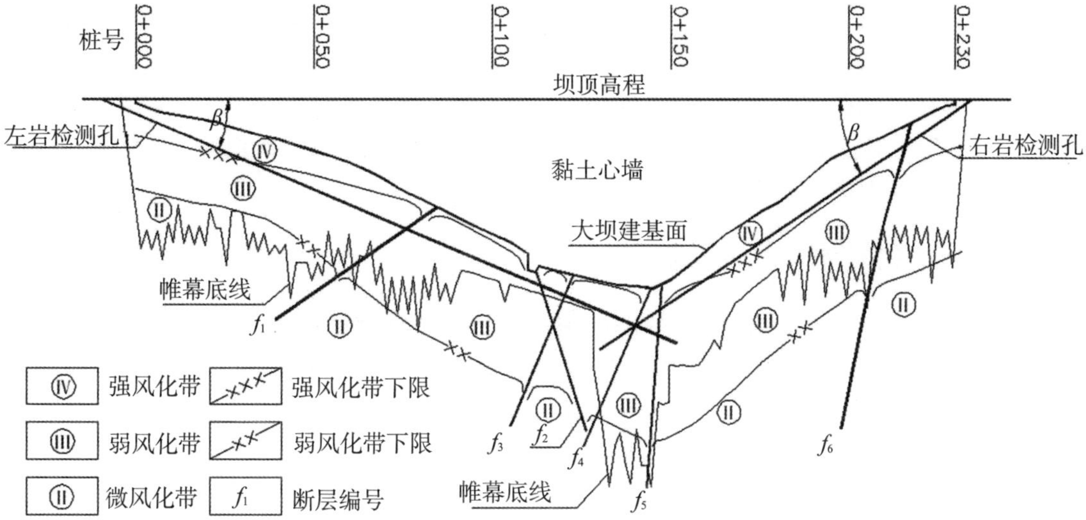

图5　斜钻孔剖面布置简图

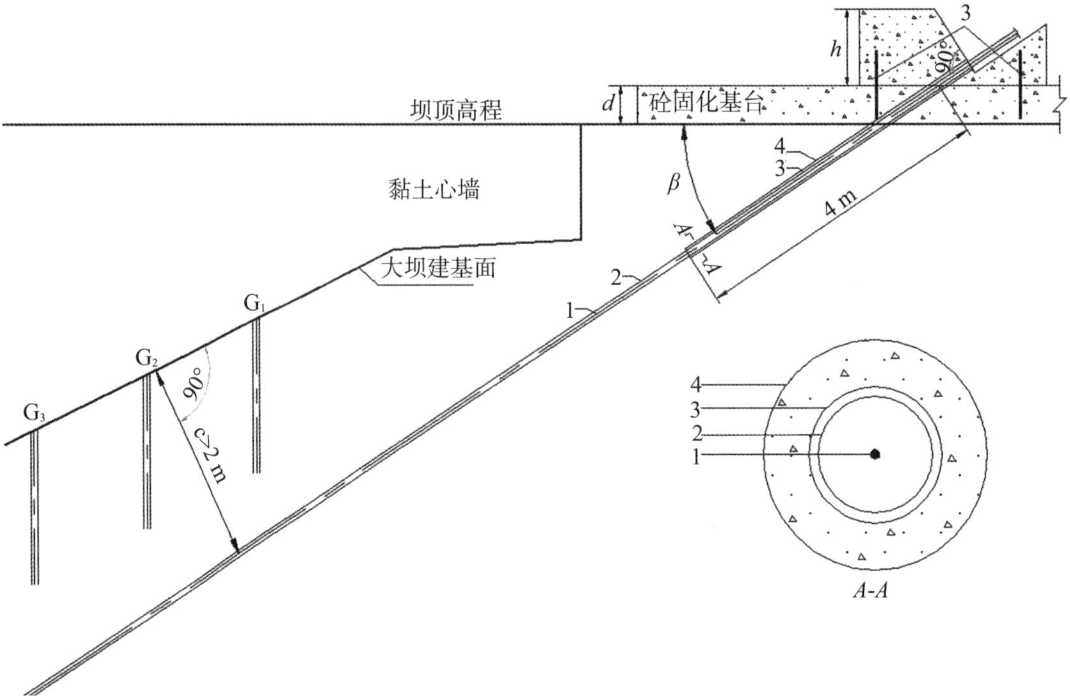

G_1（G_2、G_3）：原帷幕灌浆孔口管　*β*：检测钻孔倾角　ζ：孔斜偏差　*c*：检测钻孔与大坝建基面的距离　*d*：钻场混凝土固化基台厚度　*h*：梯形导向台高度　*e*：钢筋 *ϕ*18　1：斜钻孔中心线　2：斜孔钻具 *ϕ*76 mm　3：导向管 *ϕ*89 mm　4：开孔钻具 *ϕ*150 mm

图6　斜钻孔结构示意图

由于防渗帷幕为单排，较薄，理论厚度1～1.5 m，要求钻孔钻进时横向不能穿出防渗帷幕体范围，垂直方向上不能向上钻进灌浆盖重混凝土。因此，平面上钻孔方向与防渗帷幕轴线重合，剖面上钻孔倾角*β*应根据大坝建基面坡度、防渗帷幕深度与原帷幕灌浆孔口管深度等综合考虑，确定原则如下：要求终孔孔端距防渗帷幕轴线横向水平偏差*a*小于50 cm，避免钻孔穿出防渗帷幕体；终孔孔端与设计钻孔中心线孔斜偏差*ζ*要求整孔不大于1º，以免卡钻；钻孔与大坝建基面的距离*c*不小于2 m，向上偏差为0º，向下偏差不大于1º，以避开原帷幕灌浆孔口管，及避免斜钻孔发生向上翘偏时打穿大坝底板；钻孔布置在强透水的岩体范围内，且穿过所有断层构造。

5　斜钻孔关键技术

在坝基进行斜孔钻进关键就是控制钻孔在垂直方向孔斜和水平方向偏差满足上述要求，还有就是在孔内进行压水等综合测试，这些是斜孔勘察的技术难点。经过反复试验分析研究，主要在钻机机台、孔口导向、钻进过程控制等方面进行研究创新，形成斜钻孔关键技术，主要设计如图6所示，具体技术详述如下。

第一，对机台场地进行平整并浇筑混凝土机台，确保钻进过程中钻机基础稳固、钻机驱动平稳，避免钻机振动导致钻具偏斜。混凝土机台厚度*d*不小于50 cm，范围大于钻机和孔口导向管长度，在机台上安装钻机。

第二，在孔口镶铸导向管，固定钻孔方向、倾向，同时避免钻进过程中钻杆在孔口晃动导致钻具偏斜。采用大口径（ϕ150 mm）钻具4开孔，钻进4 m后安装长4.5 m的ϕ89 mm导向管3，导向管入孔前，先向孔底注入适量浓水泥浆，然后将导向管下至孔底，在地面用调定中装置夹固管口，分三次向导向管与孔壁间隙注入水泥浆，每次注浆深度1～2 m，待凝48小时；在导向管安装和每次注浆镶铸时，对导向管中心线方位和倾角进行精准测量，一旦发生偏差，及时用定中装置进行调整，保证导向管中心线与防渗帷幕轴线重合，倾角附和要求；在地面用混凝土将导向管包住，浇筑成梯形导向台，梯形斜面与导向管中心线垂直，高度h不少50 cm，确保导向管安装牢固、导向精准。

第三，钻进控制，减少钻孔偏斜。采用HYDX-2全液压动力头式钻机、外径ϕ76 mm金刚石钻具2、带特制扶正器的ϕ71 mm绳索取芯钻杆，延长导正钻具长度达12 m，超长满眼钻进，最大限度地防范孔斜。钻进时采取轻压慢钻，钻进过程中根据地层情况随时调整钻压、钻速和泵量，孔底压力一般不超过6 kN，回次进尺控制在2 m以内，进尺平稳，采用绳索取芯。钻进过程中遭遇软弱不均、取芯困难的地层时采取减少回次进尺（不超过1 m），适当减少冲洗液量，减少对岩心的对磨和破坏；对于岩芯易自卡地层多提少钻勤检查。满眼钻进、绳索取芯方法一方面能确保岩芯的采取率和完整度，另一方面可避免提钻和变径造成钻孔斜弯。

第四，全程测斜，及时纠偏。斜钻孔在钻进过程中，每钻进5 m便在上下钻顺畅后使用测斜仪对钻孔顶角（或倾角）及方位角进行测量，发现钻孔偏斜后，对该试段灌注早强水泥浆液封孔回填，待凝后，采用ϕ42 mm钻具通过偏心楔6进行针对性的导向钻进（如图7所示），然后用ϕ76 mm钻具重新扫孔，钻完该试段后再次进行钻孔测斜，如此反复直至纠偏成功，确保钻孔顺直，终孔在允许误差范围内。

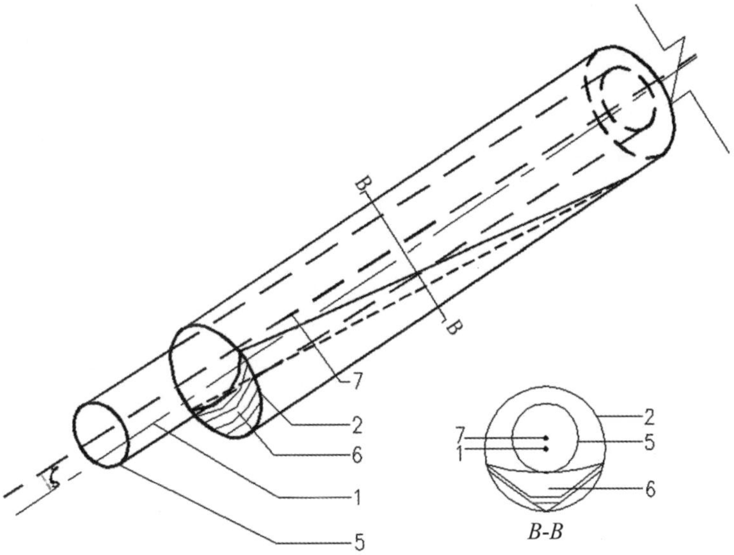

ζ：孔斜偏差　1：斜钻孔中心线　2：斜孔钻具ϕ76 mm　5：纠偏钻具ϕ42 mm
6：偏心楔　7：纠偏钻具中心线（设计斜钻孔中心线）

图7　钻孔纠偏示意图

第五，斜孔测试，查找渗漏部位。斜钻孔在钻进过程中，全程按钻孔压水试验规程进行压水试验，检查帷幕渗透性，找出渗漏部位，每5 m做一次压水试验，选择单管顶压式栓塞，自上而下采用五点法压水，最大压力应不大于该段深度范围0.8倍原帷幕灌浆压力；由于地层或其他原因造成试段无法恰好保持5 m时，可适当延长或缩短试段长度；对于断层破碎带，无法止水时可进行简易压水试验；对地层破碎无法止水和透水率异常部位应用示踪试验、电导测试、孔内摄像等物探方法进行综合检测。

6　斜钻孔检测结果分析

共进行两个斜孔检测，孔位距离坝头分别为2 m和4 m，倾角分别为62°和34°，孔深为88 m和135 m，每孔检测历时均为3个月。

在钻进过程按照以上斜钻孔关键技术要求严格执行，钻进过程中主要发生垂直方向偏斜，水平方向较少，没有发生上翘，为了减少向下偏斜，在大坝防渗体外开孔钻进前几段有意将钻具稍微上翘，代表性测斜成果见表1所列。由于重力和离心力作用，偏斜随钻孔深度加大，对实测偏斜超过标准的进行纠偏。两个斜钻孔分别进行垂直方向纠偏7次和15次，纠偏后终孔孔底水平偏差分别为36 cm和48 cm，垂直偏差分别为0.5º和0.8º，成功完成斜钻孔，并进行了孔内各种测试。根据斜钻孔各种测试成果分析，综合物探法圈定的5个可疑区域有3处渗漏量较大。在水电工程中，首次采用斜钻孔查明了坝基渗漏的部位，为防渗补强确定了位置，达到预期目的。各种测试主要结果和分析如下：

斜孔压水试验成果发现，在坝基强风化—弱风化上带，透水率在6.8～56.1 Lu之间，均大于设计要求的3 Lu；弱风化下带，透水率小于设计要求的3 Lu；

孔内示踪试验和孔中电导率测试成果反映，在强风化带—弱风化上带盐分自然扩散比较严重，而弱风化下带扩散缓慢；

斜孔钻探芯样显示，在强风化带—弱风化上带裂隙中水泥结石少，裂隙充填泥质较普遍，坝基防渗帷幕质量较差，在弱风化下带裂隙水泥结石较多，胶结较好，防渗帷幕质量较好。

斜孔岩芯和压水试验、孔中示踪、电导测试等检测结果一致，均反映在心墙混凝土垫层下强风化带和弱风化上带浅层坝基防渗帷幕存在质量缺陷，是坝基渗漏的主要部位。

表1　某蓄能电站上水库主坝渗水检测ZKB02孔孔斜实测成果表

段次	孔深/m	段长/m	顶角(°)				方位角(°)					
			设计	实测	偏差	垂向位移/m	设计	实测磁方位	磁偏角	真方位	偏差	水平位移/m
1	7.6	7.6	56	56.52	−0.52	−06	29.34		2	28.96	0.38	−02
2	12.6	5	56	56.13	−0.13	−08	29.34	30.26	2	28.26	18	−07
3	17.6	5	56	55.89	0.11	−08	29.34	32.16	2	30.16	0.82	−08

续表

段次	孔深/m	段长/m	顶角(°)				方位角(°)					
			设计	实测	偏差	垂向位移/m	设计	实测磁方位	磁偏角	真方位	偏差	水平位移/m
4	22.6	5	56	55.51	0.49	–06	29.34	32.13	2	30.13	0.79	–03
5	27.6	5	56	54.92	18	0	29.34	31.58	2	29.58	0.24	01
6	32.90	5.3	56	54.41	1.59	0.1	29.34	31.31	2	29.31	03	02
7	37.90	5	56	53.90	2.1	0.23	29.34	31.32	2	29.32	02	02
8	42.90	5	56	53.52	2.48	0.39	29.34	31.22	2	29.22	0.12	01
9	47.90	5	56	52.97	33	0.59	29.34	30.49	2	28.49	0.85	–02
10	52.90	5	56	52.89	3.11	0.81	29.34	30.71	2	28.71	0.63	–07
11	57.90	5	56	52.55	3.45	14	29.34	30.62	2	28.62	0.72	–0.12
12	62.90	5	56	52.70	3.3	1.28	29.34	30.11	2	28.11	1.23	–0.19
13	67.90	5	56	52.42	3.58	1.52	29.34	30.33	2	28.33	11	–0.26
14	72.90	5	56	51.97	43	1.79	29.34	30.73	2	28.73	0.61	–0.32
15	77.90	5	56	51.95	45	28	29.34	30.79	2	28.79	0.55	–0.36
16	82.90	5	56	52.35	3.65	2.35	29.34	31.70	2	29.70	0.36	–0.37
17	87.90	5	56	52.28	3.72	2.61	29.34	31.29	2	29.29	05	–0.36

注:表中数据为纠偏前实测成果;垂向位移上漂为负,下沉为正;水平位移上游方向为负,下游方向为正。

7 结论

以前对坝基防渗帷幕渗漏的检测方法常用“拉网式”的垂直钻孔检测和物探检测两种方法，或两种方法结合，这两种方法均有其局限性。垂直钻孔从坝顶向下穿过坝体或坝体防渗心墙，对坝基防渗帷幕钻探取芯并进行压水试验检查防渗帷幕的渗透性只能反映单孔局部范围内的防渗体质量，不能纵向全面反映整个防渗体的质量。要做到全面反映整个防渗体的质量，只能沿防渗帷幕线大量密集地布置垂直钻孔进行“拉网式”的检查，这样对坝体，特别是对防渗心墙的损伤太大。由于坝体防渗心墙一般较薄，大量钻探孔穿过会对心墙造成严重损伤，可能引起坝体或心墙劈裂渗漏，尤其是在检测时水库还需要保持高水位运行情况，存在很大风险。另外，钻探孔封孔很难与原坝体或心墙紧密接触，常形成新的渗水隐患。物探方法为间接探测方法，影响物探解释成果的因素很多，如地形的影响、电磁场的干扰等，使得物探成果存在多解性，难以准确确定渗漏部位，无法判定渗漏量大小。通常采用物探与钻探相结合的方法，就是在物探初步确定可疑位置后再进行钻探、压水试验等查明渗漏范围和渗漏量大小。但基于以上原因，这种垂直孔结合物探的方法一般效果不好，难以查明整个防渗帷幕体的渗漏情况。

本文介绍的斜钻孔能沿防渗帷幕轴线方向钻进和检测，可对河道一岸坝基防渗帷幕整体进行检测，检测范围广，避免了在坝顶垂直钻孔的局限性，避免了“拉网式”的密集钻探对坝体和防渗心墙结构的损伤；斜钻孔采用满眼钻进、分段压水试验等检测方式，直接检测了整个防渗帷幕的质量、找出渗漏部位，为防渗补强处理提供准确资料。某蓄能电站上水库采取斜钻孔检测技术查明了坝基防渗帷幕渗漏部位，并进行了针对性防渗补强处理，处理后在库水位接近正常蓄水位时测得坝基渗水量小于6L/s，远小于设计允许渗漏量。

斜孔坝基防渗帷幕质量检测技术虽然工艺复杂、施工困难、时间长，但效果非常好，是一种先进的检测方法，其形成的关键技术已获国家发明专利（专利号：ZL201810477829.9），对类似工程有很好的借鉴意义。

参考文献

[1] DL/T 5013—2005，水电水利工程钻探规程[S]，北京：国家能源局，2018.7.1.

[2] DL/T 5148—2012，水工建筑物水泥灌浆施工技术规范[S]，北京：国家能源局，2012.3.1.

[3] NB/T 35113—2018)，水电工程钻孔压水试验规程[S]，北京：国家能源局，2018.7.1.

[4] 张志峰，浅析钻孔孔斜的控制[J]，中州煤炭，2005（4）：22-24.

[5] 王知君，钻孔孔斜矫正的方法讨论[J]，建筑工程技术与设计，2017（7）：928.

[6] 郭建设，黏土心墙堆石坝坝基渗漏原因分析及处理[J]，广东水利水电，2020（7）：51-54.

[7] 向军文，陈晓林，胡汉月，定向造斜及水平钻进连续取心技术[J]，探矿工程（岩土钻掘工程），2007（9）：33-36.

[8] 陈晓林，国内水平井定向取心技术及工具[J]，探矿工程（岩土钻掘工程），2007（9）：75-81.

[9] 周策，陈文俊，时空多点连续定向取心技术应用研究[J]，探矿工程（岩土钻掘工程），2004（8）：36-38.

[10] 楼岱莹，对接穿越技术在水平定向钻穿越中的应用[J]，非开挖技术，2006，23（4）：1-3.

[11] 闫永峰，浅谈对称四极电阻率测深法在水库坝基覆盖层勘探中的应用[J]，广东水利水电，2018（3）：69-72.

[12] 陈程、卢小林、唐齐许，综合电法在水电站围堰渗漏探测中的应用[J]，水利规划与设计，2014（2）：70-72.

[13] 贾瑞红，水库渗漏中地下水示踪技术的应用[J]，水利规划与设计，2013（10）：39-41.

[14] 胡清龙、蹇超、孙红亮，黏土心墙坝坝体及库区渗漏异常特征分析[J]，水利规划与设计，2019（12）：103-106.

阳蓄电站超深竖井开挖支护施工关键技术研究

王　峻　宋安瑞　郑　尧

（中国水利水电第七工程局有限公司，四川　成都 610213）

摘　要： 阳江抽水蓄能电站两级竖井分别长382 m、385 m，深度大，岩石强度高，上下弯段均为90°弯管段。本文就阳蓄电站竖井导井施工、开挖支护、提升系统布置相关问题及采取的措施进行了阐述，可为同类型工程施工提供参考。

关键词： 超深竖井；施工工艺；开挖支护；导孔纠偏

1　引言

抽水蓄能电站以其具备调峰、填谷和承担备用的作用迎来了新一轮的建设高峰。其显著特点是落差大、水头高、容量大，引水隧洞通常采用竖井、斜井或两种组合加平洞方式进行布置。针对超深竖井的反井法开挖，传统的方法直接采用反井钻机进行定位、钻孔、反扩施工，偏差一般控制在1%以内难度非常大，贯通偏差对整个项目部的工期、成本影响很大。常规的竖井提升系统一般采用天锚固定钢桁架，钢桁架上面布置天轮，上、下平台利用钢立柱连接成整体，通过提升设备进行人员、材料上下，根据工作内容的变化，如开挖、衬砌、灌浆等进行适当的改造，使用完成后拆除。这种布置方式面临很多问题，一是天锚固定桁架的可靠性较差，检查维护难度大；二是上层平台在运行受力的情况下，下层平台也在使用，交叉使用带来的安全隐患较大；三是施工过程中的多次改造安全风险高、施工难度大，且浪费工期；四是使用完成后需要进行拆除，拆除难度极大，且安全风险极高。基于上述问题，为了提高竖井导井的精度、提升系统的安全可靠性及通用性，需要进行大量的研究。

2　工程概况

阳江抽水蓄能电站高压隧洞主要由上平洞、上竖井、中平洞、下竖井及下平洞组成，水道承受的净水头800 m，动水头1108 m，是目前国内核准建设单机容量最大、静水头最高、埋深最大的蓄能电站。

电站上竖井总长382 m，下竖井总长385 m，均为花岗岩，开挖直径分别是8.9 m、8.7 m，衬砌厚度0.6 m/0.5 m，衬砌后直径7.5 m，采用反井法进行施工。竖井开挖支护的精准贯通、安全管控及防堵井等问题亟待解决。

3　工程施工存在的难题

3.1　竖井深度大，导井贯通精度要求高

若按照规范允许偏差1%进行控制，反井钻机导孔将偏出设计轮廓线，造成大量的超

挖超填工程量，施工成本急剧增加，后续施工困难且安全风险非常高。

3.2 岩石强度高，反井钻机受力大

岩性均为花岗岩，实测岩石强度平均为114 Mpa，加之竖井深度大，反井钻机在反拉过程中受力较大，极易造成钻杆的断裂或设备的损坏。

3.3 地质条件复杂，施工困难

竖井发育有多条断层，最大断层带宽达5 m，且渗水现象较为突出，施工过程中容易造成卡钻及导孔偏斜影响，这给反井钻机纠偏操控带来巨大的挑战。

3.4 作业空间狭窄，提升系统布置需进一步优化

竖井开挖支护作业属于有限作业空间，施工通道布置、材料运输困难。竖井为90°弯管，提升系统布置需兼顾开挖支护、衬砌、灌浆及抗侵蚀材料涂刷等多道工序，且竖井深度大，确保人员、材料运输需要对系统通用性、防坠性能、防旋转设计、可靠性及便于维护等多个方面进行优化提升。

4 关键技术

4.1 超深竖井导孔精准贯通施工技术

通过不断的研究及考察，引进矿山及石油行业定向钻机+MWD、RMRS随钻测斜技术，即竖井导井开挖分为定向钻机导孔施工及反井钻机反拉施工两道工序。定向钻机参数见表1所列。

表1　定向钻机参数表

项目(单位)	参数
电动机功率额定转速/(kW/rpm)	132/1490
最大顶力/kN	270
最大回拖力/kN	450
最高转速/rpm	82
最大扭矩/N.m	21824
入射角/(°)	55～90
动力头最大顶进/回拖速度/(m/min)	10.9/6.82
机重/t	10
外形尺寸(长×宽×高,mm)	59990×2620×2522

定向钻机随钻测斜技术原理如下。

①利用MWD随钻测斜仪的脉冲发生器将探测的数值发送至地面计算机进行编码，并由内置计算机进行解码，实时监控导孔偏斜情况。

②距孔底50 m范围时采用RMRS随钻测斜技术，用三轴重力和三轴磁力线进行探测的传感器测得数值，由内置计算机进行编码，经脉冲发生器通过泥浆脉动传递至地面，地面计算机解码数据，通过捕捉孔底磁场发射器位置进行精准导孔。

③为保证钻孔的偏斜率和纠正偏斜方向，采用螺杆钻具作为井下动力钻具。它可在钻杆不旋转的情况下由高压泥浆驱动钻头旋转。选择具有一定弯曲角度的螺杆，从而可以进行滑动钻进，即使孔“转弯”（如图1所示）。

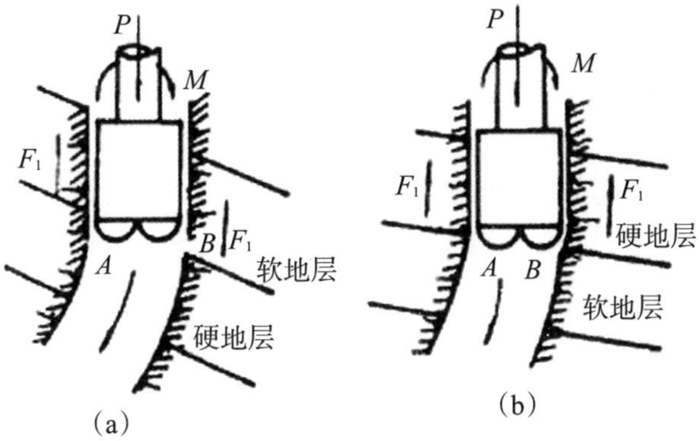

图1　定向钻机钻杆“转弯”示意图

利用两项技术综合集成，确保定向孔的精确贯通，为后续反井钻机反拉创造条件。

4.2　特硬岩体反井法施工关键技术

定向钻机形成ϕ219 mm导孔后需要进行扩孔以便安装反井钻机钻杆，扩孔直径为ϕ295 mm。导孔反扩开始阶段需降低钻速及钻压，为正常施工时钻压的30%，直至钻头全部进入岩体。当钻头扩孔至距井口2.5 m时，降低钻压慢速钻进直至钻头露出地面。

在反井钻头直径的选择方面，根据井深、岩石强度选择直径1.4 m（需二次扩挖）、2 m（不需二次扩挖，扒渣量大）或2.5 m（不需二次扩挖）的钻头分别计算反井钻机的受力情况及功效，计算相应的工期、综合费用，最终选择钻头尺寸为1.4 m进行反拉。反井钻机参数见表2所列。

表2　反井钻机（400E型）参数表

项目(单位)	参数	项目	参数
导孔直径(mm)	295	主机额定功率(kW)	176
扩孔直径(m)	1.5(600 m)、2.5(500 m)、3.5(400 m)	操控方式	智能化电液操控
转速(rpm)	0 ~ 22	钻孔倾角(°)	50 ~ 90
最大拉力(kN)	3800	钻杆直径×有效长度(mm)	φ254×1500
最大推力(kN)	2450	主机重量(t)	13.1
额定扭矩(KN.m)	120	尺寸(mm)	4850×1900×5250
最大扭矩(KN.m)	180	—	—

超深竖井由于深度大、钻杆过长、扰度过大极易出现折断，要做到在开始扩孔之前尽量把下断面锚网、钢带、锚杆帽、锚杆拆除；操作上要注意把副泵和主泵压力调小，副泵压力不超过4 MPa，主泵压力不超过10 MPa，另外用一个主油泵带动双马达工作，马达快慢手柄调到快速状态，主推缸点动推进，遇到憋钻立即快速下放扩孔钻头，然后继续扩孔，直到扩孔钻头全面接触下断面后方可正常上调压力。

4.3 新型提升系统的研发与应用

新型提升系统由横向输送系统、竖直升降系统、平台系统组成，并布置在永久衬砌外侧，不占用衬砌空间也不侵入内轮廓，后期可免于拆除，同时也可以作为上弯段超挖区回填作业平台及辅助安装模板。在提升系统施工前，需要对上弯段进行技术性超挖，将平洞段掌子面延伸至竖井外侧弯段开挖边线，为减少超挖超填工程量，可在弯段部分设置降坡，坡度宜为8°～12°，提升系统布置如图2所示。

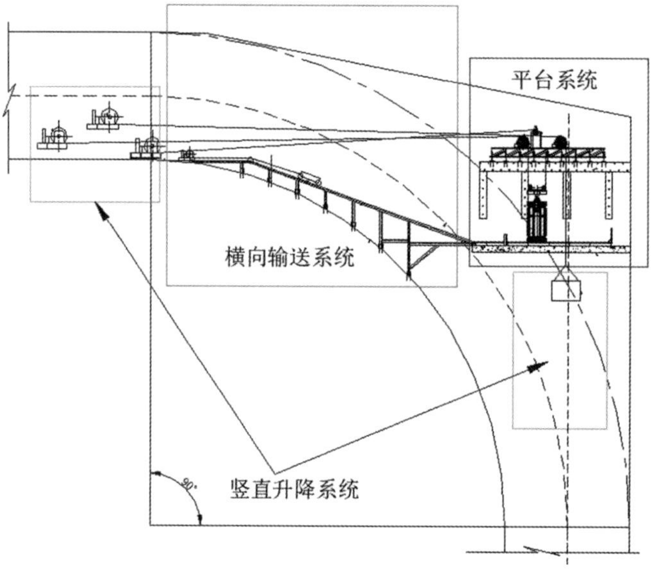

图2　上弯段提升系统布置图

横向输送系统主要包括人员通道、材料水平运输通道，采用钢结构制作，平行布置于上弯段底拱位置。人员通道设置梯步，材料通道采用小型卷扬机配材料运输车，末端与下桁架平台连接并设置车挡以防止材料运输车倾覆。

竖直升降系统主要包括载物卷扬机、载人绞车、防坠卷扬机、防坠罐笼、载物吊笼及配套设施设备。其中载人绞车与防坠卷扬机设置在上平洞左侧，配套使用。载人罐笼通过两根防缠绕钢丝绳交叉穿束利用绞车同时提升以避免罐笼提升过程中钢丝绳旋转。防坠卷扬机设置钢丝绳从罐笼两侧穿入，底部设置防坠器达到防坠效果。

平台系统包括上桁架平台和下桁架平台，上桁架平台和下桁架平台分别各自独立支撑固定于竖井段上方、弯管段外轮廓线扩挖部分的混凝土结构两侧。两层平台相互独立设置，减少了常规桁架立柱设置对提升系统的干扰，同时两层结构受力互不影响；两层平台分别各自独立设置钢筋混凝土岩壁梁基础，利用预埋在混凝土表面的钢板与钢桁架横向

H型钢焊接固定，提高桁架受力稳定性、可靠性及维护简易性；针对上桁架平台提高受力条件，在岩壁梁下方设置扶壁柱钢筋混凝土结构，强化岩壁梁承载能力。另外，为确保竖井通风及下桁架平台通行功能，平台结构设置单层钢板网封闭，并及时维护更换。桁架平台布置示意图如图3所示。

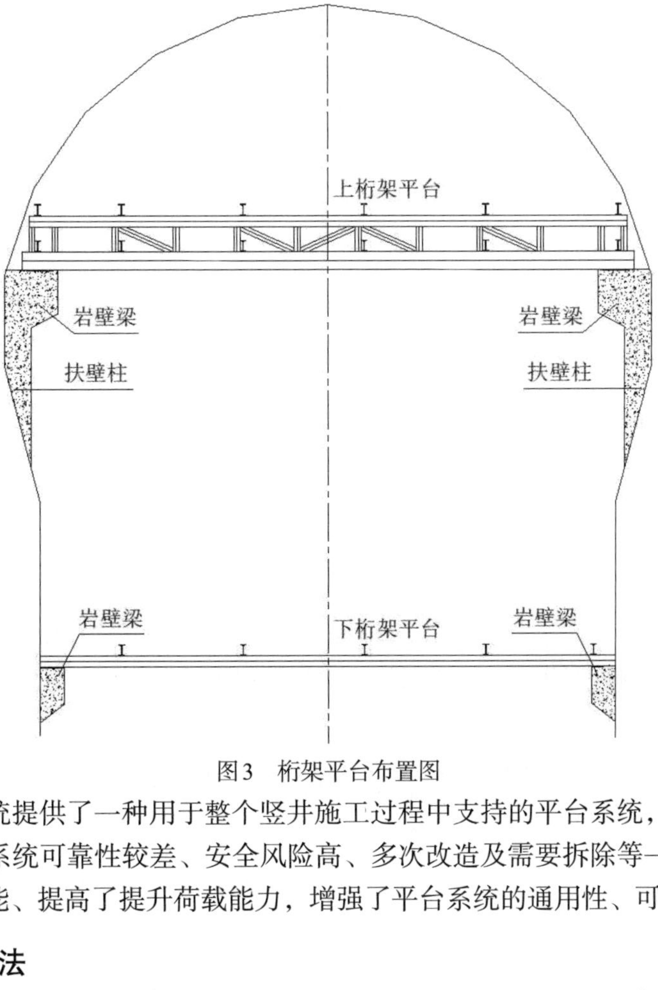

图3　桁架平台布置图

新型提升系统提供了一种用于整个竖井施工过程中支持的平台系统，解决了以往竖井施工过程中提升系统可靠性较差、安全风险高、多次改造及需要拆除等一系列问题，扩展了平台的综合功能、提高了提升荷载能力，增强了平台系统的通用性、可靠性。

5　主要施工方法

5.1　施工工艺流程

上、下弯段开挖支护（技术性超挖至竖井边墙）→定向钻机导孔施工（ϕ219 mm）→反井钻机导井扩孔（ϕ295 mm）→导井反扩（ϕ1.4 m）→一次提升系统施工→溜渣井（3.5 m）开挖→上弯段剩余部分开挖支护→二次提升系统施工→全断面扩挖支护。

5.2　主要施工方法

（1）一次提升系统施工

一次扩挖井架采用钢材制作，各杆件之间用高强螺栓连接可拆卸式井架，后续可作为其他竖井一次扩挖施工时使用，一次扩挖井架如图4所示。

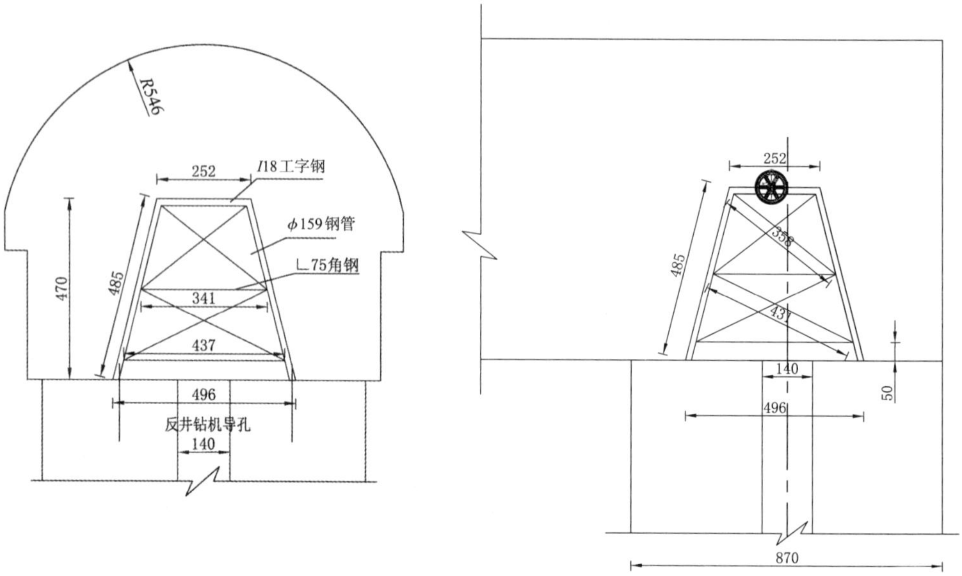

（a）一次扩挖井架剖面图　（b）一次扩挖详图

图4　一次扩挖井架示意图

（2）溜渣井开挖

溜渣井开挖利用“绞车+一次扩挖井架”作为提升系统，悬挂吊笼作为开挖施工平台。因导井采用反井钻机扩挖而成，内壁较光滑且无爆破影响，不存在片帮及掉块情况，施工作业安全。

溜渣井开挖采用自下往上人工手风钻造水平辐射孔，自下而上分段爆破，溜渣井开挖后直径3.5 m。

溜渣井开挖一次完成全部造孔，然后再分段装药爆破，一次爆破长度8～10 m。因导井直径（ϕ1.4 m）较小，为了方便钻孔作业，提前对手风钻气腿进行适当改造。

（3）全断面开挖

竖井扩挖施工自上而下进行，人工扒渣通过溜渣井至下弯段部位，装载机配合20 t自卸汽车出渣。

为减少人工扒渣工作量，靠近溜渣井两环爆破孔超深30～50 cm，爆破后形成漏斗状，渣料大部分通过溜渣井掉落至下弯段。

竖井周边孔采用钻垂直孔光面爆破成型，周边孔间距0.5 m，抵抗线0.85 m，孔深3 m；崩落孔间距0.65～0.81 m，抵抗线0.65～1.1 m，孔深3.5 m。非电毫秒管分段爆破成型，周边孔采用竹片+导爆索方式爆破。

6　应用效果

本工程采用“定向钻机+MWD、RMRS随钻测斜纠偏技术”进行导孔施工，日平均进尺10 m，上竖井贯通偏差33 cm，下竖井贯通偏差27 cm，最终导孔贯通精度0.8‰，远低于规范要求导孔精度（1%）标准。采用1.4 m直径进行反井钻机导井开挖，日平均进尺11 m；全断面正向开挖未发生堵井事件，日平均开挖进尺3 m，施工过程中安全可控。

7　结论

①定向钻机随钻纠偏技术的成功应用，提高了竖井贯通精度，为后续施工创造了良好条件，值得在深竖井中大力推广。

②新型竖井提升系统的研发提供了一个免于拆除、结构可靠、维护方便的竖井提升系统，且通用性强、施工简便。

③目前超深竖井反井钻机扩孔直径主要受机械设备性能影响，扩孔直径多集中在1.4～2 m，无法满足超深竖井导井施工完成后直接溜渣的要求，如何提升反井钻机的性能是后续研究的方向。

参考文献

[1] 蒲朝阳，袁辉，邓明，等. 定向钻进技术在水电站竖井开挖中的应用[J].西北水电，2017，5（11）：43-46.

[2] 周振兴，曾良红. 厄瓜多尔竖井施工用提升系统的设计与应用[J].四川水力发电，2018，37（2）：124-126.

[3] 才俭峰. 500 m级深竖井提升系统设计[J].湖南水利水电，2018（5）：8-11.

风蓄联合运行模式应用研究

徐辉荣　白文博

（广东省水利电力勘测设计研究院有限公司，广东　广州 510635）

摘　要：本文根据甘肃省酒泉风电基地配套抽水蓄能电站的开发建设中采用多座测风塔进行平均风速近似计算风电基地综合出力的方法比单座测风塔风速估算风电基地综合出力更加接近风电场分散布局的特点及风电场的集群效应，初步论证了风蓄联合运行模式下抽水蓄能电站装机容量或连续满发小时数变化对提高风电消纳程度及平抑风电出力波动的作用，并对提高风能资源的消纳能力和配套抽水蓄能电站建设规模论证进行了有益的尝试，对发挥抽水蓄能电站的储能作用进行了初步探索。

关键词：抽水蓄能电站；风电场；弃风率；集群效应

1　研究背景

抽水蓄能是目前技术最为成熟的大规模储能方式，具有调峰、填谷、调频、调相、储能、系统备用和黑启动等“七大功能”和超大容量、系统友好、经济可靠、生态环保等优势，可有效保障高比例新能源电力系统安全稳定运行和提升新能源利用水平，在实现碳达峰和碳中和目标、促进大气污染防治中具有战略意义。随着风电、太阳能发电等新能源快速发展，必然要求系统调节能力和保障手段的同步增强。抽水蓄能电站对提高当地风电光伏等新能源消纳具有重要作用，进入“十四五”时期，国家对抽水蓄能电站的需求更加强烈。

2016年12月国家发展改革委员会发布《可再生能源发展“十三五”规划》（发改能源〔2016〕2619号）提出：“加快抽水蓄能发展：积极推进抽水蓄能电站建设主体多元化，鼓励社会资本投资，加快建立以招标方式确定业主的市场机制。进一步完善抽水蓄能电站运营管理体制和电价形成机制，加快建立抽水蓄能电站辅助服务市场。研究探索抽水蓄能与核能、风能、太阳能等新能源一体化建设运营管理的新模式、新机制。”

2021年3月1日，国家电网公司碳达峰、碳中和行动方案正式发布。方案提出在电网侧，“十四五”国网经营区输送清洁能源占比升至50%；在电源端，2030年国网区域内风电、光伏累计装机将达10亿千瓦以上，并且通过特高压、调度、市场交易等多种方式保障清洁能源接入和消纳，2025年、2030年非化石能源占一次能源消费比重20%、25%；在储能端要加快抽水蓄能建设。

我国风能资源主要集中在陆上的“三北”地区和东南沿海地区，“三北”地区包括东北三省、河北、内蒙古、甘肃、青海、西藏、新疆等省区近200 km宽的地带。该地区可设风电场的区域地形平坦、交通便利，是我国可连成一片的最大风能资源区，尤其是内蒙古和甘肃北部地区，高空终年在西风带的控制下，适合于大规模开发利用。“三北”地区风能资源储量丰富，占全国陆上风能资源总储量的79%。

甘肃风能总储量居全国第5位，为全国八大风电基地之一，风能资源总储量237 000 MW，技术可开发量约为60 000 MW。全省有效风能储量由西北向东南逐渐减少，风能丰富区为河西走廊西北部区域，约占全省面积的23%。酒泉千万千瓦级风电基地位于甘肃省北部河西走廊，其丰富区多年平均风速大于6.5 m/s，风能密度大于200 W/m^2。根据酒泉地区6座测风塔资料进行风能资源评估，在有效风速3～25 m/s范围内，10 m、30 m、50 m和70 m高程对应的平均有效风能功率密度分别为287 W/m^2、422 W/m^2、437 W/m^{2}和541 W/m^2，且具有良好的并网条件。风能质量好主要指以下4个方面：年平均风速较高、年平均风功率密度大、风频率分布好和可利用小时数高。

根据《甘肃酒泉千万千瓦级风电基地规划报告》，整个基地范围约19.9万平方米，风能资源丰富区易开发的风能资源就超过10 000 MW，区内无破坏性风速，风能资源稳定性及连续性好，盛行主风向为东西两个方向，风速平均变化幅度小，适合风力发电机组全年运行。

酒泉千万千瓦级风电基地规划了12座风电场，其中瓜州5座总装机11 500 MW，玉门6座总装机6310 MW，肃北仅马鬃山1座总装机2400 MW，规划2020年总装机20 210 MW。由于风电送出工程建设滞后和上网限电等原因导致风电消纳不畅，弃风率较高，风电建设进度落后于规划。2018年年底实际已投产风电装机12 821 MW，2020年、2025年和2030年风电装机调整为14 000 MW、18 600 MW和3300 MW，其中2025—2030年新增加的14 400 MW风电用于外送消纳。2030年设计水平年甘肃电网消纳风电规模为18 600 MW。

抽水蓄能电站是我国重要的能源基础设施，具有调峰填谷、调频调相、事故备用、新能源储能和黑启动等作用。在风电基地附近建设抽水蓄能电站，可平抑风电出力波动，提高风电开发、消纳能力，保障电力系统安全稳定运行。风蓄联合运行模式研究对于我国经济社会持续发展和实现“双碳”目标具有重要意义。

2 风蓄联合运行研究的主要内容

2.1 风蓄联合运行理论研究和技术进步概况

风蓄联合运行有狭义和广义之分。狭义概念是指风电场和抽水蓄能电站形成单独的联合电站（场站相距较近），在风电出力大于外送线路规模时，抽水蓄能电站利用富余风电抽水储能；当风电场出力小于外送电规模或系统负荷高峰时，抽水蓄能电站放水发电、平抑风电出力；通过抽水蓄能电站对风电“蓄余补缺”补偿调节运行方式，可以将原本随机的、不可控的风电出力过程一定程度上加工成可以满足电力系统需要的高质量电能，并且能提高输电线路的经济性，显著提高电网接纳风电的能力，为发展清洁能源扩展广阔的空间。广义概念是风电场出力在就近变电站上网，系统负荷低谷时段风电出力大于负荷需求时，抽水蓄能电站从附近电网间接利用富余风能抽水储能，适用于风电场附近缺少抽水蓄能电站站点资源或需要新建风蓄连接线路且条件不具备的情况。

对于大规模风电基地的开发和风能资源的有效利用，有人研究了外送输电平台“送端配套”电源组合方案。主要有 3 种模式：①“风电” 单独送出；②“风电+火电”打捆送出；③“风电+火电+抽水蓄能电站”打捆送出。限于送端和受端变电站投资规模较大和电网建设实际情况，理论上很好的想法、技术上可行的方案因电网规划、投资规模、经济合理性等方面的因素被限制或推迟了方案的按期实施。

目前，风蓄联合运行模式理论上研究较多。由华中科技大学刘春红和常黎完成的《风能-抽水蓄能联合发电系统关键技术研究》提出：“通过抽水蓄能电站的蓄能和发电功能调节风电场出力，使得风电—抽水蓄能联合发电系统的输出功率平缓稳定。建立了风电场、抽水蓄能电站模型，并在此基础上建立了联合发电系统的仿真试验平台；根据风力发电机原理建立起变速恒频风力发电系统模型，掌握几种风力机控制方法并建立起相应的控制模型；通过仿真验证风力发电系统模型的正确与可实用性，为联合发电系统做准备；根据可逆式机组的抽水及发电原理建立起水泵水轮机系统模型，通过仿真试验验证模型的正确与可实用性，为联合发电系统做准备。在风速可预测的前提下提出了风电-抽水蓄能联合发电系统的控制策略。电力系统负荷低谷时风电场出力用来抽水，负荷高峰时风电场出力和抽水蓄能电站发电运行进行调峰。”中国东方电气集团有限公司和哈尔滨工业大学都在开展抽水蓄能可变速机组研究，来适应风电出力的随机变化。

前述仿真系统还处于研究阶段，抽水蓄能可变速机组可以较好地适应风速变化的随机性、间歇性和波动性，可充分利用风能资源，但是机组单价较贵、高水头大容量可变速机组在我国还没有实际应用。

2.2 风电并网要求

2.2.1 区域风力发电出力特性

根据测风塔实测风速资料，分析风电场出力特性，包括年、月、日平均出力、年最大出力和多年出力概率分布等。按照风电场历史出力数据计算各月平均出力，形成月平均出力曲线。同一个月取数据从小到大排列，由于风速数据的随机性，去掉5%的最大出力，取保证率95%时对应的出力作为月最大出力，用于电力平衡。接入风电的电力系统的总备用容量可按最大发电负荷的15%～20%备用。

2.2.2 风电功率预测

①规范要求装机10 MW及以上的风电场应配置风电发电功率预测系统，此系统应具备0～72 h短期风力发电功率预测及15 min～4 h超短期功率预测功能。

②风电场每15 min自动向电网调度机构滚动上报未来15 min～4 h的风电场发电功率预测曲线，预测值的时间分辨率为15 min，并上报次日0～24 h风电场发电功率预测曲线，间隔为15 min，并自动上传到电网调度机构。

③风电场日前的短期（4～72 h）风电功率预测月平均准确率应不低于80%，月平均合格率应大于80%。超短期（15 min～4 h）风电功率预测月平均综合准确率应不低于85%，

月平均合格率应大于85%。

2.2.3　风蓄联合运行（广义）

电网根据风电功率预测曲线，在负荷低谷可随时对系统内抽水蓄能电站机组抽水蓄能工况调度。

2.3　风蓄联合运行的实际进展情况

呼和浩特抽水蓄能电站是内蒙古自治区蒙西电网运行的第一座抽水蓄能电站，担负着提供蒙西电网内的调峰填谷、调频调相、增加风电等新能源消纳、电网事故备用和黑启动等综合作用，对保证电力可靠供应、构建“源网荷储”的综合能源系统、保证向京津唐地区高质量送电等方面具有重要意义。呼和浩特抽水蓄能电站所在蒙西电网现有电源主要以火电为主，因此，对风电的吸纳效果受到负荷低谷火电最小出力大小的影响。目前，在建和新建抽水蓄能电站多数会考虑风电消纳对调节性能和装机容量、单机容量选择的影响。

玉门抽水蓄能电站有其特殊性，2020年年底酒泉（含嘉峪关）地区共计装机17 880 MW，其中风电装机10 500 MW，占59%；区域电网以风电为主。酒泉风电基地几十座风电场位置分散，建成后通过就近分散接入变电站。为了实现“双碳”目标，玉门蓄能抽水电源必须以风电为主，在区域电网负荷低谷时段满足最小负荷出力要求和输电线路最小输电功率要求的前提下，尽可能多地利用酒泉风电基地风电富余出力抽水储能，将其转化为负荷高峰时段的优质电能。因此，本文主要结合玉门抽水蓄能电站建设可研阶段规模论证工作，以玉门市五座测风塔实测风速资料和抽水蓄能机组特性为依据，通过两年系列模拟运行，计算甘肃电网负荷低谷时段、抽水蓄能机组可利用的实际风能电量和弃风率等指标，为装机规模论证（另有连续满发小时数方案论证等）提供不同方案的经济效益指标。

本次风蓄联合运行模式研究包括以下主要内容：①合理确定风蓄联合运行的计算原则；②准确评估和计算整个区域风电场风电出力和上网容量；③合理确定与风电出力联合运行的抽水蓄能装机容量；④计算弃风率等指标。

3　风电基地风电出力过程

3.1　风电场测风塔实测风速的点面特性

在酒泉地区风能资源评估的基础上，采用的合理风电机组安装高程一般在离地面70 m左右。随着风电能源大规模开发建设，仅玉门市风电场测风塔数量就在30座以上；下面以玉门市中核矿区风电场、华能桥湾风电场、低窝铺风电场、洁源玉门风电场和大唐昌马风电场等5座风电场5座测风塔实测风速资料分析地区范围大小对风速的影响。经统计，各测风塔2017年1月1日至2018年12月31日实测15 min风速有效数据率为99.54%，满足风能分析计算要求。上述5座风电场平均风速及单个风电场2017年3月1日实测风速变化过程分别如图1～图6所示，当日最大、最小和平均风速成果见表1所列。由于玉门各风电场主力风电机组为1500 MW，可以近似以风速变化曲线来分析风电机组出力变化情况。

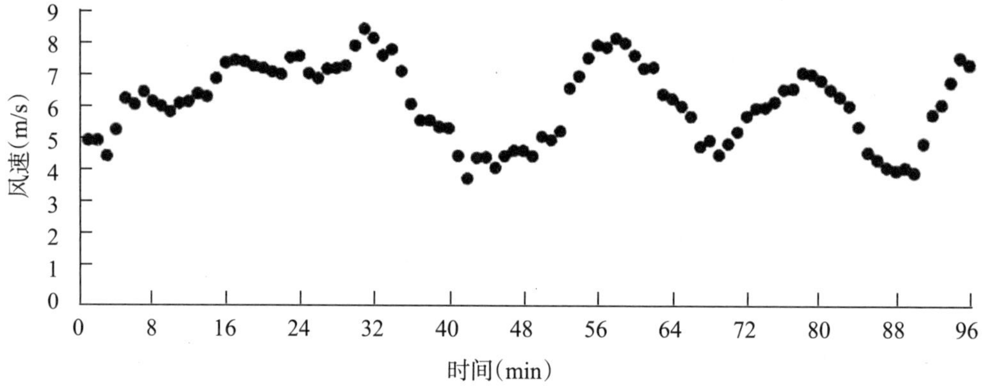

图1　5座风电场2017年3月1日70 m高平均风速变化过程

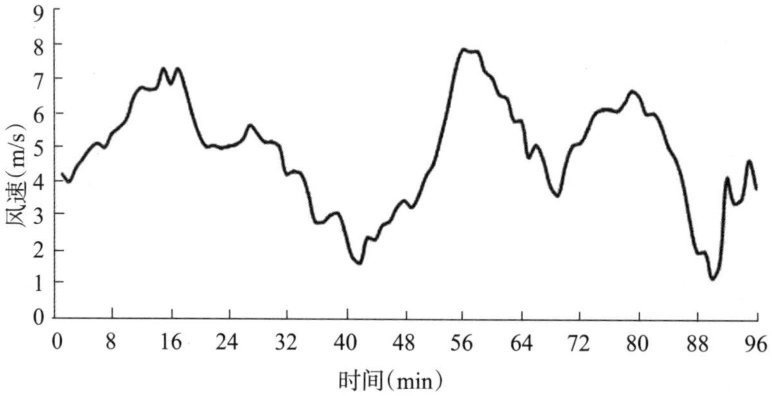

图2　中核矿区风电场2017年3月1日70 m高平均风速变化过程

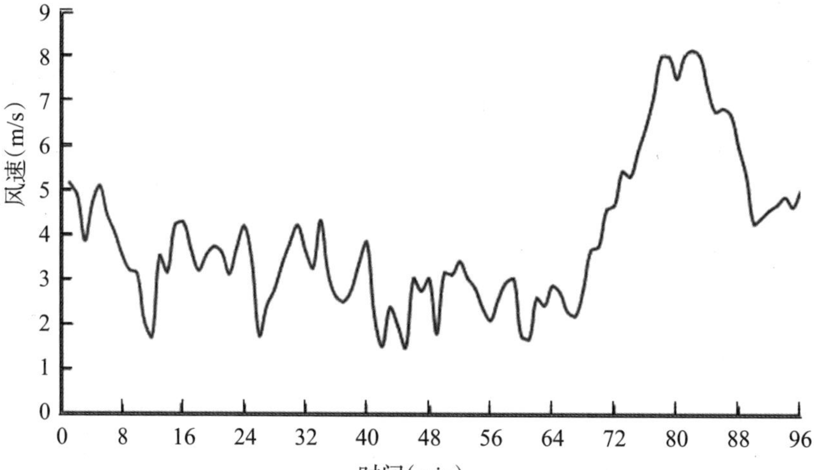

图3　桥湾风电场2017年3月1日70 m高平均风速变化过程

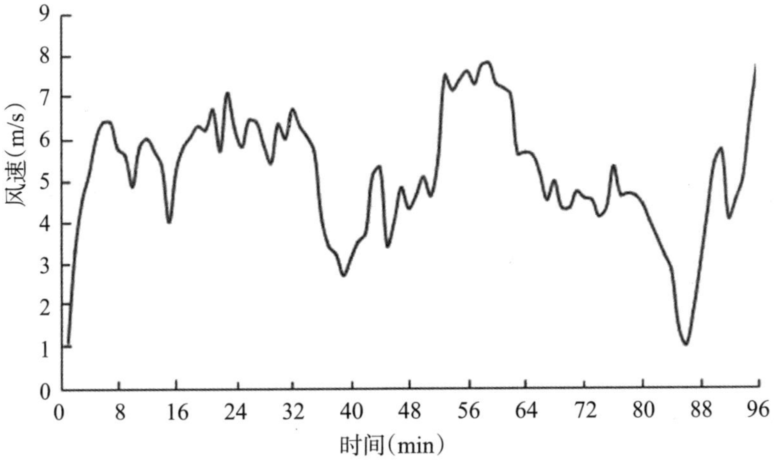

图4　低窝铺风电场2017年3月1日70 m高平均风速变化过程

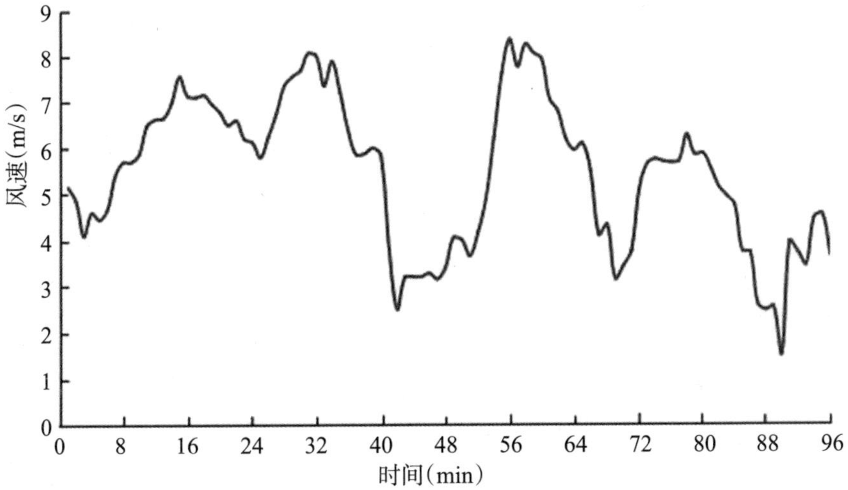

图5　洁源风电场2017年3月1日70 m高平均风速变化过程

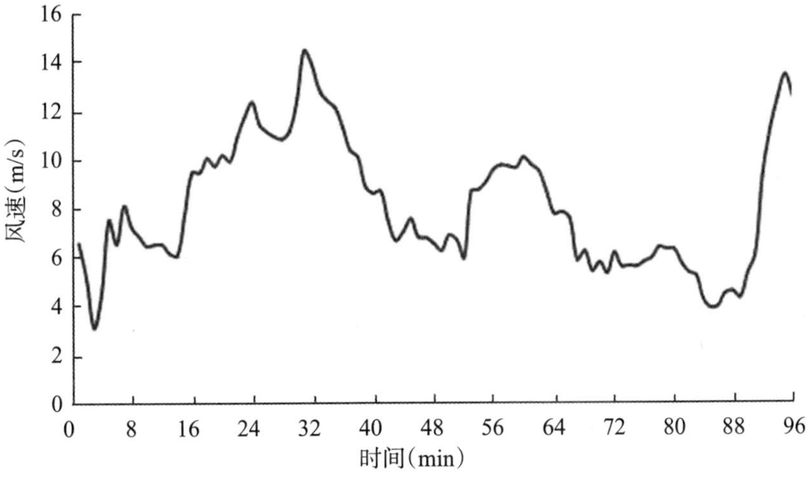

图6　大唐昌马风电场2017年3月1日70 m高平均风速变化过程

表1　5座测风塔2017年3月1日70 m实测风速统计成果　　单位：m/s

项目	中核矿区	华能桥湾	低窝铺	洁源	大唐昌马	平均
最大风速	7.86	8.14	7.80	8.35	14.41	7.54
最小风速	1.22	1.47	1.00	1.50	3.10	3.36
平均风速	4.86	3.92	5.13	5.46	8.06	5.49
最大风速差	6.64	6.67	6.8	6.85	11.31	4.18

从表1结果可以看出：单塔最大最小风速差在6.64～11.31 m/s变化，范围较大，5塔平均后最大变化范围为4.18 m/s，幅度缩小50%以上。5站平均风速变化过程比单站实测风速变化过程更加平滑、波动范围明显减小，符合地域范围越大越能降低风速波动对出力的影响的规律、也符合风电场分散接入当地变电站的实际情况。

根据功率曲线和当日逐时段风速，计算单机1500 MW日出力统计成果见表2所列。

表2　5座测风塔2017年3月1日单台风机计算出力统计成果　　单位：MW

项目	中核矿区	华能桥湾	低窝铺	洁源	大唐昌马	平均
最大出力	642.72	712.33	628.62	770.12	1500.00	569.33
最小出力	9.09	10.93	7.43	11.15	27.71	42.41
平均出力	193.33	124.55	217.41	267.24	734.80	240.09
最大出力差	633.63	701.4	621.19	758.97	1472.29	526.92

从表2结果可以看出：单座测风塔对应的单机最大最小出力差在621.19～1472.29 m/s之间变化，范围较大，5塔风速平均后最大最小出力变化范围为526.92 m/s，出力变化幅度明显缩小；为了利用风能，系统需要热备用容量为526.92 MW，明显低于单替塔计算的最大值1472.29 MW。

上述单塔和多塔风速计算出力的不同引出了另外一个急需解决的问题，即风蓄有限联合运行条件下，抽水蓄能电站是根据单个风电场预测功率曲线进行调度还是根据不同风电场预测的综合功率曲线进行调度？事实是综合功率曲线更加符合实际情况，但如何得到综合功率曲线又是一个技术难题。比较精确的方法是：根据“样板机法”实测风电场上网电量和弃风率，建立单站风速与上网功率曲线的关系；通过数理统计和数值模拟等方法建立风电基地多坐风电场实测风速与综合功率之间的关系曲线。该方法考虑了系统弃风限电的影响。

在抽水蓄能电站前期规模论证阶段，采用测风塔平均风速计算风电基地平均功率精度较“样板机法”差，没有考虑系统弃风限电的影响，但在现有资料的情况下，基本可以满足前期设计工作深度要求。

3.2　风电场测风塔实测风速特性

中核矿区风电场、华能桥湾风电场、低窝铺风电场、洁源玉门风电场和大唐昌马风电场5座风电场风速特性统计成果见表3所列。

表3　玉门及瓜州5座风电场平均风速统计成果表

序号	风速区间/(m/s)	测风个数	频率/%	累计频率/%
1	[0,3)	4321	6.166	6.166
2	[3,4)	7473	10.663	16.829
3	[4,5)	9780	13.955	30.784
4	[5,6)	9927	14.165	44.949
5	[6,7)	10013	14.288	59.237
6	[7,8)	8625	12.37	71.544
7	[8,9)	6226	8.884	80.428
8	[9,10)	4653	6.639	87.068
9	[10,11)	3029	4.322	91.390
10	[11,12)	2009	2.867	94.257
11	[12,13)	1645	2.347	96.64
12	[13,14)	987	1.48	98.012
13	[14,15)	509	0.726	98.739
14	[15,16)	360	0.514	99.252
15	[16,17)	237	0.338	99.590
16	[17,18)	109	0.156	99.746
17	[18,19)	52	074	99.820
18	[19,20)	30	043	99.863
19	[20,21)	37	053	99.916
20	[21,22)	6	09	99.924
21	[22,23)	0	00	99.924
22	[23,24)	2	03	99.927
23	[24,25]	1	01	99.929
24	(25,+)	49	070	99.990
合计		70080	—	—

3.3 风电机组出力特性

典型及代表性风电机组采用风电基地数量占主导的单机1500 kW风机。对于单台风机而言，风轮的理论最大效率为59.3%，实际效率会更低一些。对于风电场而言，由于受空气密度、尾流、场用电和线损、风力发电机组效率等因素的影响，风电场上网电力往往较低，为风电场理论值的65%～70%。风机生产厂家采用标准空气密度为1.225 kg/m³，1500 kW理论功率曲线见图7所示。

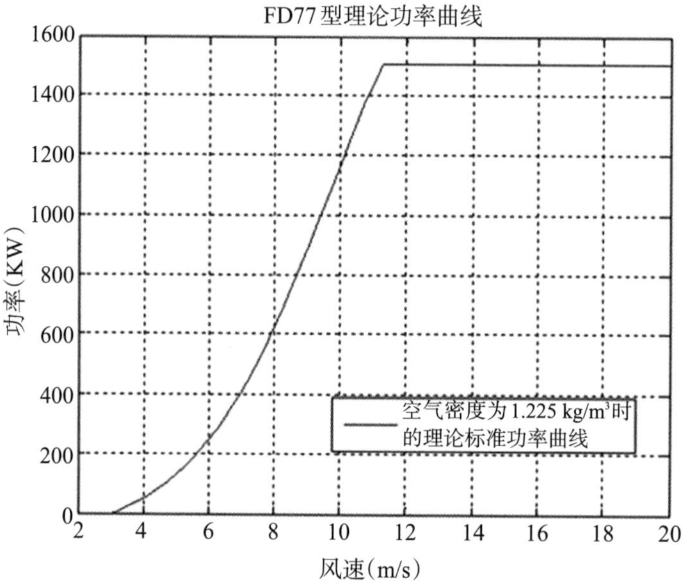

图7 1500 kW理论功率曲线图

由于玉门及瓜州风电场测风塔实测空气密度较小，平均为172 kg/m³，低于标准空气密度。其采用的理论功率曲线由金凤1500 kW不同空气密度下的理论出力曲线内插得到，成果见表4所列。

表4 玉门及瓜州地区1500 kW风机理论功率曲线成果表 **单位：kW**

风速/(m/s)	金凤1500 kW出力 (ρ=11 kg/m³)	金凤1500 kW出力 (ρ=1.157 kg/m³)	玉门及瓜州1500 kW出力 (ρ=172 kg/m³)
0	0	0	0
3	20.52	24.64	22.258
4	72.98	84.12	77.679
5	147.94	171.17	157.738
6	261.65	301.88	278.618
7	420.82	484.91	447.851

续表

风速/(m/s)	金风1500 kW出力（ρ=11 kg/m³）	金风1500 kW出力（ρ=1.157 kg/m³）	玉门及瓜州1500 kW出力（ρ=172 kg/m³）
8	633.380	729.120	673.760
9	896.770	1020.790	94978
10	1170.140	1329.750	1237.459
11	1426.37	1500	1500
12	1500	1500	1500
13	1500	1500	1500
14	1500	1500	1500
15	1500	1500	1500
16	1500	1500	1500
17	1500	1500	1500
18	1500	1500	1500
19	1500	1500	1500
20	1500	1500	1500
21	1500	1500	1500
22	1500	1500	1500
23	1500	1500	1500
24	1500	1500	1500
25	1500	1500	1500
＞25	0	0	0

3.4 年上网电量估算

（1）理论年发电量计算

风电场理论年发电量由下式进行计算：

$$E_{年}=8760\times\left[\sum_{i=1}^{n}f(V_i)\times P_i\right]\times 机组台数$$

式中，E年——风电场理论年发电量（kWh）；

8760——年发电小时数；

$f_{(Vi)}$——风速在一年中出现的频率；

P_i——机组功率曲线中风速i对应的输出功率（kW）；

n——风速区间个数。

利用2017年和2018年测风塔实测风速资料逐日逐时段计算2030设计水平年风电装机18 600 MW对应的上网容量。风电机组年发电量一般约占年理论发电量的65%～70%，从风电机组发电到330 kV变电站上网整个过程，除考虑尾流损失外，还需要考虑以下各种因素对风电上网容量和上网电量的折减。这些因素分别是：①控制与湍流折减；②叶片污染折减；③ 风电机组利用率折减；④风电机组功率曲线保证率折减；⑤ 气候影响停机折减；⑥ 场用电、箱式变压器及线损等能耗；⑦ 大量风电机组上网容量引起电网波动造成的能量损耗；⑧其他因素折减。扣除机组尾流影响及上述8种因素折减后，玉门及瓜州风电机组上网容量及实际上网电量的综合效率约0.68左右。

经计算，2030年酒泉风电基地装机18 600 MW，多年平均年发电量386亿千瓦时，装机年利用小时数为2075 h。

按照15%容量可信度，可替代常规火电2790 MW；火电年平均利用小时数6200 h计算，替代电量173亿千瓦时。

4 风蓄联合运行模式

4.1 风蓄联合运行计算条件

①已收集到玉门市5座风电场2017—2018年连续两年实测15分钟风速资料，分别是中核矿区风电场、华能桥湾风电场、低窝铺风电场、洁源玉门风电场和大唐昌马风电场等各自测风塔2017—2018年70 m高实测风速数据。

设计水平年为2030年，电力系统基础资料均采用2030年成果，甘肃省风电上网总装机容量18 600 MW。根据负荷特性曲线，负荷低谷抽水时段方案可在晚上22点至第二日上午7点之间选取，当抽水运行27、32、38个时段时，可分别发电运行5 h、6 h和7 h。

不同的抽水蓄能装机容量对富余风能的利用程度会不同，其合理规模与风电基地装机容量、出力特性、供电范围、电网特性等有关，本文分别拟定了1000 MW（4×250 MW）、1200 MW （4×300 MW）、1400 MW （4×350 MW）、1500 MW （6×350 MW）、1800 MW （6×300 MW）和2400 MW（8×300 MW）6个方案进行技术经济比较。

②目前，我国在发电侧没有峰谷电价政策，但是根据上网电量收入收取辅助服务费用。参考用户端用电每天3个时段各8小时浮动电价政策，甘肃电网燃煤上网标杆电价为0.2978元/千瓦时，低谷抽水电价取50%燃煤标杆电价，为0.1489元/千瓦时；负荷高峰电价取1.5倍的燃煤标杆电价，为0.4667元/千瓦时。则玉门抽水蓄能电站峰谷电价差为0.2978元/千瓦时。

③抽水蓄能机组检修时间取30天。

④调峰平衡原则。采用甘肃电网2030年典型日负荷特性曲线，优先使用水电调峰，不足部分使用风电，再不足部分由火电补充；当负荷低谷风电出力超过负荷需求时，富余风电出力由玉门抽水蓄能电站抽水蓄能，超过蓄能机组满出力抽水部分作为弃风处理。

⑤玉门抽水蓄能装机容量及单机容量方案根据站址地形地质条件、甘肃电力系统调峰需求和酒泉风电基地风电消纳要求，分别拟定了1000 MW（4×250 MW）、1200 MW（4×300 MW）和1400 MW（4×350 MW）3个方案进行技术经济比较。

4.2 蓄能对风电基地出力过程的平滑作用

根据抽水蓄能电站装机容量1200 MW（4×300 MW）、满负荷发电6 h与酒泉风电基地出力过程配合运行，利用负荷低谷8 h富余风电抽水蓄能平抑白天16 h风电出力波动，得到风蓄联合运行出力曲线。本文随机选取2017年3月1日和3月4日进行说明。2017年3月1日风电场出力曲线如图8所示，风蓄联合运行后的出力曲线如图9和图10所示。两种出力曲线统计成果见表5所列。

表5 3月1日风蓄联合运行前后风电综合出力成果表 （单位：10 MW）

工况	风电场单独（24 h）	风电单独运行（白天16 h）	风蓄联合运行（白天16 h）	备注
最大出力	480.052	480.05	395.15	负荷高峰段风蓄联运低谷平衡出力1580 MW，只有1个时段低于此值
最小出力	35.760	35.76	155.76	—
波动范围	444.29	444.29	239.39	—
平均出力	202.432	186.27	204.82	—

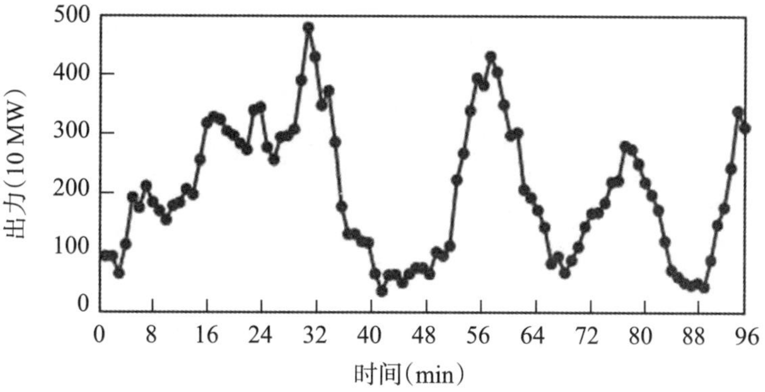

图8 2017年3月1日风电场综合出力曲线

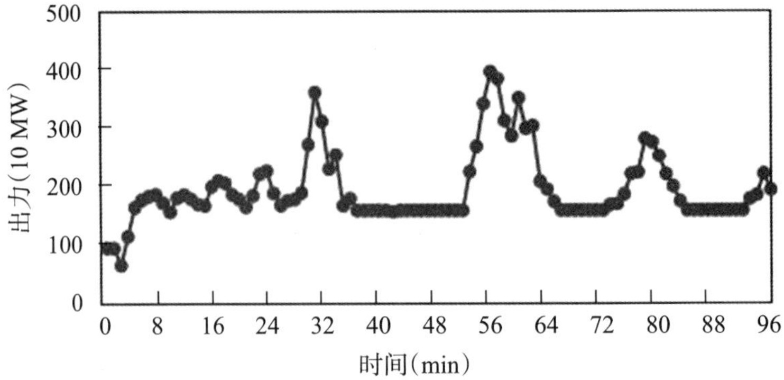

图9　玉门蓄能风蓄联合运行后2017年3月1日风电出力曲线

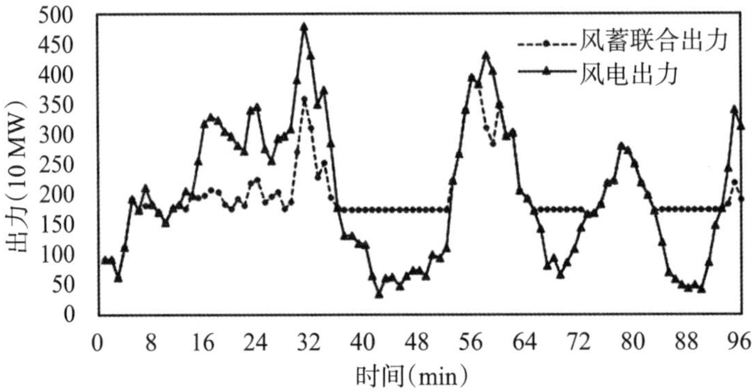

图10　风蓄联合运行前后2017年3月1日风电出力曲线对比图

从表5和图10、图11可以看出：风电场单独运行24 h出力波动范围为4442.9 MW，考虑与1200 MW抽水蓄能电站联合运行后风电场出力波动范围为2393.9 MW，降低46%，即风蓄联合运行后可明显改善风电出力波动范围，提高风电上网电能质量。

2017年3月4日风电场出力曲线如图11所示，风蓄联合运行后的出力曲线如图12和图13所示。两种出力曲线统计成果见表6所列。

表6　3月4日风蓄联合运行前后风电综合出力成果表　　（单位：10　MW）

工况	风电场单独（24 h）	风电单独运行（白天16 h）	风蓄联合运行（白天16 h）	备注
最大出力	1136.36	1010.69	1010.69	负荷高峰段风蓄联运后低谷平衡出力 5300 MW，只有 7:00～10:15 有 10 个时段 2.5h 在 463.94 MW～524.19 MW
最小出力	311.00	343.94	463.94	—
波动范围	825.36	666.75	546.75	—
平均出力	678.43	699.88	718.55	—

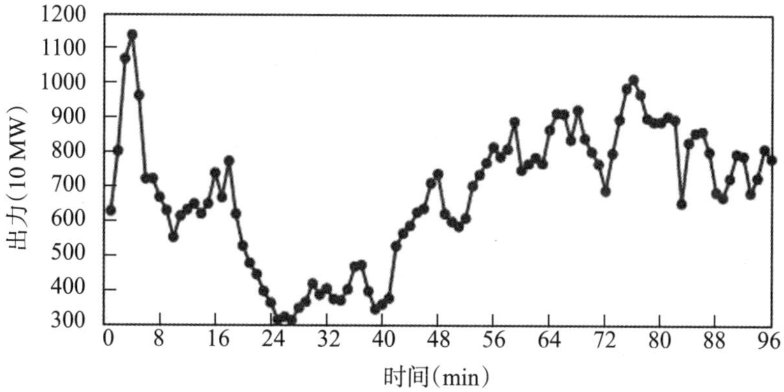

图11　风电场综合出力曲线(2017年3月4日)

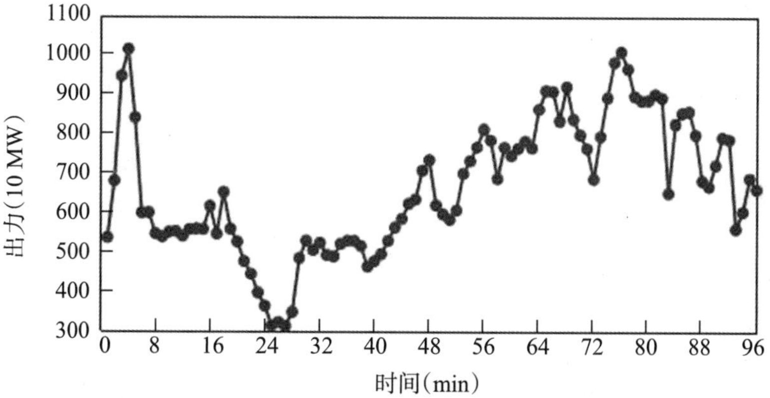

图12　风蓄联合运行后风电出力曲线(2017年3月4日)

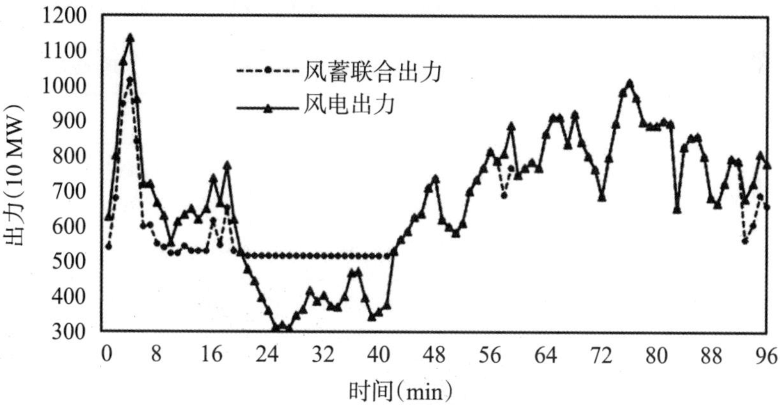

图13　风蓄联合运行前后出力曲线对比(2017年3月4日)

敏感性分析，其他条件不变装机容量为2400 MW时。

表7　3月4日风蓄联合运行前后风电综合出力成果表　　（单位：10　MW）

工况	风电场单独（24 h）	风电单独运行（白天16 h）	风蓄联合运行（白天16h）	备注
最大出力	1136.36	1010.69	1010.69	负荷高峰段风电低谷平衡出力7880 MW，只有上午7：00—10：30 14个时段3.5 h在583.94~767 MW低于7880 MW
最小出力	311.00	343.94	583.94	—
波动范围	825.36	666.75	426.75	—
平均出力	678.43	699.88	790.19	—

对比表6和表7中成果可以看出：2017年3月4日白天16 h内风电基地最大、最小和平均出力分别为1010.69 MW、343.94 MW和699.88 MW，经过抽水蓄能容量1200 MW利用负荷低谷23:00—7:00共8 h抽水蓄能，在白天平抑风电波动后，波动范围由666.75 MW降低为546.75 MW。经过抽水蓄能容量2400 MW利用负荷低谷23:00—7:00共8 h抽水蓄能，在白天平抑风电波动后，波动范围由666.75 MW降低为426.75 MW。装机容量增加1200 MW，风蓄联合出力波动范围又缩小22%。

4.3　风蓄联合运行风电合理消纳规模研究

4.3.1　不同抽水蓄能装机容量对弃风率的影响

根据前述调峰平衡原则，考虑抽水蓄能电站在负荷低谷利用风能（负荷高峰发电6 h、7 h）和电网直接利用的风能，计算风能利用率和弃风率，其成果分别见表8和表9所列。

表8　不同装机容量及单机容量负荷低谷抽水8 h方案效益计算成果表

工况	方案1	方案2	方案3	方案4
装机容量	1200 MW（4×300 MW）	1500 MW（6×250 MW）	1800 MW（6×300 MW）	2400 MW（8×300 MW）
可能上网电量(亿kW·h)	386.1	386.1	386.1	386.1
负荷高峰发电小时数(h)	6	6	6	6
风能利用率(%)	54.64	55.78	56.75	58.57
弃风率(%)	45.36	44.22	43.25	41.43
减少弃风率(%)	5.3	6.41	7.38	9.2
方案间弃风率减少值(%)	—	1.11	0.97	1.82
低谷利用风电(亿kW·h)	20.37	24.74	28.50	35.52
负荷高峰段发电量(亿kW·h)	15.28	18.55	21.38	26.64

表9　不同装机容量及单机容量负荷低谷抽水9.5　h方案效益计算成果表

工况	方案1	方案2	方案3	方案4
装机容量	1200 MW （4×300 MW）	1500 MW （6×250 MW）	1800 MW （6×300 MW）	2400 MW （8×300 MW）
可能上网电量(亿kW·h)	386.1	386.1	386.1	386.1
负荷高峰发电小时数(h)	7	7	7	7
风能利用率(%)	55.38	56.66	57.75	59.8
弃风率(%)	44.62	43.34	42.25	40.2
减少弃风率(%)	5.99	7.27	8.36	10.41
方案间弃风率减少值(%)	—	1.28	1.09	2.05
低谷利用风电(亿kW·h)	22.32	27.10	31.2	38.8
负荷高峰段发电量(亿kW·h)	16.74	20.33	23.4	29.1

从表8和表9中结果可以看出：在连续满发小时数不变的情况下，随着抽水蓄能装机容量的增加，风能利用率明显提高。在抽水蓄能电站装机容量不变的情况下，连续满发小时数7 h比6 h方案的风能利用率提高约1%。

4.3.2　15%弃风率装机容量对应的风电消纳容量

国家发展改革委员会、国家能源局联合下发的《清洁能源消纳行动计划（2018—2020年）》（简称《行动计划》）提出2020年风电弃风率下降到15%。据此计算抽水蓄能电站不同装机容量对用的电网消纳风电规模，成果见表10所列。

表10　不同装机容量负荷低谷抽水8　h对应的风电消纳规模计算成果表

工况	方案1	方案2	方案3
玉门蓄能装机容量	1000 MW （4×250 MW）	1200 MW （4×300 MW）	1400 MW （4×350 MW）
风电装机容量(MW)	7530	7810	7910
规定风能利用率(%)	85	85	85
规定弃风率(%)	15	15	15
减少弃风率(%)	6.3	7.01	7.67
工况	方案4	方案5	方案6
玉门蓄能装机容量	1500 MW （6×250 MW）	1800 MW （6×300 MW）	2400 MW （8×300 MW）
风电装机容量(MW)	8050	8280	8710
规定风能利用率(%)	85	85	85
规定弃风率(%)	15	15	15
减少弃风率(%)	8.23	9.07	10.63

从表10中结果可以看出：在控制弃风率15%的前提下，当玉门抽水蓄能装机容量1200 MW时，甘肃电网消纳风电规模为7810 MW。2030设计水平年甘肃不能完全消纳18 600 MW风电装机所发电能，必须寻找甘肃省外市场消纳。

4.3.3 风电机组多点分散接入和少点集中接入电网对电网冲击分析

①为了准确反映酒泉风电基地风电上网电能质量，需要搭建汇集全部风电机组出力和蓄能联合运行的平台，观测风蓄联合运行后风电输电质量改善情况，为风蓄联合运行积累资料。

②为了准确进行风电基地风能预测预报，反映风电场的集群效应，需要建设汇集全部风电机组出力的平台。根据平台内多个测风塔实测风速资料进行功率预测预报，比单个风电场出力预测预报更真实地反映酒泉风电基地风电机组综合出力情况，有利于电网运行调度。

5 结论

本文首次提出了采用风电基地多座测风塔平均风速近似计算风电基地综合出力的方法，它比根据单座测风塔风速估算风电基地综合出力更加接近多座风电场分散布局的特点及风电场的集群效应。并从甘肃酒泉风电基地风蓄入网前联合运行和风蓄纳入电网联合运行两方面分别进行了分析计算，结果表明：一定装机规模的玉门抽水蓄能电站对提高当地风电的消纳水平、减少弃风率和平抑风电出力波动具有不可替代的作用；增加装机容量或连续满发小时数都能提高风能利用率。在化学储能还没有大规模推广应用之前，建设玉门抽水蓄能电站是大规模利用酒泉风电基地可再生风电的必然选择。

参考文献

[1] 唐修波，周文冬.利用抽水蓄能电站解决蒙西风电基地消纳问题的探讨[A]. 中国水力发电工程学会电网调峰与抽水蓄能专业委员会. 抽水著能电电站工程建设文集（2010）[C]. 中国水力发电工程学会，2010：5.

[2] 靳亚东，董化宏，马登清.建设抽水蓄能电站解决风电消纳经济性分析[J]. 水利发电，2011，37（10）：8-9+38.

[3] 张鲲. 风电并网环境下抽水蓄能电站优化控制策略研究[D]. 北京：华北电力大学，2015.

[4] 刘春红. 风能—抽水蓄能联合发电系统关键技术研究[D]. 武汉：华中科技大学，2011.

[5] 陈志强. 风电与抽水蓄能互联系统稳定与控制[D]. 南京：南京理工大学，2012.

[6] 朱永强. 风电场电气工程[M]. 北京：机械工业出版社，2012.

玉门抽水蓄能电站补水水源取水口水流含沙量分析

徐辉荣　白文博

（广东省水利电力勘测设计研究院有限公司，广东　广州 510635）

摘　要：在我国北方多沙河川或溪流上修建电站，泥沙对抽水蓄能电站的危害较常规水电站大。一般通过拦沙坝泄洪冲沙使洪水、泥沙不进入下水库，也可以利用已建水利工程蓄清排浑后引用清水。本文通过已建水利工程，因地制宜采取水库泄洪冲沙运行调度措施，利用灌溉供水期水流含沙量较低时段作为抽水蓄能电站补水水源取水期，以减少泥沙对上、下水库有效库容的淤积，降低进/出水口前泥沙淤积高程和过机含沙量，改善机组的磨损条件。

关键词：泄洪冲沙；拦沙率；含沙量

1　电站及取水水源概况

玉门抽水蓄能电站上库位于疏勒河昌马大坝右岸照壁山山顶，坝址以上集水面积1390 m²，沟长 12 km，沟道平均比降 182‰；下库位于阴思道口子沟内，该沟为疏勒河一级支流—北大窑沟的支流，坝址以上集水面积 41 km²，沟长 3.9 km，沟道平均比降93.1‰。玉门抽水蓄能电站上、下库多年平均径流深5 mm左右，基本无径流入库。电站工程唯一技术上可行、经济上合理的补水水源为疏勒河干流，取水口位于昌马水库坝址下游约 5.2 km 的疏勒河干流上。

疏勒河是甘肃省河西走廊内流水系的第二大河，全长580 km，流域面积41 250 km²。发源于祁连山脉西段，昌马峡以上为上游，水丰流急。在昌马峡已经兴建了昌马水库，主要功能是以灌溉为主，兼顾工业供水、水力发电、渔业养殖和防洪的综合性水利工程。昌马水库距玉门市55 km，与下游双塔水库和跨流域的赤金峡水库联合运用进行径流调节，主要解决玉门地区91333 hm²农业灌溉供水问题。昌马水库坝址以上至祁连山区河长346.5 km，流域面积13 250 km²，是径流的形成区，年径流量11.879亿立方米。昌马水库以下河西走廊地区是径流的消失区，水流被大量引用，是安西农业生产、城镇工业和人民生活用水的水源。

昌马水库为大（2）型综合利用水库，水库主体工程于1997年开工，2003年年底水库工程拦河大坝、泄洪排沙洞、溢洪道、引水发电洞和坝后发电厂房等建成。昌马水库正常蓄水位2000.8 m，校核洪水位2002.18 m，水库总库容1.934亿立方米。设计洪水位等于正常蓄水位2000.8 m，相应库容1.8060亿立方米，死水位1988.4 m，死库容0.8亿立方米，调节库容16亿立方米。昌马水库及下游水利工程示意图如图1所示。

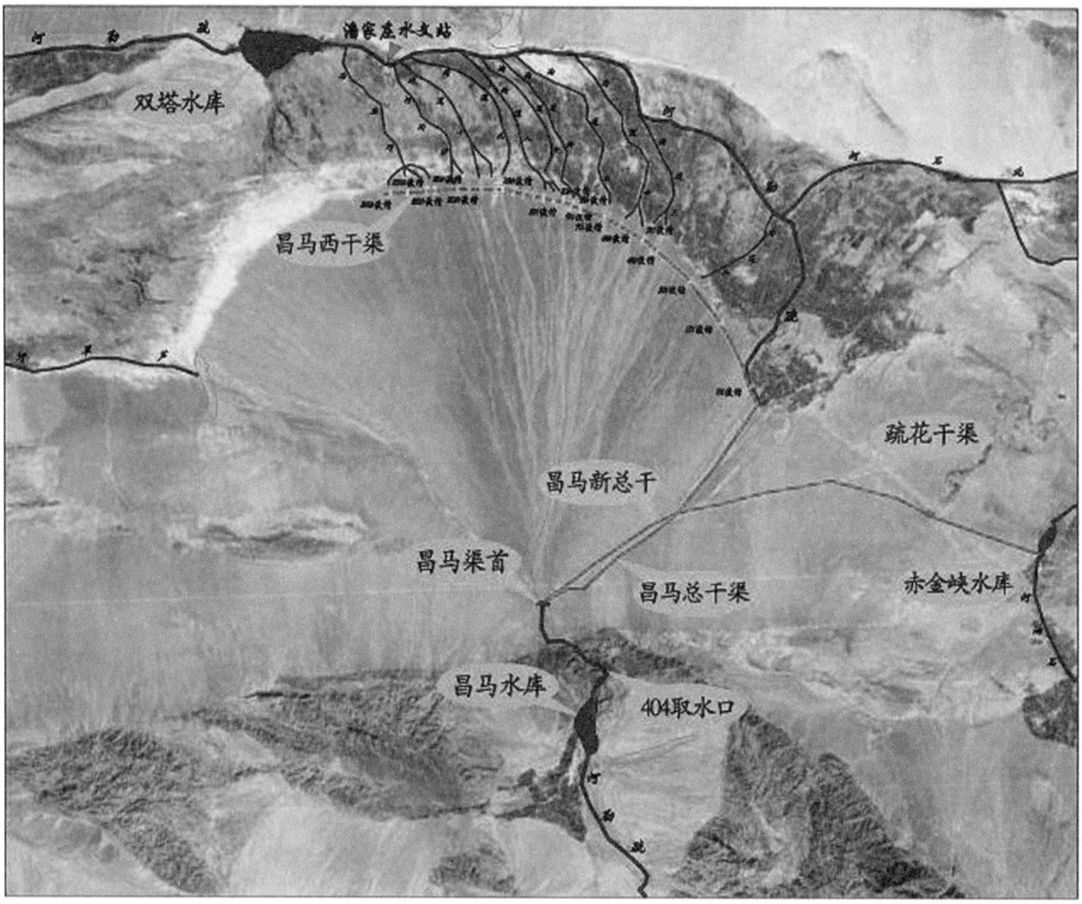

图1　疏勒河干流昌马水库下游水利工程示意图

2　疏勒河流域径流及泥沙特性

疏勒河流域深居大陆腹地，气候干旱少雨，大部分径流靠祁连山的雪水融化注入。主要补给来源是冰川融水、大气降水和山区地下水。径流年内变化大致可分为4个时期：4—5月为春汛期，径流主要由季节性积雪融冰和河冰融水补给，其水量约占全年水量的11.1%；6—9月为夏汛期，径流主要由高山冰雪融化和降水补给，其水量约占全年径流量的69.2%，而其中7、8两个月径流量占全年径流量的49%；10—11月降雨减少，为秋季退水期，其水量约占全年水量的9%；12月至次年3月为冬季枯水期，径流以地下水补给为主，流量较稳定，全年的最小流量发生在这一时期的1—2月份。径流年际变化较大，昌马堡水文站最大年平均流量55.3 m^3/s（2017年），最小年平均流量13.1 m^3/s（1956年），丰枯比4.22。

据坝址上游昌马堡水文站实测统计资料推算，昌马水库多年平均流量37.64 m^3/s，年径流量11.88亿立方米，实测最大洪峰流量831 m^3/s（1952年7月28日），最小洪峰流量97.9 m^3/s（1956年6月24日）；昌马河多年平均悬移质输沙量314万吨年，多年平均含沙量3.436 kg/m^3，实测断面最大平均含沙量为82.4 kg/m^3（1992年7月19日），多年平均推移质输沙量约为

62.8万吨/年，年内来沙极不均匀，主要集中在汛期，汛期7、8月份的来沙量分别占全年沙量的44.4%和37.6%，相应的来水量分别占全年水量的20%左右，悬移质泥沙中值粒径约为027 mm，最大粒径约为2 mm，河床质由粗沙和砾卵石组成，中值粒径约为20 mm，最大粒径可达80～150 mm。

根据1980年1月—2019年12月昌马堡水文站实测逐日悬移质含沙量资料统计，得到昌马水库各月平均悬移质含沙量成果，见表1所列。

表1　昌马水库多年平均径流量及悬移质含沙量成果

	7月	8月	9月	10月	11月	12月	1月	2月	3月	4月	5月	6月	全年
含沙量（kg/m^3）	6.493	5.674	1.173	0.114	0.088	0.073	0.068	0.09	0.405	0.629	1.16	2.681	3.436
径流量（m^3/s）	97.77	98.83	44.86	25.11	20.03	16.12	15.3	15.69	16	23.27	29.07	47.22	37.64

从表1中径流泥沙统计成果可以看出疏勒河属多沙河流，每年的5月—9月径流量及含沙量均较大，不能直接抽到抽水蓄能电站下水库。每年的11月至次年的3月来水量满足电站取水量要求且水流含沙量很低，但是疏勒河处于冰冻期，上游昌马水库处于蓄水期，因此，电站也不能在这一时段取水。

北方缺水地区河流泥沙含量较大，不能直接作为抽水蓄能电站的水源。根据抽水蓄能电站站址附近河道水流情况，具体问题具体分析。一种情况是利用已建水利工程泄洪冲沙、蓄清排浑后拦蓄的清水库容作为抽水蓄能电站补水水源，如宁夏牛头山抽水蓄能电站等。另外一种情况是电站所在河道断面控制流域面积较大、泥沙总量大，可利用弯曲河道挖填形成下水库、并在下水库上游新建拦沙坝和拦沙水库，如河南洛宁抽水蓄能电站、内蒙古呼和浩特抽水蓄能电站、内蒙古芝瑞抽水蓄能电站、陕西镇安抽水蓄能电站等。

宁夏牛首山抽水蓄能电站上、下水库均无天然径流入库，由于下水库紧临黄河青铜峡水库，初期蓄水及正常运行期水库蒸发、渗漏损失水量可从黄河青铜峡水库抽水补给。通过新建补水泵站从黄河青铜峡水库抽水，经过处理后将清水补给下水库。上水库初次充水采用上库施工期临时供水系统完成，运行期补水通过机组从下水库抽取，故上水库不需设置专门的充水和补水设施。

疏勒河干流上游已建有昌马水库，每年进行两次蓄水和两次放水调度运行。在作物灌溉季节4月1日—6月30日，通过利用昌马水库调节库容拦蓄上一年11月1日至当年3月31日的天然入库径流和作物灌溉季节期间来水，其水库放水期间无论从水量和水流悬移质含沙量大小看，都能满足玉门抽水蓄能电站补水要求。但是，在对灌区灌溉面积进行蓄水保墒（有利于减少次年灌溉用水量、提高种子发芽率、提高灌溉供水保证率和扩大灌溉面积等）的9月20日—10月31日，需要利用丰水期8月的一部分水量蓄满兴利库容；7月和8月来水丰富但是含沙量很大，对昌马水库泄洪冲沙、蓄清排浑运行调度提出了很高的要求。

根据昌马水库多年平均逐月入库径流量计算多年平均逐月悬移质入库沙量，推移质入库沙量取悬移质入库沙量的20%，成果见表2所列。

表2　昌马水库多年平均各月悬移质及推移质入库沙量成果　　单位：万立方米

入库沙量	7月	8月	9月	10月	11月	12月	1月	2月	4月	5月	6月	年
悬移质	130.8	115.52	10.49	0.59	0.35	0.24	0.21	0.27	2.92	6.95	25.25	294.92
推移质	26.16	23.1	2.1	0.12	0.07	0.05	0.04	0.05	0.58	1.39	5.05	58.98
合计	156.96	138.63	12.58	0.71	0.42	0.29	0.26	0.32	3.50	8.33	30.3	353.90

从表2中结果可以看出：昌马水库全年悬移质来沙量为294.92万立方米，其中：7月、8月占44.35%和39.17%，合计占全年悬移质来沙量的83.52%。

3　昌马水库调度运行规则

昌马水库运行方式与调度原则如下。

① 昌马水库与下游双塔水库及赤金峡水库联合运用，地面水、地下水（规划井提水量）及溢出泉水量统一平衡调度。

② 昌马水库运行方式基本上是“两蓄两放”，即冬季非灌溉季节11月初至次年3月底为水库第一个蓄水期，汛期8月中下旬至9月中旬为第二个蓄水期；4—6月为第一个放水期，9月下旬至10月底为水库第二个放水期。对于主汛期7月初至8月中旬大洪水主要用于冲泄水库淤积泥沙、腾空库容外，其来水和冬季余水尽可能加以调蓄利用。

③ 为了保持和延长昌马水库兴利调节库容的作用与有效使用寿命，7月昌马水库采用泄空排沙运行方式（实际运行中根据洪水来水的具体时间和持续时间确定畅泄排沙的具体时间），特干旱年份可以从8月1日开始蓄水，农灌、工业用水后的剩余水量，有多少蓄多少，蓄到正常蓄水位为止，以保证秋冬农田蓄墒灌溉用水需要。

④ 在水库运行初期、中期或枯水年及年内来水分配不利的年份，可以利用水库（昌马水库和双塔水库）设计低水位以下部分未淤积库容的蓄水量，以弥补灌溉用水的不足。

⑤ 昌马水库坝前百年一遇水库设计洪水位2000.8 m情况下，最大泄洪流量为1620 m^3/s，其中溢洪道泄洪流量为1228 m^3/s，泄洪洞泄洪流量为392 m^3/s；两千年一遇水库校核洪水位2002.18 m，相应最大泄洪流量2584 m^3/s，其中溢洪道泄洪流量为1570 m^3/s，泄洪洞泄洪流量为1014 m^3/s。

昌马水库中无专设的发电调节库容，在冬季非灌溉季节水电站出力较小，灌溉季节及汛期季节性电能较大。为了延长水库的有效使用寿命，昌马水库在汛期（主要是7月）尽可能畅泄，以利排沙冲沙，减小水库泥沙淤积。因此，7月水库水位低于水电站允许最小发电水位1975 m时将不发电。

4　昌马水库泥沙淤积实测资料

2012年和2020年分别对昌马堡水文站至昌马水库下游灌溉取水枢纽之间31.3 km河段

布置了64个断面进行河道纵横断面测量，昌马水库库区上游至下游14#、15#、17#、18#、20#共5个典型横断面泥沙淤积情况分别如图2～图6所示。上游断面冲大于淤积，下游近坝址断面泥沙冲淤基本平衡。经计算2012—2020年间8年库容增加513万立方米，多年平均每年减少泥沙淤积量66.4万立方米。

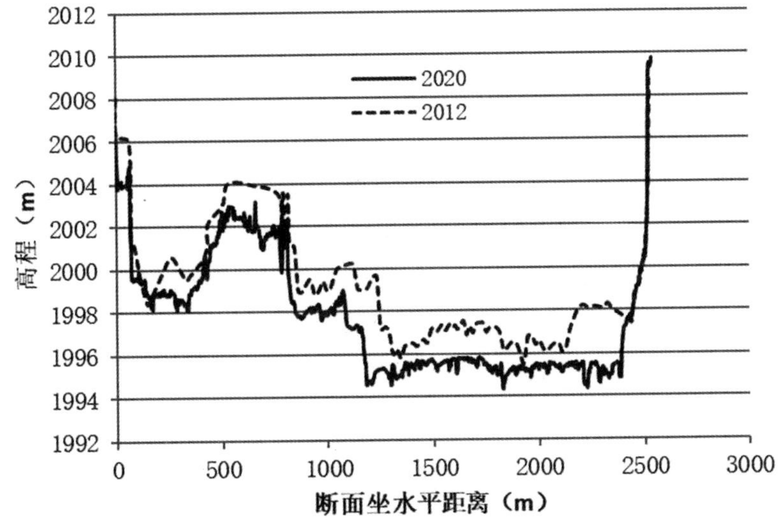

图2　昌马库区14#断面实测泥沙情况对比

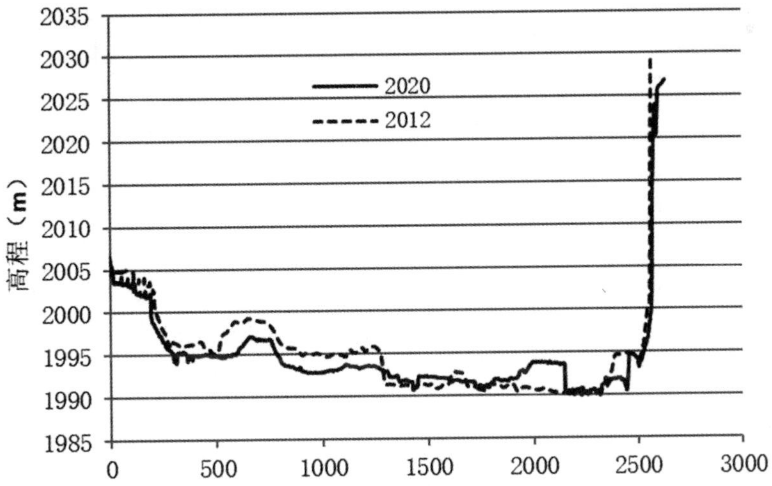

图3　昌马库区15#断面实测泥沙情况对比

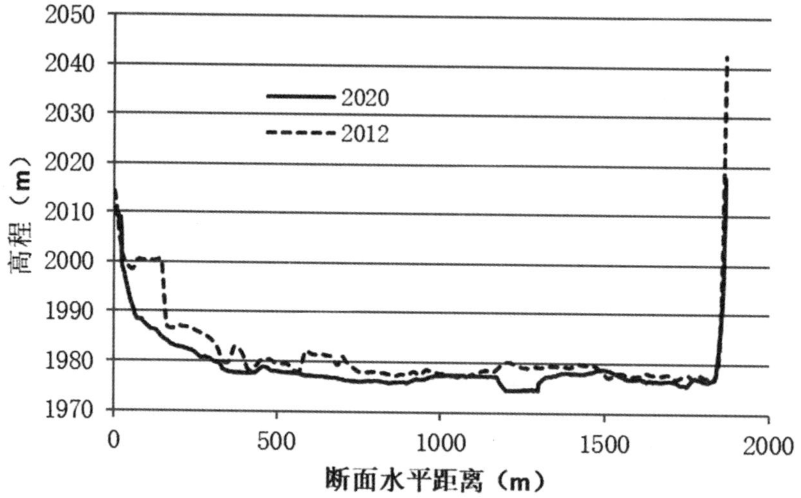

图4　昌马库区17#断面实测泥沙情况对比

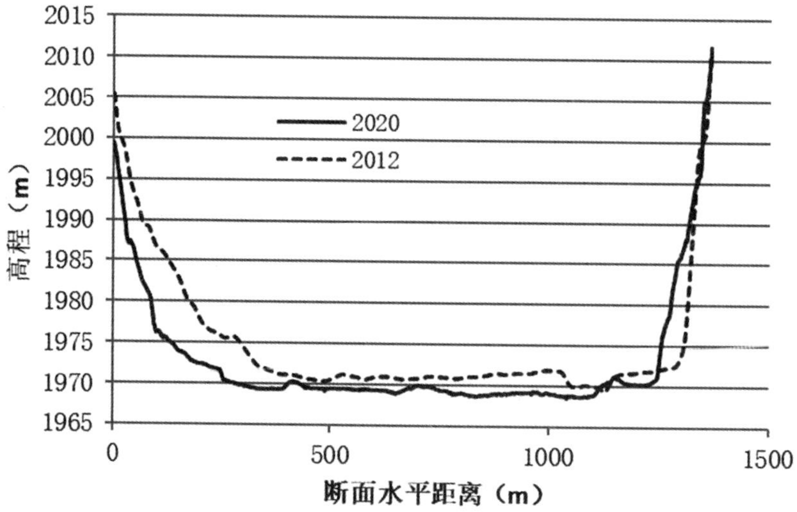

图5　昌马库区18#断面实测泥沙情况对比

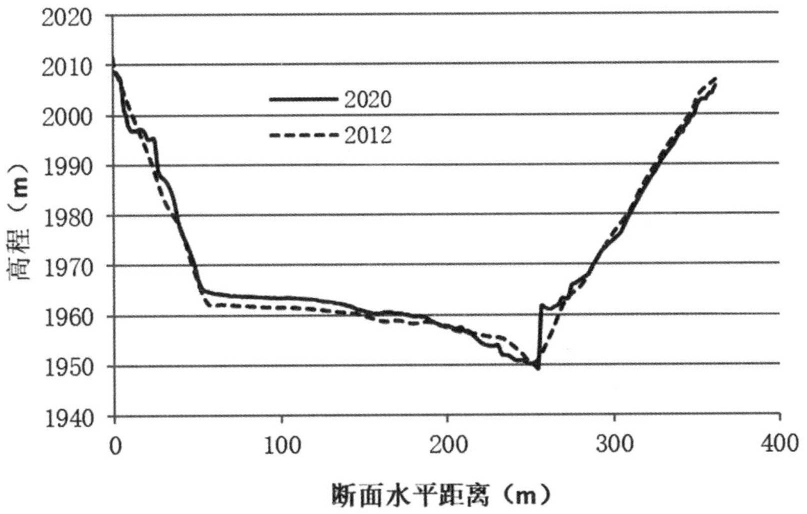

图6 昌马库区20#断面实测泥沙情况对比

5 昌马水库蓄水期拦沙率及泄洪冲沙效果

泥沙进入昌马水库后，由于水流流速减弱，如果不采用专门冲沙清淤措施推移质基本不能将其排出库外，悬移质中颗粒较粗部分也将滞留在库内，仅有少量泥沙随水流排出库外。拦沙效率的大小受水库本身及各种水文参数的影响，主要取决于水库容积、河流的来水来沙情况、泄水建筑物的部位、尺寸、泄流能力以及水库的调度运行方式等。水库对悬移质拦沙率的高低取决于泥沙颗粒的粗细和泄洪形式，鉴于昌马水库泥沙颗粒大小适中并有闸控制泄流，取中值的拦沙率计算公式为

$$\beta=\frac{V/W}{0.012+0.0102(V/W)}$$

式中，V/W ——水库库容系数，以百分率计；

β ——悬移质拦沙率，以百分率计；

V ——调节库容（万立方米），每年两次蓄水调节库容均为16亿立方米；

W ——多年平均入库径流量（万立方米），两次蓄水期多年平均入库径流量分别为3.6亿立方米和4.78亿立方米。

经计算，两次蓄水期多年平均悬移质拦沙率分别为92.82%和946%。

通过合理调度，尽量把当年悬移质和推移质泥沙量全部下泄，同时尽可能地冲泄往年淤积的泥沙。泄洪冲沙畅泄期为7月1日至8月10日，共41天。通过泥沙冲淤平衡分析，得到7月和8月泄洪冲沙悬移质计算成果见表3所列。

表3　昌马水库7月和8月泄洪冲沙计算成果表

项目	7月	8月		备注
		畅泄期	蓄水期	
当年7月、8月悬移质来沙量(万立方米)	130.8	115.52		—
当年7月、8月悬移质出库量(万立方米)	130.8	37.27	4.65	8月份拦蓄当月73.6万立方米
当年蓄水期各月悬移质淤积7月、8月冲泄量(万立方米)	87.78	28.32	—	—
往年淤积悬移质出库量(万立方米)	40.16	12.96	—	多年平均冲刷量66.4万立方米
合计	258.74	78.55	—	—
月出库水流平均悬移质含沙量(kg/m³)	12.85	8.58		—

每年两放两蓄，扣除水库水面蒸发增损后计算得到昌马水库出库多年平均流量和多年平均悬移质含沙量成果，详见表4所列。

表4　昌马水库出库径流和悬移质含沙量成果表

	7月	8月	9月	10月	11月	12月	1月	2月	3月	4月	5月	6月	年
含沙量 kg/m³	12.85	8.58	0.0697	0.0068	0.0063	0.0052	0.049	0.0065	0.0291	0.0452	0.0832	0.1925	4.04
出库流量 m³/s	94.26	65.55	36.65	34.33	11.17	11.17	11.17	11.17	11.17	32.22	37.92	56.29	34.61

由于昌马水库坝址至昌马灌溉取水枢纽之间为峡谷河段，没有大的支流汇入，昌马水库出库水流悬移质含沙量成果可以作为下游各取水枢纽和岸边取水口断面水流含沙量数据使用。

从表4中结果可以看出：经过7月和8月上旬泄洪冲沙调度运行，冲沙排沙效果明显，灌溉放水期4—6月和9—10月水流悬移质含沙量均较小；仅6月0.1925 kg/m³最大。按此值估算，每年补水291万立方米，50年运行期进入下水库泥沙总量最大值为2.2万立方米、平均值为0.9万立方米。另外，可通过在疏勒河补水水源取水口岸边设置沉沙池和在河道底部采用混凝土渗管-大口井等工程形式进一步降低水流含沙量，满足玉门抽水蓄能电站引水对水流含沙量的要求。

6　结论

本文对玉门抽水蓄能电站补水水源取水口河道断面径流量及含沙量进行了分析计算，可作为合理确定补水工程抽水时段、补水工程规模和计算50年运行期进入电站上、下水库泥沙淤积量的依据。

此外，通过对电站补水水源取水口上游昌马水库泄洪冲沙分析表明：2012以来，昌马水库充分、合理地利用每年7月和8月上旬较大洪水进行泄洪冲沙调度运行，使泥沙处于冲刷稍大于淤积的基本平衡状态。昌马水库多年平均总泄沙量包括当年来沙量353.91万立方米及往年淤积量66.4万立方米，全年冲泄沙总量为420.31万立方米；其中悬移质3485万立方米，推移质72.26万立方米。7月和8月上旬悬移质泄放量为332.81万立方米，占全年悬移质总放量的95.6%，其他月15.24万立方米，占4.4%。保证了灌溉放水期水流悬移质含沙量较低，50年运行期进入上、下水库悬移质泥沙淤积量总计最大值2.2万立方米、平均值为0.9万立方米。

参考文献

[1] 戴定忠，中国的河流泥沙问题[M]. 北京：水利电力出版社，1991.

[2] 鲁红凯，赵铁，陈建华，呼和浩特抽水蓄能电站拦沙库设计[J]. 四川水力发电，2015，34（5）：152-154+179.

[3] 白文博，王春辉，抽水蓄能电站水轮机过机含沙量确定方法初探[J]. 人民长江，2007（2）：109-110+119.

[4] 赵铁，抽水蓄能电站泥沙影响及处理措施[A]. 中国水力发电工程学会电网调峰与抽水蓄能专业委员会，抽水蓄能电站工程建设文集2015[C]. 中国水力发电工程学会电网调峰与抽水蓄能专业委员会：中国水力发电工程学会电网调峰与抽水蓄能专业委员会，2015：5.

[5] 刘娜，武金慧，杜志水.陕西镇安抽水蓄能电站泥沙淤积及防排沙措施研究[J].西北水电，2015（6）：6-9.

[6] 刘书宝. 丰宁抽水蓄能电站泥沙淤积及防沙措施研究[J]. 东北水利水电，2010，28（12）：21-22+38+72.

广东省抽水蓄能电站农村移民城镇化安置特点浅析

苏 扬

（广东省水利电力勘测设计研究院有限公司，广东 广州 510635）

摘 要：城镇化是我国现代化建设的大战略和历史性任务，是我国全面建成小康社会和从经济大国走向经济强国的有力引擎。城镇化安置是以促进移民发展、改善移民民生为最终目的，以城镇化为主要手段的安置模式，是实现移民地区经济发展方式转变和经济结构调整的可选途径之一。文章列举了采用城镇化安置方式的广东省抽水蓄能电站规划和实施情况，分析移民安置城镇化存在的制约条件，并提出移民城镇化安置提高效率需要从硬件和软件两个方面着手、硬件方面需要通过让移民分享土地潜在的利用价值、提升移民劳动技能等素质以解决移民在安置后的诸多生产生活风险，合理选取移民安置点并优化安置，为移民生活创造好的条件；软件方面需要构建与移民安置结合的社会保障体系，增强移民身份转化适应性。

关键词：农村移民；城镇化安置；社会保障体系

1 新型城镇化发展的社会环境背景

城镇化的直观表现是人口和经济社会活动在特定的相对狭小地域范围内的集聚，是一个国家（地区）走向现代化过程中同步发生的多维结构变化中的一维。我国于2014年3月16日颁布的《国家新型城镇化规划（2014—2020年）》中明确中国的城镇化发展必须遵循城镇化发展规律，走中国特色的新型城镇化道路。新型城镇化建设以紧紧围绕全面提高城镇化质量，加快转变城镇化发展方式，以人的城镇化为核心，有序推进农业转移人口市民化；以城市群为主体形态，推动大中小城市和小城镇协调发展；以综合承载能力为支撑，提升城市可持续发展水平；以体制机制创新为保障，通过改革释放城镇化发展潜力，走以人为本、四化同步、优化布局、生态文明、文化传承的中国特色新型城镇化道路。

根据2020年国民经济和社会发展统计公报，2020年年末我国常住人口城镇化率超过60%。城市间的连接性增强，以京、沪、穗为中心的三大城市群，以省会城市为中心的次级区域性城市群，以县城为中心的就地城市化，三种模式同步推进、相互协调，将成为中国城市化的主要特色，城镇化的聚集效应日益显现。

《大中型水利水电工程建设征地补偿和移民安置条例》（国务院令679号）第十三条提出："对农村移民安置进行规划，应当坚持以农业生产安置为主，遵循因地制宜、有利生产、方便生活、保护生态的原则，合理规划农村移民安置点；有条件的地方，可以结合小城镇建设进行。"随着经济社会的快速发展，人地矛盾日益突出，农业安置模式的局限性也日渐凸显，单独的农业安置已经难以满足社会可持续发展和移民生活的需求，甚至影响到社会的稳定和居民的安居乐业。在此背景下广东省积极创新移民安置方式，出现了长效补偿、留用地安置等多种新型的安置方式。随着城镇化的发展，如果能够结合城镇化建设实施城镇化安置，那将对移民安置和城镇化建设产生较大的促进作用。因此，在有条件的地区进行水库移民城镇化安置是移民安置和新型城镇化发展的趋势。

2 广东省城镇化发展

2.1 广东省城镇化发展历程

改革开放以来广东特别是珠三角地区经历了由乡村到城镇，由城镇到城市，再由城市到城市群的逐步发展过程。不少城市，结合各自的实际情况，成功地发展和创造了各自的城镇化模式，实践了一条具有自身特色的城镇化发展道路。

在城镇化的初级阶段，当地政府借助有利的区位优势，把握改革开放的有利时机，利用改革开放的各项优惠政策，大力发展乡镇企业和“三来一补”的贸易加工业，以市场化的方式推动农村工业化，以农村工业化推进城镇化，取得了显著的成就。

在城镇化的中级阶段，当地政府适时转变政府职能，改善投资的软、硬环境，因势利导，加大吸引人才和资金的力度，力抓交通、能源、通信等城市基础设施建设，内源经济和外源经济并举，大力发展民营经济和外向经济，以信息化带动工业化，又以工业化促进信息化，进而以信息化、新型工业化推进城镇化整体规模和水平的提升。

在城镇化的高级阶段，广东省各级政府抓住一切机会推动城镇化的发展，实现由城市向城市群的转化。进入21世纪，珠江三角洲地区形成了以广州、深圳为核心，包括珠海、佛山、江门、东莞、中山、惠州、肇庆等的珠三角城市群。

广东城镇化特点及重要产业发展的过程中有一个重要的支撑就是专业镇，即具有高特色产业集聚度，专业化配套协作网络完善，技术创新活跃，产业辐射带动效应明显等区域经济特征的镇级行政区域。专业镇建设的主要目标是实现产业高端化、城镇现代化、生态文明化，提高区域可持续竞争力。它在广东科技促进小区域特色经济发展过程中形成，并不断深化区域经济概念。

2.2 广东省新型城镇发展总体要求

广东省在探索新型城镇化建设的规划中提出了五个方面的总体要求。

一是促进区域协调发展，提高城乡一体化水平。针对广东省不同区域城镇化发展阶段的差异，实施差异化的空间策略和政策引导。

二是率先构建集约紧凑空间格局、创新城市开发模式。按照人口资源环境均衡、经济社会生态效益统一的原则，控制开发强度，调整空间结构，促进生产空间集约高效、生活空间宜居适度、生态空间山清水秀。

三是提升绿色宜居水平，推动智慧城建设。根据广东省自然生态格局和城乡发展状况，以山、林、江、海、田为要素，构建全省区域绿地体系，严格限制开发建设，实现对区域绿地体系的永久性保护。

四是提出深化户籍制度改革，推动社会融合。逐步降低城镇在就业、教育、社保等方面的准入门槛，以县（市）城区、中心镇为重点，切实加大吸纳农业转移人口力度。

五是保护传承历史文化。围绕文化资源、文化创意产业、文化景观、文化场所等关键领域，创造良好的城市人文环境，推进岭南文化城市建设。

3　广东省蓄能电站建设征地和移民安置城镇化实践

3.1　广东抽水蓄能电站发展情况

随着改革开放，社会经济快速发展，电网规模不断扩大，由于受地区水力资源的限制，广东可供开发的水电很少，电网缺少经济的调峰手段，电网调峰矛盾日益突出，为了解决这种以火电为主电网的调峰问题引起的缺电局面，南方电网公司决定修建抽水蓄能电站。广州抽水蓄能电站一期工程于1988年9月开工，1994年4台机组全部建成发电，装机容量1200 MW。20世纪90年代后期，随着改革开放的深入，国民经济快速发展，抽水蓄能电站建设也进入了快速发展期，建成了广州抽水蓄能电站二期、惠州抽水蓄能电站、清远抽水蓄能电站、深圳抽水蓄能电站。阳江抽水蓄能电站、梅州抽水蓄能电站也正在紧锣密鼓的建设中。

3.2　广东部分抽水蓄能电站移民安置情况

广东省已建、在建抽水蓄能电站中除深圳抽水蓄能电站无安置移民外，其余5座蓄能电站均涉及生产和搬迁安置人口。广州抽水蓄能电站由于建设时间较早，前期工作时移民安置相关的政策和规范尚不成熟。本文简述惠州抽水蓄能电站（以下简称“惠蓄”）、清远抽水蓄能电站（以下简称“清蓄”）、阳江抽水蓄能电站（以下简称“阳蓄”）和梅州抽水蓄能电站（以下简称“梅蓄”）的移民安置实施或规划情况（见表1所列）。

表1　广东省部分抽水蓄能电站移民安置实施（规划）情况

项目	惠蓄	清蓄	阳蓄(在建)	梅蓄(在建)
生产安置（人/方案）	1210/工业用地、商铺出租和货币补偿	352/长期补偿 491/货币补偿	906/投资水厂 145/自谋职业	2175/投资水厂 103/自谋职业
搬迁安置（人/方案）	1210/集镇安置	352/集镇安置	1149/集镇安置	1965/集镇安置 595/农村安置 103/自行安置

惠蓄采取划拨移民集体工业用地和安置区商铺出租以及货币补偿组合的安置方案，清蓄、阳蓄和梅蓄采取入股农村信用合作社或投资水厂获得稳定收益后进行长期补偿的生产安置方式，清蓄、梅蓄和阳蓄还采取了少部分货币补偿、自谋职业安置的生产安置方式。为了使移民能安居乐业政府提供了较好的生产生活资源、惠蓄专门划拨了工业用地40 000 m^2，清蓄的长期补偿和阳蓄、梅蓄的投资水厂方案均有政府承诺承担政策、经营风险，保障移民收益。由于移民安置意愿并不统一，部分移民具备了从事第二、第三产业劳动的能力不愿继续从事农业生产。同时因土地资源稀缺、环境容量不足难以实施大农业安置。惠蓄、清蓄、阳蓄和梅蓄均采用了集镇集中搬迁安置方式，梅蓄少部分移民采取了农村集中

安置和自行安置。受改革开放和社会进步的影响移民收入结构中第二、三产业的比重越来越大，在生产安置能够落实的情况下移民的基本收入来源得到了一定的保障，因此在选择搬迁安置方式时移民基本都愿意在条件更加优越的集镇安置点进行安置。

3.3 广东抽水蓄能电站移民安置特点

根据广东抽水蓄能电站移民安置规划和实施情况，省内抽水蓄能电站移民安置主要有以下几个特点。

一是蓄能电站一般都围绕大城市电力负荷中心进行建设，根据抽水蓄能电站利用水头差蓄能发电的特性，电站选址都是在具有一定海拔高度的山区，交通、医疗等基础设施不发达，经济情况相对落后。

二是蓄能电站水库属于湖泊型水库，淹没地点通常涉及小范围的村庄，建设征地具有征地范围小、耕地占用比例大、移民人数少、征地投资占比相对较小等特点。村民为了改善生活条件，基本已不进行农业耕种，家庭经济收入主要以外出务工为主。由于征地后剩余可供开发的土地发展资源匮乏，难以在原地进行大农业安置。因而，在选择安置方式时，移民基本都愿意外迁至城镇进行第二、三产业安置，不愿意继续留在原地进行农业安置。

三是征地移民工作中涉及三个直接利益主体：移民、政府和项目业主。前期工作阶段由于未涉及直接利益，大家都希望工程能尽快核准开工，因此移民安置规划往往能顺利推进。实施阶段因为利益最大化原因，各方的矛盾和冲突就凸显出来，业主、政府和移民的利益如不能平衡，轻则会阻碍水库工程进展，重则危及社会稳定团结。前期编制的移民安置规划也不能得到有效的实施，需要变更或者重新进行修编。

四是移民搬迁至城镇安置，但是安置点距原村集体的距离不远，在农村仍保留着原有的社会关系和一定数量的土地资源，在安置的同时享有教育、就业、医疗、养老等方面的基本公共服务，具有农村和城镇二元结合的共同特性。

4 移民安置城镇化存在的制约

4.1 生产生活方式的制约

随着社会经济发展，多数农村移民生活观念已经和城镇化接轨，但仍有少部分人口由于长期从事农业生产，一时无法适应和接受突然改变的生产生活方式。这主要表现在：①习惯于长期形成的以农耕为主的生产方式，主要依靠体力劳动，进行粗放耕作、重复劳动，缺少竞争和心理压力；②社会关系简单；③担心不适应城镇竞争激烈、生活节奏快、社会关系复杂的环境氛围。

4.2 移民素质的制约

非自愿性的移民过程是行政性的、机械的过程，移民一夜之间由农民转变为城镇居民，在很短的时间内生产生活环境发生变化，还要适应新的环境，这对他们的素质提出很高的要求。同时，个别移民思想观念落后，缺乏时间观念和竞争意识；个别移民受教育文化程度偏低，劳动技能缺乏，而城镇生产生活环境社会分工明确、专业性强，劳动者没有一定的技能技术很难适应城镇生产生活的需要，个别移民无一技之长，主要靠体力劳动谋生，谋生手段单一，就业渠道少。

4.3 城镇经济发展水平的制约

城镇经济的发展必然带动城镇化的进程，增加城镇就业机会，人口更多地向城镇转移，这是城镇经济发展的规律和结果。城镇经济的发展水平一定程度上决定了城镇人口的多少和聚集。反之，城镇经济不发展，或者说发展程度不高，就业机会就少，吸收外来人口的数量就会受到制约。部分城镇的第二、三产业发展水平较低，一定程度上制约了农村移民向城镇的转移集中。

5 提高新型城镇化安置的有效措施

从社会构建的角度来看，基于地域与发展过程两个维度，农村移民安置过程是社会建设过程的一部分，是一个在市场经济与政府导向的背景下，构筑各方利益群体人际关系和谐的、互助合作的新的社会共同体，也是在价值观开放的多元时代，构建一个社会认同度高、归属感强的社会共同性。

在发展的角度农村移民安置不应该仅仅考虑补偿问题，更应该考虑未来发展的问题，移民安置应该是建立在地域公平与发展过程公平基础上的一个安置发展过程。它不仅仅是基于单纯征地活动的经济补偿，而是一个在发展领域不断建立和完善各种能够合理配置生产资源和社会机会的机制，并形成能够良性调节利益群体关系的组织构建，是根据利益群体的矛盾、存在的利益问题和社会稳定风险的新表现、新特点和新趋势，不断创造和完善正确处理移民安置过程中矛盾、问题和风险的安置模式，通过组织构建和安置更好地解决分歧、化解矛盾、控制冲突、减低风险。

（1）硬件方面

土地功能替代：广东全省已展开多种生产安置方案，探索一次性货币补偿加养老保障、长期实物补偿安置、留用地安置等安置方式的可行性，并出台了相关的政策。无土安置方式的施行，促进了移民从第一产业向第二、三产业转移，在城镇化安置方式的条件下土地功能的替代成为移民安置的重点考虑内容。

安置区规划设计：安置区周边交通、教育、医疗、文化生活等公共设施应充足，同时为满足移民就业问题，选址应尽可能位于城镇化发展产业特别是劳动密集型产业环境容量充足的位置。水库移民搬迁到安置区后采取新型社区化管理，移民通过自治方式为社区提供社区服务，进行社区日常事务的管理。此外可以考虑对安置房沿街商铺进行集体资产管理，所获收益和移民分红，进一步提高移民收入。

（2）软件方面

在农村移民安置过程中，移民与政府之间的利益关系、责任关系以及权利分配关系方面发生变化，这个过程是促进移民市民化的过程，过程中需要切实做好城镇化安置的保障措施：①移民城镇安置后，建立社会保障体系，保证移民的生存和发展，提高他们的生活质量；②解决工程移民的关键是可持续发展，可持续发展的关键在于教育，应加大政府、项目业主对移民教育的投入；③移民职业技能提升与移民收入来源密切相关，政府、项目业主应在职业技能与就业方面为移民创造优先条件。

6 结语

移民安置是水利水电工程建设的一个重要组成部分，移民是否得到妥善安置对水利水电工程的运行管理有深远影响，同时选择适合工程特点的移民安置方式是能否安置好移民的关键。文章通过探讨省内抽水蓄能电站建设征地与移民安置城镇化实践的适用条件及其存在的问题和建议为同类水利水电工程移民安置提供参考。

参考文献

[1] 孙中良，施国庆.新型城镇化背景下农民市民化的要素及其演变：一个社会分析框架[J].南京社会科学，2015（9）：59-64+80.

[2] 孙海兵.新型城镇化背景下水库移民非农化研究[J].中国农村水利水电，2014（3）：123-125.

[3] 冯海军，张万红，张瑜.水电工程移民城镇化安置模式探析[J].青年与社会，2013（11）：223-224.

深圳抽水蓄能电站水土保持设计经验

段东亮　张晓远　李建生　郑美燕

（广东省水利电力勘测设计研究院有限公司，广东　广州 510635）

摘　要：超大城市内大型建设项目对土石方综合利用、用地及景观融合有更高要求，本文根据已建成的深圳抽水蓄能电站水土保持设计，总结其优化土石方调配、弃渣综合利用与微地形重塑相结合，移栽利用库区内乡土林木资源、高标准恢复道路植被等成功经验，提出了工程施工阶段水土保持工作中存在的问题和解决建议，可为后续类似工程提供借鉴。

关键词：水土保持；抽水蓄能；深圳

深圳抽水蓄能电站（以下简称“工程”）是我国首个建在超大城市内的大型抽水蓄能电站，也是我国“十二五”期间开工建设的首座抽水蓄能电站。工程2011年11月获国家发展和改革委员会核准，2012年12月开工建设，2017年11月首台机组投入运行，2019年10月枢纽工程和水土保持设施通过了专项验收，2020年9月完成了工程竣工验收。

笔者作为该工程水土保持专业负责人，结合工作实际，对设计中的经验进行了总结，对存在的困难提出了解决建议，以期能为类似工程提供借鉴。

1　工程概况

工程位于深圳市东北部的盐田区和龙岗区内，装机容量1200 MW（300 MW×4），为Ⅰ等大（1）型工程，建筑物主要由上水库、输水系统，地下厂房、上下库连接道路及下水库等组成，平均年抽水用电量19.55亿千瓦时，平均年发电量15.11亿千瓦时。

上水库位于盐田区北面的小三洲盆地内，主要由1座主坝、5座副坝和环库道路等组成。下水库位于龙岗区横岗镇简龙村东北面的龙岗河支流响水河上，利用现有的铜锣径水库扩容改建而成，工程以租赁的方法获得825.24万立方米蓄能库容（下库另项建设）。

项目区地形以低山丘陵为主，地势上呈东南高西北低，山脊整体较平缓，山体坡度一般20°～35°，属南亚热带海洋性季风气候，多年平均降雨量1941 mm，土壤以红壤、赤红壤为主，植被以低矮的灌丛和杂草为主，覆盖率较高。

工程实际扰动地表面积2159 hm^2，挖方286.62万立方米，填方224.77万立方米，弃方61.85万立方米全部综合利用，未设置土石料场和弃渣场，恢复林草植被面积41.58 hm^2，林草植被恢复率98.6%，林草覆盖率32.2%，水土流失总治理度98.8%，未发生水土流失灾害事件。

2　设计难点

2.1　项目区人地矛盾突出，环境敏感度高

工程地处超大城市深圳，受地形限制、生态控制及城市快速扩张等原因，用地指标紧

张，人地矛盾突出。工程上水库施工区域靠近小三洲生态林保护区和东部华侨城旅游度假区，位于三洲田水源保护区和骆马岭水库上游，环境敏感程度高。工程需控制施工扰动范围和植被损毁面积，减少对周边环境造成的不利影响，保证水土流失防治效果，兼顾景观要求。

2.2 工程施工点面多，地形落差大，土石方量大

工程建设包括上水库、上下库连接道路、输水发电系统及下水库四个施工区域，涉及的施工点面多，上、下水库落差达445 m，挖填土石方量超500万立方米，且不同施工部位多有交叉，土石方调配利用受空间和施工时序衔接等因素制约，优化空间小，弃渣处置和防护困难。

2.3 工程区位于暴雨中心，地表挖填扰动强烈

上水库位于暴雨中心，涉及的建筑物复杂多样，大量的土石方挖填等施工活动对地表扰动强烈，在强降雨和大地形落差的双重作用下，易造成大的水土流失，需要因地制宜、成体系布设防治措施，各防治区间有效联防，措施间合理搭配，控制水土流失及其造成的危害。

2.4 工程景观融合要求高，植物措施要求高

上水库临近东部华侨城风景旅游度假区，区域原状植被优良，且项目周边常有市民游玩、休憩，工程建设本身又对地形、植被覆盖改变较大，需要消除建设带来的不利影响，最大限度的保护与恢复林草植被，提高工程与周边景观的融合，改善和保护生态环境。

3 设计经验

3.1 弃渣优先利用，优化土石方调配，减少渣料场布置

批复的水土保持方案中工程需弃渣1635万立方米，设一处占地103 hm^2、地类为林地的渣场堆置；需外借石料165.46万立方米，设一处占地6.18 hm^2，地类为林地的自采石料场。施工图阶段，通过与施工团队协商，调整优化了土石方调配方案，取消了石料场和弃渣场，工程所需石料全部利用自身开挖石方，弃渣结合场地回填整治全部综合利用，减少了施工扰动范围和植被损毁面积，从源头上消除了石料场、弃渣场两个水土保持“痛点”，在降低工程水土流失防治难度的同时保护和合理利用了土地资源，这在土地资源紧缺、人地矛盾突出的深圳尤显珍贵，值得类似工程借鉴。

3.2 弃渣综合利用与微地形重塑结合，因地制宜提升景观效果

上水库施工区域弃渣，结合主坝、1#副坝及2#副坝坝后管理用地回填整治需求综合利用，消除了因地形和基坑挖填等因素形成的坝后积水坑洼地，增加了可恢复植被面积，提升了景观效果，同时通过减少大坝、坝坡等圬工体相对高度来降低带来的视觉违和感，提高了与周边景观融合。上、下库连接道路施工区弃渣，结合桩号k7转弯处道路行车安全和

景观需求，设置一处景观平台，用于来往车辆、行人休憩及观景，工程设计与弃渣综合利用结合，提高了该处的景观效果。

3.3 层层设防，预防为主

抓住暴雨这个水土流失主因，土建施工期每年汛前均编制水土保持度汛方案，基于工程施工计划和组织安排，梳理分析各施工作业面水土流失特点，明确水土流失防治的关键部位和时段，因地制宜，做到区域联防、措施灵活搭配，尽力将水土流失控制在源头，流失的部分再从途中截留，最后在末端消除，化解了被动局面，确保工程安全度汛的同时有效控制流失泥沙对下游的影响。具体表现为：源头上，上水库库区内各土石方挖填、地表裸露的施工面先以苫盖、拦挡措施及截排水沟控制水土流失；途中，利用泄洪洞底板高程和库底自然高程差形成的积水区域，以及库内存在的坑洼地、水塘等分区划片布设挡水埂，将各施工面流失的泥沙层层截留、沉滞；末端，在主坝坝后冲沟内布设一座格宾石笼拦沙坝，控制泥沙输出，对下游敏感区域的骆马岭水库，在库尾沟道内再设一座铺设反滤土工布的格宾石笼坝，避免悬移质泥沙对水库水质造成影响。

3.4 将植物措施布设和库区内乡土林木资源保护相结合。

工程上水库淹没区内林木资源丰富，根据胸径10 cm以上的自然风景林木清点结果，按树种、树龄、树形分类，综合考虑运距、移植成本及景观价值等因素，从中筛选出了18种4646株进行移栽（含假植）和利用，作为永久生产生活管理区、道路景观平台、行道树等绿化苗木来源，成功保护了当地乡土林木资源的同时又为下闸蓄水前的库区清理提供了便利，还节约了工程投资。

3.5 植物措施立体化布设，兼顾景观效果

设计中，对可恢复为林草地的相对平缓的区域采取乔、灌、草结合绿化，涉及的挖填方边坡采取铺草皮、喷混植生防护，对于局部以圬工防护措施为主但又有景观要求的边坡，如上、下库连接道路填方侧路基挡墙和挖方边坡处挡墙则结合地形，在挡墙坡脚、中间平台（墙顶）建槽填土栽植花灌木和攀缘植物，起到了遮挡作用，同时又增加了绿化面积和景观效果，提升了工程形象。

4 问题与建议

4.1 现场施工与设计有偏差，缺少高效沟通桥梁

现场缺少专业监理人员，造成措施实施和设计有脱节，需要从机制上重视，配备有技术能力的水土保持专业监理人员。

4.2 总价项目分解和措施实施计划制订得不到重视和落实

水土保持措施，特别是临时措施、现场实施和管理缺少参照，需要施工单位结合实际制定并更新措施实施计划，分解投标时的总价项目。

4.3 表土保护，设计与现场实施有偏差

设计时以土地利用现状匡算剥离范围和厚度，按需剥离，实施时实际表土分布及回覆需求量又存在偏差，需要根据现场调整设计，厘清绿化、复垦表土回覆需求量，根据表土实际分布，提前谋划调配利用方案。

参考文献

[1] 李建生，李进，郑国权，等. 深圳抽水蓄能电站水土保持生态工程设计[J]. 广东水利水电，2009（4）：73-76.

[2] 郑美燕. 浅议广东地区抽水蓄能电站的林木保护和利用问题—以深圳抽水蓄能电站为例[J]. 亚热带水土保持，2016，28（2）：51-54+57.

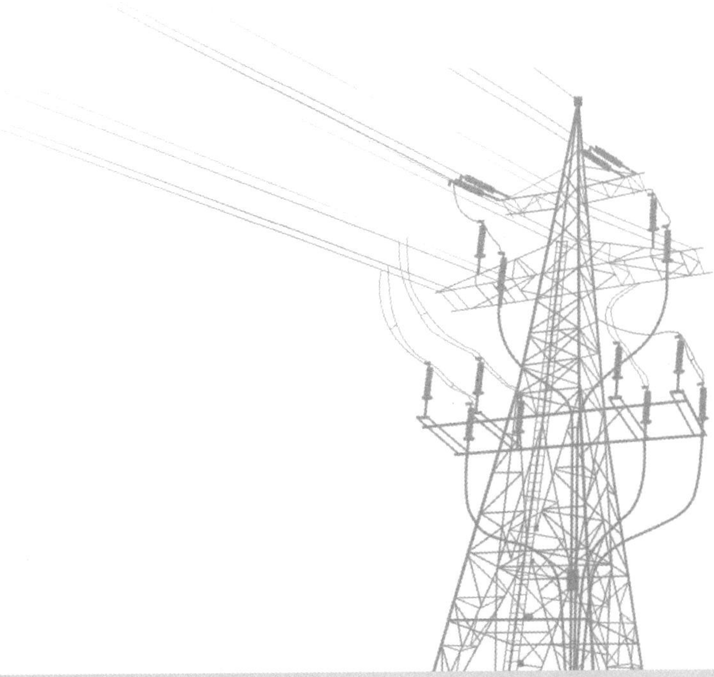

常规电站篇

跨海隧洞水平定向靶区大直径取心勘察技术及应用

李　军[1]　王汇明[1]　李　勇[2]　庄生明[2]　樊腊生[2]

（1.广东省水利电力勘测设计院有限公司,广东　广州 510610;2.中国地质科学院探矿工艺研究所,四川　成都 610031）

摘　要：受限于航道通行管控，珠江三角洲水资源配置工程项目穿越狮子洋主航道段不能布置水上钻探勘察，该段地质勘察首次采用了水平定向靶区大直径取心勘察技术，完钻孔深936.2 m，间断获取主航道大直径岩芯83 m，查清了主航道过海隧洞工程地质情况。本文详细论述了该类型水利勘察项目的水平定向钻孔设计、设备选型和钻探施工工艺，以及项目实施过程中所碰到的工程实际问题，为深埋隧洞或过江（海）隧洞勘察提供了新的勘察工艺示范。

关键词：水平定向；大直径；取心；勘察方法

1　项目概况

珠江三角洲水资源配置工程是粤港澳大湾区可持续高质量发展的战略性支撑项目，是从珠江三角洲河网区西部的西江水系向东引水至珠江三角洲东部，主要供水目标是广州市南沙区、深圳市和东莞市的缺水地区，解决东部地区城市长远用水问题。同时也是解决东江水资源利用率逼近国际公认的警戒线的问题，充分利用西江水资源解决珠江三角洲城市群和生态建设用水的重大工程。该项目狮子洋水道宽约2.4 km，最大水深约27 m，而泥水平衡盾构机穿越狮子洋主航道（直径ϕ8.3 m）的地质勘察问题一直是困扰项目科学推进的重大风险点之一，受航道管理及通航运输的影响，380余米宽度的水上钻探勘察工作不能正常进行，给该段泥水平衡盾构机的安全施工带来了极大的隐患。工程项目位置示意见图。本勘察项目主要目的是：①查清主航道区域输水盾构隧道轴线段基本地层、岩性、构造等情况；②查清隧道上覆基岩顶板厚度；③为施工单位泥水平衡盾构机提供换刀设计地层信息。

2　水平定向钻孔设计

2.1　设计依据

（1）勘察区地质条件

设计隧道埋深约–48 m，第四系地层分别为淤泥质黏土、淤质粉细砂、细砂、含砾粗砂、砾砂，砂卵砾石，厚度4.9～29.2 m，变化大，在两岸分布较厚，水道中间较薄或被冲蚀掉，砂层较连续，为主要含水层，强透水，与江水连通，砂层覆盖在全风化或强风化基岩上。基岩为白垩系粉砂质泥岩、泥质粉砂岩、细砂岩、含砾粗砂岩、砾岩等，全风化较薄，为可−硬塑状粉质黏土、黏土，透水性微弱，厚0.7～10.9 m，分布不连续，局部缺失，基岩面从右岸向水道中间、左岸逐渐降低，高程–157～–31.3 m，变化较缓，起伏不大；强风化岩较破碎，局部夹全风化，中—弱透水性，沿洞在水道中部较厚，两侧较薄，厚0.5～18.7 m，顶面高程–35～–19.38 m；弱风化岩较完整，透水率一般3～5 Lu，弱透水，弱风化带未揭穿，顶面高程–49.7～–228 m，起伏较大，弱风化岩石轴向抗压强度20～30 MPa。

（2）气象

勘察区位于广东省东莞市沙田镇与广州市南沙交界，除遇较大台风天气以外，全年都适宜水平定向钻探作业。

（3）地形条件

施工现场位于南沙大桥南侧，勘察设备只能安放在盾构机始发工作井场地内，穿越鱼塘后到达目标取心靶区水平距离约560 m。受项目总体工期影响，主航道的地质补充勘察与盾构始发作业交叉，因此钻机作业区场地有限。场地条件如图1、如图2所示。

图1　工程勘察施工现场全景

图2　狭窄的施工场地

（4）施工历史资料

除狮子洋380 m宽主航道以外，能布置垂直钻探取心勘察作业的场地都已经完成工程地质条件勘察，查明了地层层序、岩性和构造、断层分布等情况，基本能够指导实现水平定向钻孔的轨迹设计。

（5）中靶要求

本项目勘察靶点要求是钻孔轨迹轴线平行于输水隧洞中心轴线，相距20 m，高程位于隧洞顶板以上5 m，考虑到综合勘察目标，靶区设为以靶点为圆心，直径为1 m的圆，平行延伸至主航道最远边界。

2.2 设计内容

（1）水平定向孔轴线轨迹设计

参照非开挖水平导向五段式轨迹设计参数，轨迹设计应包含以下内容：轨迹分段形式、入土点与入土角、直线段最大深度、曲线段的曲率半径、直线段与曲线段长度等。同时轨迹宜根据设备的特性、已掌握的地下障碍物情况、地质条件状况、周边环境、地下水及地层情况等采用作图法或计算法确定（如图3所示）。

本项目中钻机轴线安放位置平面距离靶区轴线31.6 m，垂直剖面上距离−41 m，入钻点到取心靶点水平距离552.6 m。因此轨迹设计既要考虑垂直剖面上的定向造斜，同时也要考虑水平面的定向造斜，除保证斜直线段穿越淤泥质黏土、粉砂质黏土、砂卵砾石地层的护孔问题以外，同时需要考虑轨迹曲率能保证大直径长回次岩芯管的弯曲变形与通过性。

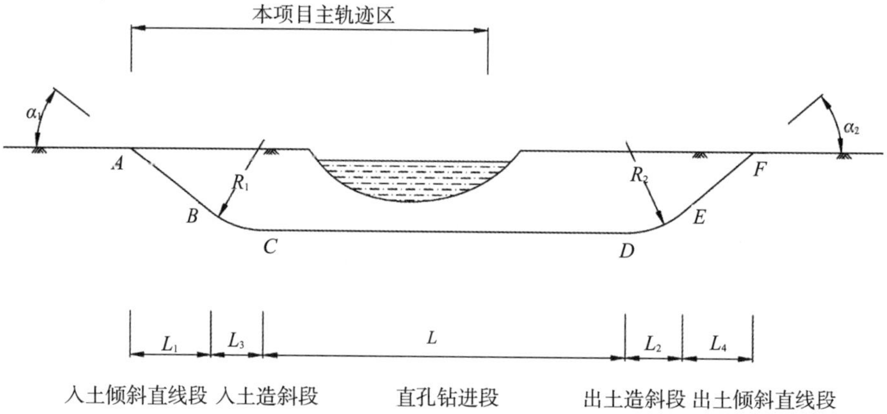

图3　五段式导向轨迹示意图

五段式轨迹的入土角计算公式为

$$\alpha_1 = 2\arctan\sqrt{\frac{H - L_3 \times \tan\alpha_1}{2R_1 - H + L_3 \times \tan\alpha_1}}$$

五段式轨迹的入土弯曲段水平长度计算公式为

$$L_1 = \sqrt{(H - L_3 \times \tan\alpha_1)(2R_1 - H + L_3 \times \tan\alpha_1)}$$

式中，α_1——入土角（°）；

H——管线中心线深（m）；

R_1——入土段的曲率半径（m），按经验取值不小于1200～1500D，D为岩芯管外径；

L_1——入土造斜段的水平长度（m）；

α_2——出土角（°）；

R_2——出土时的曲率半径（m）；

L_2——管线出土造斜段的水平长度（m）。

结合工程场地条件和工程地质情况，设计优先考虑斜直线段成孔轨迹可控性、钻探难易程度、孔壁防坍措施及施工可行性等因素，分别以入土角α_1=8.53°、11.3°、15°设计斜直线轨迹，根据已有勘察成果，按8.53°开孔的斜直线长度为233.8 m才能完全穿越第四系地层进入基岩，其中穿越淤泥质黏土和粉砂质黏土、砂层位长度为160 m，穿越砂卵砾石层位轨迹长度为73.84 m，预计不易成孔、钢套管护孔施工难度极大，造斜强度最低；按11.3°开孔的斜直线长度为174.45 m才能完全穿越第四系地层进入基岩，其中穿越淤泥质黏土和粉砂质黏土、砂层位长度为117.4 m，穿越砂卵砾石层位轨迹长度为56.85 m，预估钢套管施工难度较大，造斜强度低；按15°开孔的斜直线长度为129.98 m才能完全穿越第四系地层进入基岩，其中穿越淤泥质黏土和粉砂质黏土、砂层位长度为89.9 m，穿越砂卵砾石层位轨迹长度为40 m，预估钢套管施工较容易，但造斜强度最高，可能存在超深后反向造斜。本项目推荐使用11.3°开钻，钻孔三维轨迹图如图4所示。

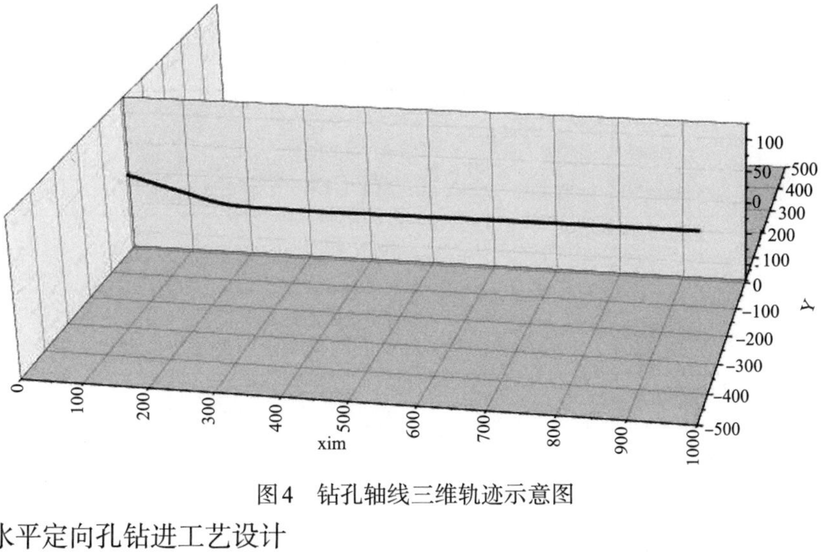

图4　钻孔轴线三维轨迹示意图

（2）水平定向孔钻进工艺设计

①施工设备、器具和仪器的选择。本项目钻孔轨迹符合水平导向钻进铺管轨迹设计，从入射点到靶区约560 m，取心勘察段约380 m，水平轨迹最大埋深41.5 m，钻孔总长（深）近940 m。因此选用千米级水平定向钻机及满足孔底动力需求的泥浆泵。主要选用设备、器具和仪器详见表1所列。

表1　主要设备选型表

编号	名称	规格型号	数量	其他描述
1	水平定向钻机	S1200	1台	南京思特通工程机械有限公司，集成大象BW-800型泥浆泵，柴油动力264kW。
2	泥浆混配系统	JLY-HP-250604	1台	廊坊市金来源环保科技有限公司，电动，8 kW·H。
3	泥浆净化回收系统	JLY-FN-60B	1台	廊坊市金来源环保科技有限公司，电动，13.5 kW·H。
4	地磁有线控向系统	雪威MGS	1套	Sharewell，对比应用过国产华元地磁有线控向系统和黄山金地指挥官8无线导向仪、CX-110探棒
5	存储式测斜仪	CAV-1	1台	中国地质科学院探矿工艺研究所
6	存储式地球物理测井仪	RD6600	1台	西安瑞达物探设备有限公司

②钻机、泥浆泵和造斜器具之间的参数匹配计算。钻机主功率264 kW，最大给进和回拖力为1200 kN，动力头最高转速为130 r/min，最大扭矩能达到42 000 NM；同时能同步驱动的泥浆泵最大流量为800 L/min，最高泥浆压力为100 bar。综合地层、造斜强度等因素，选用1.75°/ ϕ120弯螺杆马达进行定向段施工，取心段造斜纠偏选用1°/ ϕ120弯螺杆马达施工。螺杆马达相关参数及经验配套参数见表2、表3所列。

表2　5LZ120螺杆马达参数表

钻具规格	井眼尺寸/mm	接头螺纹	推荐流量/(L/S)	钻头转速/(r/min)	压降/MPa	输出扭矩/NM	输出功率/kW	钻头水眼压降/MPa	推荐钻压/T	最大钻压/T	钻具长度/M	钻具重量/kg
5LZ120	149～191	NC38	9～16	120～185	2.4	2200	25～44	1.5～7.0	3	5	5.1	420

表3　钻杆、泥浆马达、牙轮钻头、泥浆泵配套型号参数表

序号	钻杆型号	泥浆马达型号	牙轮钻头型号	探棒腔	泥浆泵排量/(L/M)
1	73/76/83/89	95/101	152	108	450～800
2	102/114	120	165/190	128	800～1300
3	127	165/172	215/245	168	1500～2500
4	140	172	245	168	2000～2500

③钻具组合设计。钻具组合及钻头情况设计如下。

· 导向钻进。通缆水龙头+ ϕ114 mm钻杆+ ϕ127 mm无磁钻铤+ ϕ127 mm无磁定向接头+ ϕ120 mm定向弯螺杆（1.75°）+ ϕ171 mm三牙轮钻头。

· 套管钻进。通缆水龙头+ ϕ114 mm钻杆+ ϕ178 mm钻铤+ ϕ219 mm套管+ ϕ230 mm

硬质合金钻头。

·取心钻进。通缆水龙头+ ϕ114 mm钻杆+ ϕ120 mm螺杆马达+ ϕ139.7 mm岩芯管（单动双管）+ ϕ150 mm金刚石取心钻头。

·取心段纠斜控向钻进。通缆水龙头+ ϕ114 mm钻杆+ ϕ127 mm无磁钻铤+ ϕ127 mm无磁定向接头+ ϕ120 mm定向弯螺杆（1°）+ ϕ150 mm三牙轮钻头或适用通缆水龙头 + ϕ114 mm钻杆+ ϕ127 mm无磁钻铤（带存储式测斜仪）+ ϕ120 mm直螺杆）+ ϕ171 mm三牙轮钻头。

④关键技术参数设计。取心阶段不同于非开挖管线铺设的钻探工艺，如何选择适合的钻进规程极其重要，尤其应该根据钻具组合设置合适的转速、泵量及给进压力，以获得最佳的机械钻速和最优的岩芯采取率。

⑤定向方法和测量技术。采用弯螺杆马达在岩层中进行控向钻探的工艺方法已经得到了广泛的应用，通常可以采用电磁波技术或有线地磁技术来对钻具工具面向角、倾角、方位角进行准确定位，而本项目的难点在于取心阶段“一趟钻”如何获取并控制钻孔轨迹，采用MWD随钻测量技术需要更大能力的泥浆泵系统，势必会造成钻探成本大幅增加，同时大流量对岩芯采取率有较大影响。因此，在取心阶段应该尽量采用保直钻具，每2个回次进行存储式测斜，及时解算轨迹并采取针对性的防斜纠偏措施。

⑥定向、造斜、稳斜技术措施。保证靶区取心段钻孔轨迹符合地质设计要求是本项目的关键，由于取心钻进过程不采取随钻测量技术，因此必须通过合理的钻具组合或适合的钻进规程参数进行防斜、稳斜，以保证钻孔轨迹符合设计要求。

⑦采取岩芯的工具与工艺。超深水平钻孔的大直径岩芯采取具有一定的难度，由于钻孔结构等影响，不具备绳索取心条件，因此合理的转速、钻压以及熟练的操作技术，是岩芯采取成功与否的关键。本工程采用了中国地质科学院探矿工艺研究所在汶川地震断裂带科学钻探项目中研发的金刚石单动双管钻具，利用孔底复合动力钻具以实现满足金刚石钻头所需要的线切割速度，来达到高效取心目标。取心钻具如图5所示。

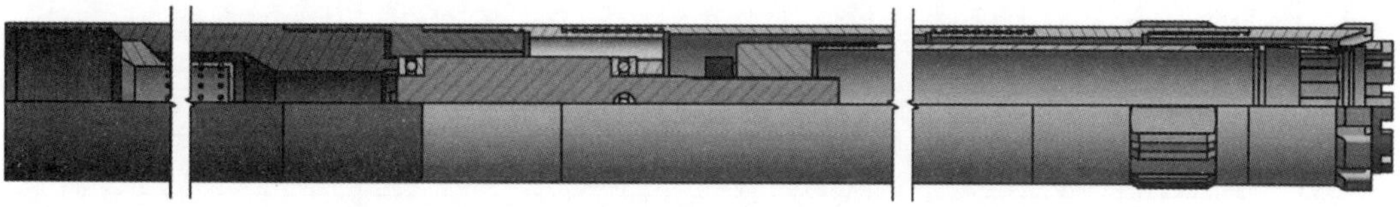

图5　ϕ150 mm取心钻具示意图

⑧冲洗液配制与护壁、堵漏措施。定向钻进层段以保持泥浆性能的稳定为主，如岩粉量巨大情况下既考虑其携排砂，又要保证泥浆的清洁度。所选用的泥浆材料主要有：膨润土、羧甲基纤维素钠（CMC）、磺化褐煤（Smc）、腐殖酸钾（KHM）、磺化酚醛树脂（Smp-1）、KCl、CaO、$NaCO_3$等。如果钻遇断层或构造裂隙发育产生漏失则需要根据钻进规程参数实时采取堵漏措施，充分利用堵漏材料或堵漏工具进行堵漏，以确保不产生埋钻等事故。

泥浆性能控制在以下范围（见表4所列），具体根据现场钻进情况进行调配。

表4　泥浆性能控制参数表

密度 g/cm^3	漏斗黏度 s	表观黏度 mPa·s	塑性黏度 mPa·s	动切力 Pa	动塑比	API 失水量 ml/30min	含砂量 %	泥皮厚度 mm	PH
1.08～1.15	35～45	12～19	8～13	3.1～6.6	0.39～0.51	7.5～9.5	0.3～1.0	0.5～1.0	9～10

（3）水平定向孔施工组织设计

①人员组织和岗前培训。在施工现场成立项目经理部，技术团队主要负责工艺方案设计和现场技术问题研判、解决，并编制各种应急预案和专项技术处置方案。机台实行机长负责制，设置机长1名、班长1名，12小时工作制，每班设置有记录员、材料员、机械员各1名和钻探辅助工人5名。开孔前机台人员应在机长的领导下进行一个有关机台各项工作内容的准备会，包括材料的准备、动力检查、工艺选择、钻孔结构、事故处理工具的准备等各方面的准备工作。周全的准备工作是对事故的最好预防处理方式，通过对机台所有人员的培训可以让大家对机台整体工作状况、要求有更明确的方向，最终起到对质量的最好保障。

②物资、设备管理与储备。开工前做好套管、钻具、工具等物资的采购和储备，并做好设备的保养与日常维护工作，确保现场施工期不会因为物资材料缺乏而造成不必要的工期损失。

③工期计划。计划工期横道表见表5所列。

表5　工期计划横道表

工序	单位:天											
	5	5	5	5	5	5	5	5	5	5	5	5
现场定位测量、轨迹修正设计	—											
设备运输及安装	—											
泥浆调配、导向孔段施工	—	—	—	—								
下护孔钢套管		—										
水平螺杆马达间断取心施工				—	—	—	—	—	—	—	—	
测井												—
洗井及压水实验												—
拔护孔钢套管及水泥浆封孔												—

④水电供应及后勤保障措施。施工现场总承包单位是中铁隧道局，施工现场建设规范，具备较好的水、电、后勤服务保障措施，给勘察施工带来了极大的便利。

⑤应急预案。科学组织施工离不开必要的应急预案，除常规的安全、医护应急预案以外，还应结合专业施工各阶段特点，制订必要的技术储备预案，以确保每个施工阶段的技术成功率。譬如在复杂地层里下护孔钢套管技术、取心阶段防斜工具及工艺技术等专业技术方案。

⑥安全与环境保护措施。施工现场属于东莞港国际运输航道，因此泥浆的循环利用和废浆的处置、回收必须进行专项设计，严防漏浆、串浆等现象给航道带来污染。

⑦预估经济效益。项目所处粤港澳大湾区物流与经济活跃，尤其是狮子洋主航道货运通关船只极其繁忙，根本无法实现水面垂直钻探船的布设，如果不查清主航道地质情况，尤其相邻区域已查清断层存在，同时主航道冲刷深沟覆盖层不查清楚，都会给盾构机输水干线的施工带来极大的风险或潜在巨大经济损失。通过技术工艺的创新，把传统垂直点状勘察方法变成水平面状+物理测井综合勘察工艺方法，可以实现较好的经济效益与社会效益。

（4）设计的技术要求

①创新性。本项目具备两点创新尝试。一是利用非开挖水平定向钻机在不适宜地层的钻孔突破，尽管定点定线铺管技术已经广泛应用，但要解决垂直厚度达33 m、斜长124 m的淤泥质软土和砂卵砾石覆盖层，其中含12～13 m的砂卵砾石地层中成孔护壁问题是设计首要考虑的因素，采取合理的工艺技术保证钻孔的稳定是整个项目成败的关键；二是把定点靶向勘察方法体系革新，项目首次将水平定向钻进+水平螺杆马达取心+物理综合测井组合工艺技术应用在水利勘察行业，把深埋长隧道（洞）传统垂直点状钻探勘察方式变成水平线（面）状定位取心综合勘察方式的工艺可行性，给一些受限于场地、气候、交通、生态、环境保护等因素所带来的无法开展传统钻探勘察工作的重大基建项目带来了新的勘察方法。

②示范效应。充分考虑技术方案的可复制与可推广性，同时在技术设计环节里充分考虑成本、实现难易程度、工艺先进可靠等因素，以提供给类似项目参考。

3　钻探施工工艺

3.1　总体情况

本项目自2020年10月12日进场准备，完成第一次钻孔轴线轨迹施工（入射角11.3º）耗时一个月，但轨迹穿砂卵砾石层位给套管护壁施工带来了极大的困难，完全隔断卵砾石层需要下入172 m钢套管，但由于轴线轨迹的控制偏差和套管质量因素，仅下入套管100 m就出现无法再跟入套管的情况，项目组提出定向钻具更换取心钻具，但遇塌孔不能进入原定向钻孔导致无法完成间断取心工作而宣告失败。第二次修正了钻孔轴线轨迹设计，将入射角设计为15º，自11月22日重新开钻，于2021年1月16日完成所有工序，完成总孔深936.2 m。其中定向钻孔到取心靶区558.8 m，包含下入护孔钢套管126 m，控向钻进最高时效达到102 m/9 h（白班）；完成间断取心总长度377.4 m，取心钻孔直径150 mm，累计提钻取心15个回次，取心总长度83 m，单回次进尺5.9 m，单回次最长完整岩芯为5.44 m的泥质粉砂岩，取心最高纯钻时效为3.25 m/h。

3.2　钻进方法

结合非开挖岩石导向钻进项目施工经验，直接采用螺杆马达地磁有线控向钻进，导向钻孔直径为ϕ200 mm，严格控制钻具入射角，按设计轨迹采用小泵量控制造斜钻进，确保造斜段轴线曲率平缓光滑，以利于斜直线段套管护壁的目标顺利实施。水平目标层位段采取ϕ120 mm螺杆马达+ϕ139.7 mm岩芯管进行多回次的间断取心钻进操作，完成水平段取心任务后，进行水平段的存储式物理录井作业和洗井、压水试验，最后用水泥浆液封孔。

3.3 测斜数据

本项目应用了三种测斜方式，包含地磁有线控向测斜、CAV-1型存储式测斜、地球物理测井仪测斜，三种测斜成果数据详如图6所示。地磁有线控向测斜用于钻进实施过程，可以实时测量出钻孔轴线各点的顶角、方位角和钻具的工具面向角，并且相应软件可以直接解译出孔底传感器相距靶点垂深位移和水平位移；存储式测斜仪用于间断取心段全面钻进下钻时测量记录，提钻后提取的成果数据包含记录点位的顶角、方位角，通过全角半距法、均角全距法、曲率半径法、最小曲率法等方法计算出各测点的空间三维坐标画出三维曲线；地球物理测井仪测斜成果数据是成井后自然伽马测井过程中的伴生成果，通过解译后也可得到各测点的三维空间曲线。

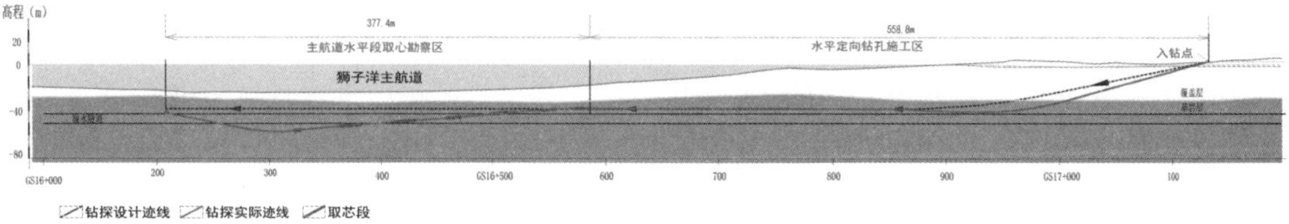

图6　钻孔实测曲线

3.4 压水试验

在水利勘察行业实现近千米级的水平定向取芯钻探勘察尚属首次，项目实施过程中来到现场调研指导的水利水电勘察行业知名专家建议增加压水试验，充分利用近千米的水平定向钻孔开展部分原位试验，获取成果数据，支撑形成相关勘察工艺方法体系，以利于团体标准的编制起草。不同于在普通的垂直钻探勘察钻孔进行相关试验测试，在千米级的水平钻孔进行相关试验无成熟的规范、规程可借鉴，因此在封孔前充分利用该水平钻孔进行压水试验有较强的科研价值，通过试验研究解决相关难题容易出成果、出专利，对形成一套完整的勘察技术工艺方法有较高的实践价值。

依据《水利水电工程钻孔压水试验规程》（SL31-2003）利用传统水压式双塞压水工艺进行了尝试，结果在试验中发现存在以下难点和需要研究解决的问题。

①止水器栓塞的磨损变形问题。由于千米水平孔孔侧摩擦不同于垂直钻孔，磨损变形相对严重，原有的设计材料强度与结构均需要进行调整或优化。

②打压管的埋设与磨损、挤压变形问题。原有垂直孔打压管多附在钻杆与孔壁之间，大多不存在磨损和挤压变形问题，而水平钻孔则不然，压水设备在随着钻杆推送过程中的孔侧摩擦与挤压变形不可避免，需要研究一套新的止水器栓塞打压管设备与安装方式。

③配套加（稳）压设备的优化问题。相对于传统的压水试验，水平孔压水段的止水栓塞加压设备管路压力损失大，而且达不到止水效果，压水段注水设备存在试验过程稳压困难的问题，因此，相应的试验方法和设备材料需要改进和优化。

④试验压力的确定问题。通过在千米级钻孔中利用压力传感器实时获得试验压力，或通过探索管路压力损失的试验与计算问题，继而解决试验压力的确定问题。

附试验照片（如图7所示）。

图7　止水栓塞的磨损变形情况

综上所述，在千米级水平定向钻孔中如何实现栓塞的准确定位和加、卸压是保障压水试验成功的关键。因此，针对性的研制止水栓塞和压水试验材料，具有极高的科研价值，对于实现深埋长隧洞的水平钻探勘察目标具有极优的工程实践价值。

4　工程问题及研究方向

通过本项目的实施及经验教训总结，可以针对长距离引调水特别是深埋长隧洞的工程地质勘察问题，结合项目的工程问题，主要研究内容包括且不限于以下方面：

①1500米级水平定向钻机的针对性研发与改造。主要解决提高回转转速和增大配套泥浆泵的问题。一方面提高取心钻进时的机械钻速，一方面确保取心钻进时能较好地使用无线随钻测量定向技术。

②水平定向钻探+水平螺杆马达取心+物理测井+原位试验组合工艺技术的地层普适性问题研究。将有线地磁控向减震技术跟螺杆马达和液动潜孔锤、PDC钻头等结合使用，高效解决硬岩钻进时效问题，将不提钻换钻头工艺技术应用于解决堆积体等复杂地层的钻孔护壁问题。

③千米级水平定向靶区孔的取心效率和连续取心问题研究。应用高性能薄壁绳索取心钻杆［钻杆定尺长度>9.5 m、接头螺纹副密封耐压值>20 MPa、抗扭屈服能力>45 kN·m、抗拉屈服强度>1045 MPa（优于V150钢级）］和长回次半合管技术等实现取心效率的对比研究。

④靶区取心段的随钻测量、纠偏问题研究。实现绳索打捞予+随钻实时测量+定向造斜器+取心钻具的边纠边取工艺技术难题研究。

5　结语

通过本项目的实践，验证了水平定向钻探+水平螺杆马达取心+存储式物理测井的组合工艺可以实现深埋长隧道（洞）的综合勘察与超前地质预报，在部分项目中取代传统的垂直点状钻探勘察或部分水利水工地下构筑物的探洞勘察。同时，可以把非开挖水平定向钻机进行一定的改造，能够实现千米级水平定向取心勘察任务，也能够实现复杂地层的正向跟管护壁。

参考文献

[1] 闫铁，许瑞，刘维凯，等. 中国智能化钻井技术研究发展[J]. 东北石油大学学报，2020，44（4）：15-21+6.

[2] 樊腊生，王达. 螺杆马达驱动的连续造斜器在科钻一井中的应用[M]//王达. 中国大陆科学钻探工程钻探技术论文选集. 北京：地质出版社，2007.

[3] 王年友，谢文卫. 绳索取心，液动潜孔锤，螺杆马达“三合一”钻具//王达. 中国大陆科学钻探工程钻探技术论文选集[M]. 北京：地质出版社，2007.

[4] 朱文鉴，张建元，张培丰. 中国大陆科学钻探活动套管施工研究//王达. 中国大陆科学钻探工程钻探技术论文选集[M]. 北京：地质出版社，2007.

[5] 朱永宜，KZ型单动双管取心钻具的研制与应用//王达. 中国大陆科学钻探工程钻探技术论文选集[M]. 北京：地质出版社，2007.

[6] 张伟，王达. 科钻一井先导孔施工的钻探技术及经济性//王达. 中国大陆科学钻探工程钻探技术论文选集[M]. 北京：地质出版社，2007.

[7] 向军文，陈晓林，胡汉月. 定向造斜及水平钻进连续取心技术[J]. 探矿工程（岩土钻掘工程），2007（9）：33-36.

[8] 张恒春，刘广，吴纪修，等. 川藏铁路3000 m水平定向钻井技术方案[J]. 探矿工程（岩土钻掘工程），2020，47（11）：1-6.

[9] 李占锋，地表近水平孔绳索取心工艺钻探实践[J]. 探矿工程（岩土钻掘工程），2016，43（1）：48-50.

[10] 陈晓林，国内水平井定向取心技术及工具[J]. 探矿工程（岩土钻掘工程），2007（9）：75-77+81.

[11] 付小营，大斜度近水平井定向技术分析[J]. 中国石油和化工标准与质量，2011，31（4）：267.

[12] 周策，陈文俊，时空多点连续定向取心技术应用研究[J]. 探矿工程（岩土钻掘工程），2004（8）：36-38.

[13] 楼岱莹. 对接穿越技术在水平定向钻穿越中的应用，非开挖技术，2006，23（4）：1-3.

[14] 郭清泉. 广东LNG工程珠江定向钻穿越施工风险防范措施，非开挖技术，2006，23（5）：4-6.

浅谈大藤峡水利枢纽一期枯期围堰设计与施工

周洪云　潘　桃　牛书儒

（中国水利水电第八工程局有限公司，湖南　长沙 410004）

摘　要：大藤峡水利枢纽工程一期枯期围堰为土石围堰，最大堰高约15 m，填筑总量27万立方米，堰体采用高压旋喷与黏土斜墙防渗，堰基岩溶部位采用墙下帷幕灌浆防渗。本文对一期枯期围堰设计及实施情况进行介绍，可供后续类似大流量、工期紧、高标准条件下的导流工程提供借鉴。

关键词：枯期围堰；土石围堰；大藤峡水利枢纽；设计与施工

1　概述

1.1　工程概况

大藤峡水利枢纽工程是国务院确定的172项节水供水重大水利工程的标志性工程，位于广西壮族自治区桂平市，属于珠江流域西江水系的黔江河段末端。水库总库容34.79×10^8 m^3，总装机容量1600 MW，工程规模为Ⅰ等大（1）型工程。

大坝工程施工导流采用分二期导流方式，一期导流先围左岸，江水由束窄后的右岸河床过流、通航。在一期围堰的保护下，施工河床20孔泄流低孔、1孔泄流高孔、左岸厂房、纵向围堰坝段等建筑物（如图1所示）。二期导流围右岸，江水由一期建成的20孔泄流低孔、1孔泄流高孔过流，船闸通航。

一期全年围堰主要包括上游土石围堰、纵向混凝土围堰及下游土石围堰，平面布置见图1。为创造纵向混凝土围堰干地施工条件，需提前修建一期枯期围堰。

1.2　水文及气象条件

（1）气象

黔江流域地处我国低纬度地带，属亚热带季风气候区，夏季高温湿热，暴雨频繁，秋季常受台风入侵影响，冬季严寒天气很少。

坝址附近多年平均气温21.5 ℃，极端最高气温39.2 ℃，极端最低气温-3.3℃；多年平均年降水量为1702.9 mm，多集中于4—8月，约占总量的70%；多年平均相对湿度80%。

（2）径流

黔江流域年径流的年际变化较小，实测多年平均流量4150 m^3/s。

黔江流域径流主要由降雨形成，径流量与降雨发生时间一致，主要集中在汛期5—10月，汛期水量占全年的80%以上，其中6—8月最大，约占年水量的55%。枯水期12—2月水量仅占年水量的7.2%。

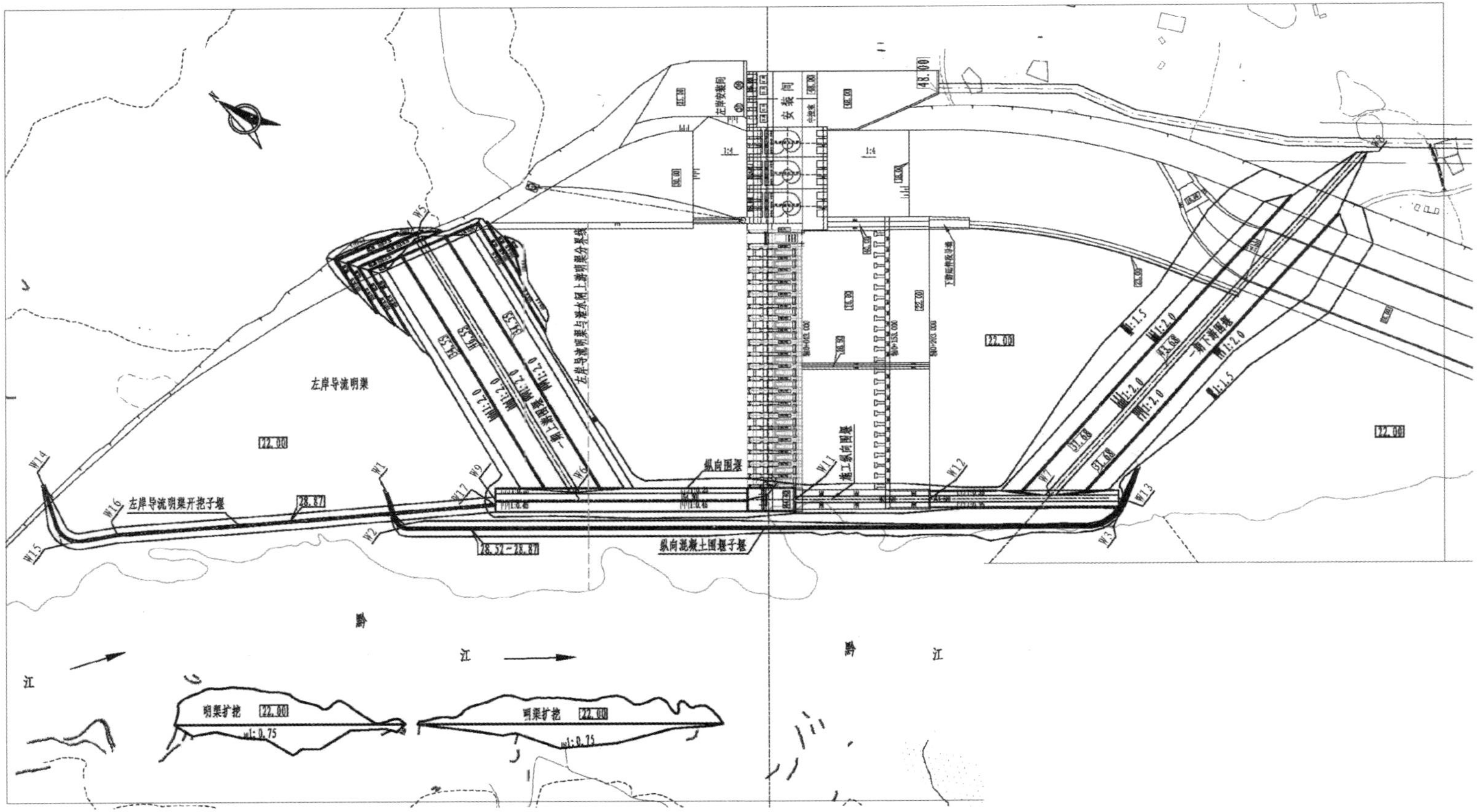

图1　一期围堰平面布置图

（3）工程地质

堰基部分基岩裸露，出露的岩层为细砂岩、含泥细砂岩、泥质粉砂岩、泥岩、灰岩及白云岩。其中第11-6层至第D_1y^1-2层为弱风化岩体，厚度为12～27 m，第D_1y^1-3和D_1y^2层为表层强烈溶蚀风化岩体，厚度为1～7 m，其下部弱风化带岩体厚度为20～37 m。

1.4 进度要求

大藤峡水利枢纽工程总工期为9年即108个月（不含筹建期），其中施工准备期和筹建期、主体工程施工期重叠，主体工程施工期96个月（一期工程59个月，二期工程37个月），工程完建期12个月。

一期枯期围堰和全年围堰施工的完成是一期工程顺利实施的保证。

根据合同节点要求，一期大坝主体工程承包人2015年9月底进场，10月1日开工，碾压混凝土纵向围堰工程要求于12月1日开始施工，一期枯期围堰仅有2015年10—11月两个月的施工时间，扣除进场施工准备时间，枯期围堰有效施工时间不足两个月。

1.5 工程特点

根据以上分析可知本工程具有规模大、工期紧、河流径流量大等特点，一期枯期围堰实施的成败直接影响一期工程能否顺利实施。

2 围堰设计

2.1 方案选择

利用经验确定法及专家会议法，结合本工程特点，因土石结构围堰具备如下优点，决定一期枯期围堰采用土石围堰结构。

①能充分利用当地材料，对基础适应性强，施工工艺简单；

②堰基及堰体防渗效果可控，采用墙下帷幕可控灌浆可解决岩溶区防渗问题；

③挖、装、运采用机械化设备快速施工，场地开阔便于施工道路布置，能满足高强度填筑及分段防渗施工；

④后期拆除方便。

2.2 围堰平面布置

（1）布置原则

①一期枯期围堰布置（如图2所示）应满足纵向混凝土围堰的施工要求，堰脚与纵向混凝土围堰开挖边坡留有一定的安全距离。

②一期枯期围堰布置应尽量靠近左岸岩石漫滩，减少对主河槽的束窄，降低对施工期通航的影响，并减少抗冲防护措施及填筑工程量。

（2）围堰布置

根据以上布置原则，工程进行了一期枯期围堰的布置：一期枯期围堰位于左岸岩石漫滩边缘，紧邻纵向混凝土围堰布置（如图2所示）。堰顶轴线长约1030 m。

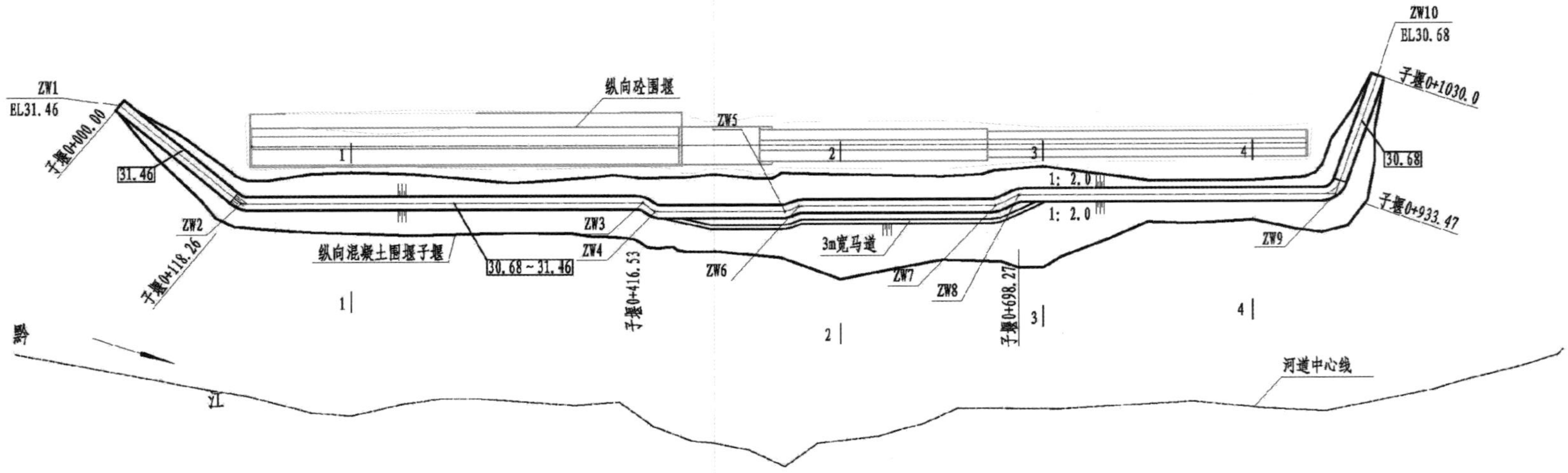

图2　一期枯期围堰平面布置图

2.3 围堰结构形式

一期枯期围堰采用土石围堰结构。根据规定，本工程一期导流建筑物级别为4级，一期纵向混凝土围堰子堰级别为5级。相应5级导流建筑物设计洪水标准为5～10年重现期洪水（土石结构）。

枯期围堰挡水标准采用10年重现期12—3月最大洪水，流量Q=6720 m³/s，根据右岸明渠泄流水力计算，子堰挡水水位为30.46～29.68 m。围堰堰顶考虑安全加高（土石围堰考虑0.5 m）及波浪高度，枯期围堰堰顶高程取31.46～30.68 m。子堰结构采用土石混合料+石渣填筑，枯期围堰迎水面有一道大块石防护，下游深槽段采用钢筋笼防护。

围堰断面采用梯形结构，围堰顶宽10 m，下游深槽段迎水面距堰顶2 m高程处设一3 m宽马道，最大堰高约为15 m，迎水面及背水面边坡坡比均为1∶2（如图3所示）。

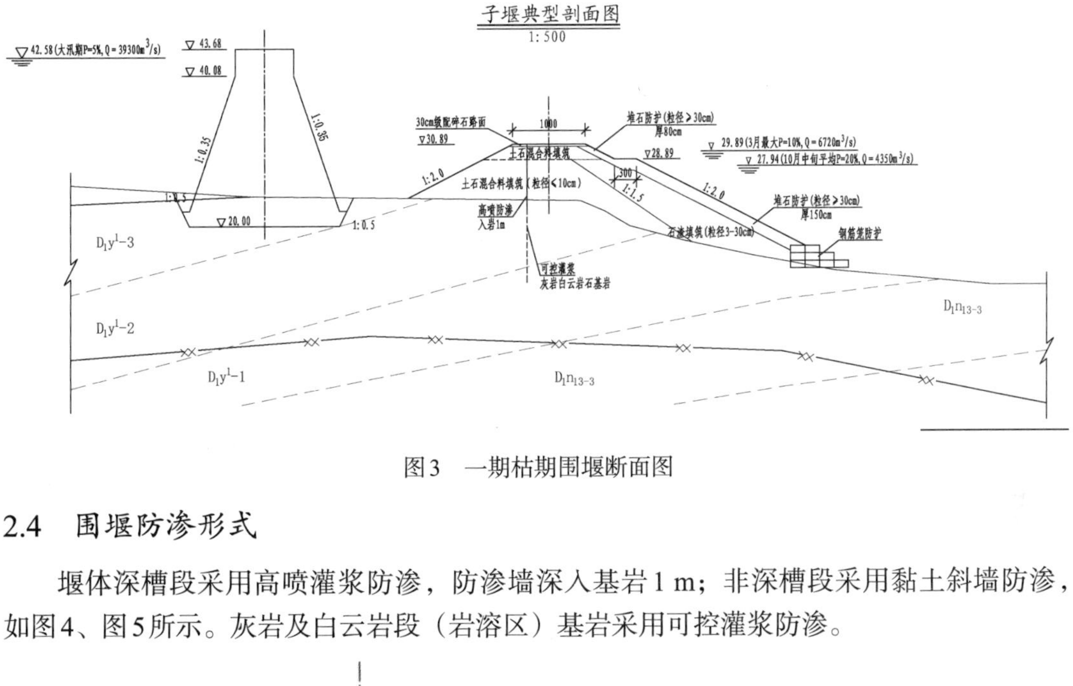

图3　一期枯期围堰断面图

2.4 围堰防渗形式

堰体深槽段采用高喷灌浆防渗，防渗墙深入基岩1 m；非深槽段采用黏土斜墙防渗，如图4、图5所示。灰岩及白云岩段（岩溶区）基岩采用可控灌浆防渗。

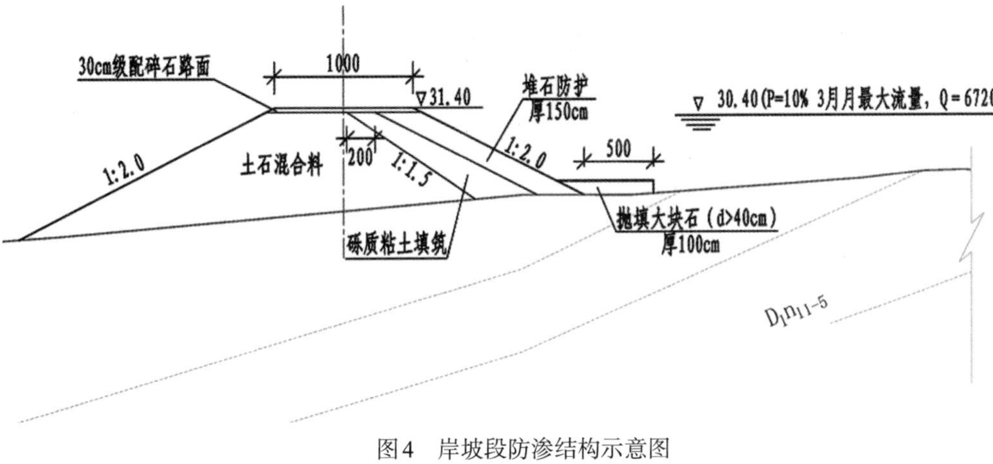

图4　岸坡段防渗结构示意图

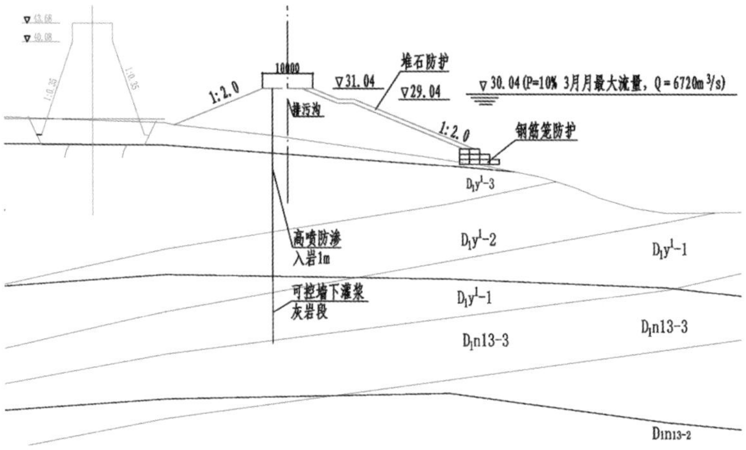

图5　深槽段防渗结构示意图

2.5　围堰基础处理

根据围堰工程地质资料，一期枯期围堰下游侧长度约270 m，基础为郁江阶D_1y^1-3和D_1y^2岩层，郁江阶D_1y^1-3和D_1y^2岩层岩溶发育，属中等透水岩体。根据基坑抽水后的渗漏情况，对岩石裂隙渗水采用抽排方式保证基坑干地施工，如发现围基础有溶洞与外水相通，可在围堰堰脚与基础开挖线之间对溶洞进行水下封堵，截断渗漏通道。

2.6　围堰主要工程量

一期枯期土石围堰填筑总工程量为26.74万立方米，具体工程量详见表1所列。

表1　枯期围堰主要工程量表

序号	项目	单位	数量	备注
1	土石混合料填筑	m^3	211810	—
2	砾质黏土填筑	m^3	15800	—
3	大块石护坡	m^3	35540	—
4	钢筋石笼护脚	m^3	1160	—
5	级配碎石填筑	m^3	3090	堰顶30 cm厚
6	高喷灌浆钻孔	m	5881.5	轴线长度约为431.2 m
7	墙下帷幕高喷墙体钻孔	m	4300	轴线长度约为350 m
8	墙下帷幕基岩钻孔	m	3500	深入强烈岩溶风化带下限10 m

3　主要施工技术

3.1　施工布置

（1）填筑道路布置

一期枯期围堰填筑料从左岸1#渣场、船闸上游引航道开挖石渣料以及一期基坑开挖工作面内选取，填筑料源点均位于围堰左侧，在场内已有道路的基础上在围堰左侧分别修筑4条临时施工道路至围堰不同位置。道路宽度按8.5 m控制，转弯半径按不小于15 m控制，坡降按不大于10%控制，以确保围堰填筑料运输强度。填筑道路布置如图6所示。

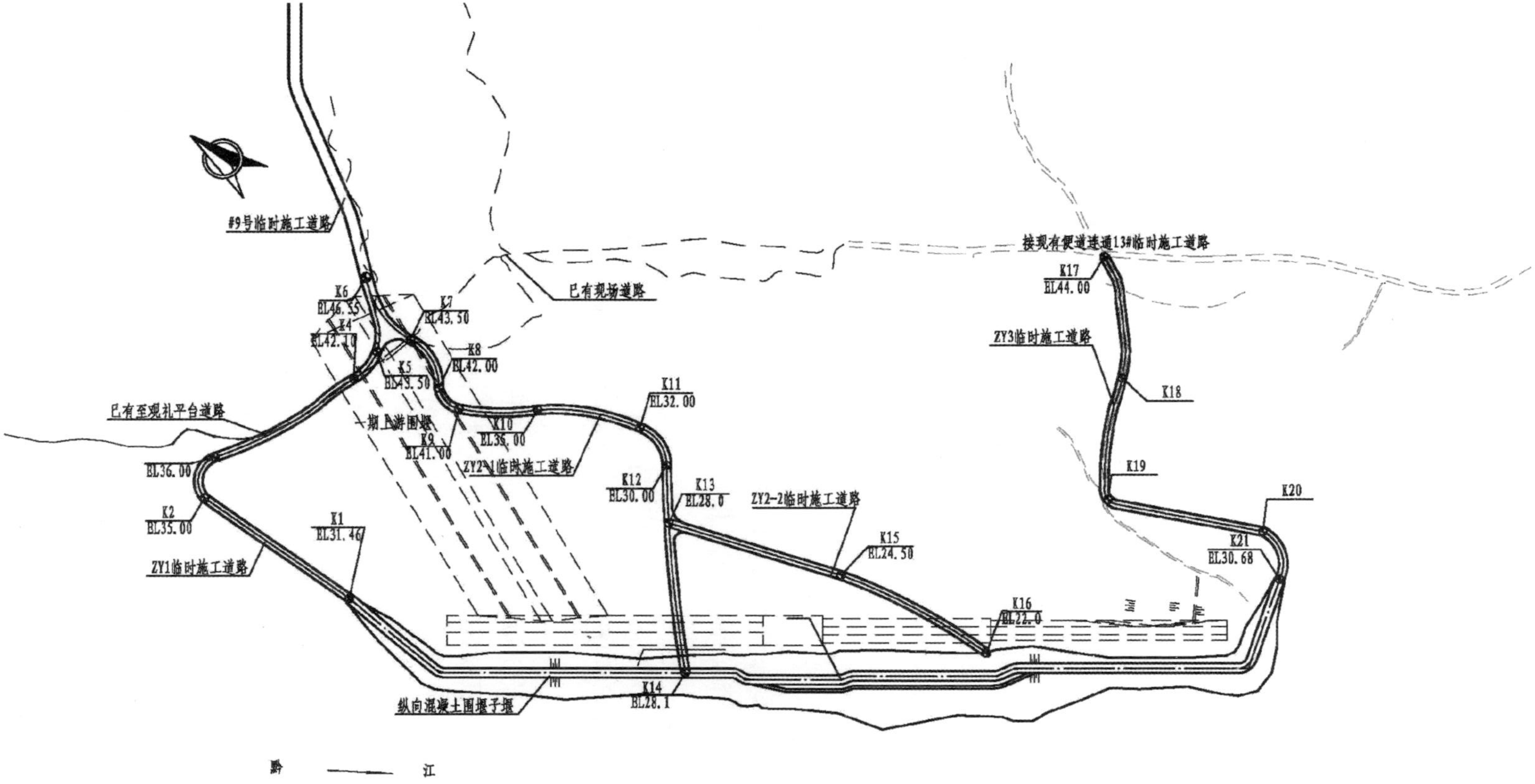
#9号临时施工道路
已有现场道路
接现有便道连通13#临时施工道路
K17
EL44.00
ZY3临时施工道路
K18
K19
K20
K21
EL30.68
K6
EL46.55
K4
EL42.10
K7
EL43.50
K8
EL42.00
K5
EL43.50
已有至观礼平台道路
一期上游围堰
K10
EL36.00
K9
EL41.00
K11
EL32.00
ZY2-1临时施工道路
EL36.00
K2
EL35.00
K12
EL30.00
K13
EL28.0
ZY2-2临时施工道路
K15
EL24.50
K1
EL31.46
ZY1临时施工道路
K16
EL22.0
K14
EL28.1
纵向混凝土围堰子堰
黔
江

图6　填筑道路布置图

（2）施工供水

施工用水采用潜水泵直接抽取黔江江水。

（3）施工供电

在取料场及围堰填筑作业面设置柴油发电机发电解决施工用电及照明问题。

（4）施工照明

土石围堰远距离照明安装移动式投光灯或镝灯灯塔。

（5）施工供风

基础清理及防渗施工使用移动空压机供风。

3.2 填筑施工程序

枯期围堰分3段5个工作面施工：上游段轴线长约415 m，填筑工程量约5.4万立方米；中间段轴线长约343 m，填筑工程量约12.3万立方米；下游段轴线长约272 m，填筑工程量约95万立方米。

填筑时首先填筑水下部分（10月份5年一遇洪水流量4870 m^3/s对应水位高程28.87～28.17 m），再加高培厚至设计顶高程，外侧大块石防护跟进抛填填筑。下游段深槽部位超前抛填钢筋石笼。

3.3 填筑料源要求

堰体水上和水下部分的各种填料，采用强风化下限新鲜的石料。施工前对各种填料的数量和质量进行复核，并检验填筑料物的物理力学指标，满足设计要求，报监理人审批后用于围堰填筑。考虑到子堰施工期基坑开挖刚刚开始，覆盖层较厚，围堰所需要的石渣料均从工程区选取，取料要求和规划如下：

①石渣料：粒径30～300 mm，不夹杂软弱岩石、草和树根等杂质。

②高喷防渗墙范围内（一般控制范围为2～3 m）以及围堰内侧的土石混合料为粒径不大于100 mm的混合料。

③护坡块石粒径不小于300 mm，从渣场或者工程开挖区选取满足粒径要求的块石。

④砾质黏土料：粗料（粒径大于5 mm）含量上限不超过50%～60%，细料（粒径＜075 mm）含量下限不小于15%，最大粒径不超过150 mm，渗透系数小于1×10^{-5}。

3.4 填筑施工方法

堰体填筑分为水下抛填与水上干地填筑两部分。

（1）水下抛填

①挖装。

围堰石渣混合料采用PC400型液压反铲挖装，SD22推土机配合集料。

②运输。

填筑料采用20～25 t自卸汽车运输。

③填筑。

采用自卸汽车直接抛填，SD22推土机平料压实。水下抛投超出水面1 m后利用自卸汽车、推土机往返进行压实。在深槽段抛填钢筋石笼护脚。

（2）水上填筑

①施工放线。

②铺料平仓。

采用进占法和后退法铺料，自卸汽车运料至现场，SD22推土机推料摊铺。石渣混合料铺筑层厚为110～115 cm，黏土料为55～58 cm，层厚采用标尺控制。石渣混合料碾压后层厚100 cm，黏土料层厚50 cm。与岸坡连接两端头100～200 cm采用细料铺筑，防止边坡架空，水平宽度向外超填20～30 cm，以便填筑完成后进行削坡。

③洒水。

④水平碾压。

大面采用18 t振动碾碾压6～8遍，行走速度控制在1.4～2 km/h；岸坡地带及边角部位采用2.1 t夯板压实。

⑤削坡处理。

机械修坡采用PC400反铲进行施工；对局部边角部位及其他机械无法运行的部位采用人工配铁锹、锄头等进行修坡，对超、欠挖部分进行回填或挖除。

3.5　高喷防渗施工

（1）高喷设计

单孔深6～16 m，孔距为0.8 m，深入基岩1 m，布置单排灌浆孔。高喷墙体厚度不小于0.7 m，最小厚度不小于0.5 m，渗透系数$K \leqslant 9\times10^{-5\,\mathrm{cm}}$/s，分两个次序施工。

（2）实施工程量

高喷灌浆工程量见表2所列。

表2　高喷灌浆完成工程量表

孔数(个)	钻孔深(m)			高喷灌浆(m)	单位注入量(kg/m)	防渗墙体面积(m^2)
	堆积层	岩石	合计			
1165	9285.5	1165	10450.5	10450.5	429.17	8360.4

（3）施工工艺

高喷灌浆采用“二管法高压旋喷灌浆”法。

（4）造孔设备

采用MDL-135履带式钻机配偏心钻头旋转冲击跟管钻进，中风压空压机供风，钻孔直径ϕ150 mm。

（5）施工工艺流程

测量放样→固定钻机→控制开孔角度→跟管造孔→下入PVC管→拔出套管→高喷台车就位→试喷→制浆→下喷射管→输送高压空气、水泥浆液→喷管旋转提升→静压注浆→成桩→高喷台车迁移。

高喷材料主要为PO42.5普通硅酸盐水泥。

（6）灌浆参数

一期枯期围堰高压喷射灌浆施工参数见表3所列。

表3　高喷灌浆施工参数表

<table>
<tr><td rowspan="3">浆</td><td>压力/MPa</td><td>35</td><td rowspan="3">气</td><td>压力/MPa</td><td>0.8</td></tr>
<tr><td>流量(L/min)</td><td>70</td><td>流量(m^3/min)</td><td>1.0</td></tr>
<tr><td>喷嘴个数</td><td>2</td><td>气嘴个数</td><td>2</td></tr>
<tr><td colspan="2">浆液比重(g/cm^3)</td><td>1.50</td><td colspan="2">回浆比重(g/cm^3)</td><td>≥1.3</td></tr>
<tr><td colspan="2" rowspan="2">提升速度(cm/min)</td><td>基岩</td><td colspan="3">10</td></tr>
<tr><td>填筑层</td><td colspan="3">13</td></tr>
<tr><td colspan="3">旋转速度(r/min)</td><td colspan="3">8</td></tr>
</table>

3.6　墙下帷幕灌浆施工

（1）帷幕灌浆设计

根据勘探资料，纵向围堰下游段表层岩体强烈溶蚀风化，连通性强，分布深度为基面以下10 m以内，拟布置墙下帷幕灌浆进行防渗处理。处理范围轴线长度约350 m，墙下帷幕布置单排孔，孔距为1 m，基岩钻灌深度为每孔10 m。

（2）施工顺序

在高喷灌浆施工完成后进行，分三序施工。

（3）施工方法

采用阻塞灌浆法，采用ϕ73 mm气压塞阻塞于灌浆段的段顶进行灌浆。

（4）造孔设备

采用XY-2PC地质钻机、金刚石钻头回转钻进，在高喷墙体内采用泥浆护壁，钻至基岩面后下入PVC管，基岩面以下采用清水钻进。

高喷墙体内钻孔直径为ϕ89 mm，基岩内钻孔直径为ϕ76 mm。

（5）灌浆参数

灌浆不分段，将全孔作为一段灌注，阻塞位置为基岩与高喷墙体接触面。

灌浆压力Ⅰ序孔为0.3 MPa，Ⅱ序孔为0.5 MPa，Ⅲ序孔为0.5 MPa。

3.7　施工进度安排

（1）计划进度

①土石堰体填筑：2015年10月12日至11月10日，填筑总工期30天。

②高喷灌浆：2015年11月1—30日，总工期30天。

③墙下帷幕灌浆：2015年11月16日—12月7日（在相应部位高喷灌浆完成7天后进行），总工期20天。

（2）实际进度

①土石堰体填筑：10月2—26日，填筑总工期25天。

②高喷防渗：2015年10月29—12月30日，总工期63天，有效工期40天（扣除11月13—26日、12月6日两次超标准洪水影响工期约23天）。

③墙下帷幕灌浆：2016年1月11日墙下帷幕灌浆施工完成。

4 实施效果评价

4.1 防渗质量过硬

（1）直观观察

如图7所示，从对一期枯期围堰高喷灌浆形成的防渗墙体进行开挖后直观看出，各孔喷浆都能有效搭接，没有漏喷现象，亦未发现漏水点，这表明通过高喷灌浆形成的防渗墙体连续性好，整体质量可靠。

图7 防渗墙墙体质量直观检查

（2）注水试验检查

防渗墙体渗透系数合格标准为不大于$9\times10^{-5\,cm}/s$，实测所有检查孔渗透系数全都小于$9\times10^{-5\,cm}/s$，符合质量要求。试验成果见表4所列。

表4 枯期围堰高喷灌浆检查孔注水试验成果统计表

序号	1	2	3	4	5	6	7	8	9	10	11	12	13
渗透系数K (cm/s)	2.97^{-6}	7.63^{-6}	4.07^{-6}	2.15^{-6}	3.47^{-5}	1.35^{-5}	1.58^{-6}	7.53^{-6}	1.13^{-6}	6.49^{-6}	5.48^{-6}	4.03^{-6}	3.68^{-6}
序号	14	15	16	17	18	19	20	21	22	23	24	25	—
渗透系数K (cm/s)	9.09^{-6}	7.36^{-6}	1.01^{-5}	9.41^{-7}	3.53^{-6}	4.03^{-6}	1.04^{-5}	1.79^{-6}	2.72^{-6}	2.00^{-6}	2.87^{-6}	1.45^{-6}	—

4.2 结构安全稳定

堰体各填筑材料在填筑施工中严格按照设计要求及规范执行，确保堰体压实质量满足或优于规范要求，枯期围堰压实度检测数据见表5所列。

表5　　枯期围堰压实度检测数据统计表

检测项目	检测组数	最大值(%)	最小值(%)	平均值(%)	合格率(%)	标准要求(%)
孔隙率	36	22	16	19	100	≤25

2015年11月10日—13日，围堰堰体已填筑完成，流域中上游区域出现超强降雨过程。11月13日凌晨，枯期围堰下游段开始进水，14日，洪峰水位达到37.13 m，相应流量达到20 400 m^3/s（为设计挡水流量6720 m^3/s的3倍），已填筑完成枯期围堰彻底没入洪水中。11月26日，江水退去，枯期围堰露出水面，堰体结构完好无损，堰体经受住了超标准洪水的考验。

受异常气候现象：厄尔尼诺事件的影响，在2015年11月—2016年3月枯期围堰设计挡水期间共出现3次超标准洪水（流量分别为20 400 m^3/s、9090 m^3/s和11 500 m^3/s），枯期围堰堰体结构均完好无损。

4.3　确保一期工程顺利实施

一期枯期围堰的顺利实施确保了纵向混凝土围堰于2016年5月30日全线达到设计度汛高程，圆满实现当年度汛目标，为一期工程的顺利实施奠定了基础。

5　结语

大藤峡一期枯期围堰采用土石围堰结构是科学、正确的，填筑、防渗施工质量过硬，经受住了多次超标准洪水的考验，是一个成功、可供借鉴的实战案例！施工过程中采用的主要技术参数值得后续类似工程参考借鉴。

参考文献

[1] SL303-2004，水利水电工程施工组织设计规范[S].

[2] 李炜.水力计算手册第二版.[M]. 2版. 北京：中国水利水电出版社，2006.

[3] SL645-2013，水利水电工程围堰设计规范（附条文说明）[S].

[4] 王晶，谢春勇，徐四胜. 二重管法高压旋喷灌浆在复杂地质条件下的应用 [J].湖南水利水电，2004（2）：26-27+35.

[5] DL/T 5395-2007，碾压式土石坝设计规范[S].

重力坝坝基固结灌浆存在问题探讨

王 利[1] 崔锦娟[2] 董华威[1]

（1. 中国电建集团北京勘测设计研究院有限公司，北京 100024；
2. 四川水利职业技术学院电力工程系，四川 成都 611244）

摘 要：目前重力坝设计中存在坝基固结灌浆范围由上下游应力集中部位向全面积坝基范围扩大的问题。作者从坝基应力分布规律、典型工程实例设计情况，结合现行规范规定，探讨了坝基固结灌浆的合理范围及孔深、孔排距等技术参数的选择，供同行参考借鉴。

关键词：固结灌浆 范围 深度 孔排距

1 问题的提出

重力坝坝基开挖后采用固结灌浆来加固和补强坝基岩体发育的浅表断层构造带、夹层、裂隙等地质缺陷及开挖爆破造成的岩体损伤等，固结灌浆可以改善坝基岩体的物理力学性能，增强岩体的均一性和整体性，提高坝基的弹性模量和承载能力，降低坝基的渗透性，增加基础的耐久性。采用坝基固结灌浆是重力坝基础处理的主要措施。

重力坝固结灌浆的范围和深度及固结灌浆技术参数的取值，应根据坝基内应力分布、大小、坝基地质条件、施工进度等因素综合确定。但近年来，随着我国经济实力的增强、对水电项目重视程度的提高和投资的加大，设计工程师对大坝坝基固结灌浆范围的确定大多不再通过计算分析大坝坝基的应力大小、分布情况以及坝基基岩岩性、完整性、承载力、透水率等条件和施工进度安排等因素，也不再通过灌浆试验论证并在细致、全面分析灌浆试验成果的基础上合理选用固结灌浆技术参数，而是直接从偏安全的角度对整个坝基进行固结灌浆，对不必要进行固结灌浆的坝基中部区域也进行固结灌浆，这种简单地对整个坝基全部进行固结灌浆的设计造成了坝基固结灌浆范围偏大，设计趋于保守，给工程造成了不必要的浪费，推高工程投资指标。

2 重力坝坝基固结灌浆范围理论分析

采用材料力学方法来分析一下重力坝基础表面所受到的竖直应力。

重力坝坝基所受到的垂直应力近似直线分布，重力坝设计时，一般按材料力学偏心受压公式计算坝基的应力分布，试算公式为

$$\sigma_Y = \frac{W}{A} + \frac{M.x}{I}$$

式中，W——作用于坝基面上全部荷载的垂直分力之和；

A——计算的坝基面积；

M——作用于坝基面上全部荷载对坝基面形心的力矩之和；

x——自断面形心算起的横坐标，在坝体上下游面处，$x=\pm\frac{B}{2}$；

B——计算截面的长度；

I——坝基面对形心轴的惯性矩。

因此，在重力坝坝基上、下游端点处，即坝踵和坝趾基面处，压（拉）应力最大，其应力值计算公式为

$$\sigma_{\substack{max\\min}}=\frac{W}{B}\pm\frac{6M}{B^2}$$

因此，重力坝坝基面竖直应力分布规律一般如图1、图2所示。重力坝坝基上、下游端点部位即坝踵、坝趾附近坝基应力值较大，为应力集中区域，应对其进行固结灌浆加固，坝体中部建基面应力相对较小，如果地质条件较好或者坝高不是特别高，一般对坝基中部并不需要进行固结灌浆。

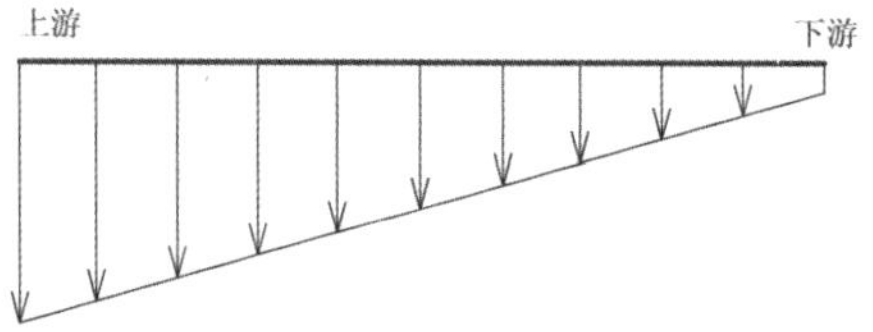

图1　施工期坝基面应力分布示意

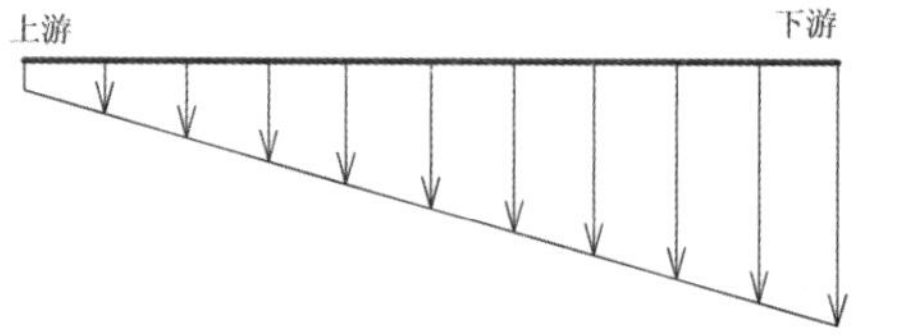

图2　运行期坝基面应力分布示意

建基面受到的荷载会传导到其下部岩体内，其在地基的一定范围内扩散，随着深度的增大，应力扩散范围逐渐增大，应力值则逐渐减小，如图3所示。重力坝设计中可近似地认为相当于在荷载两端点处各作1条45°斜线，应力扩散范围近似按该角度扩散，应力减小值则按图中公式估算。关于建基面下应力扩散范围和数值的详细计算，可参考相关资料。

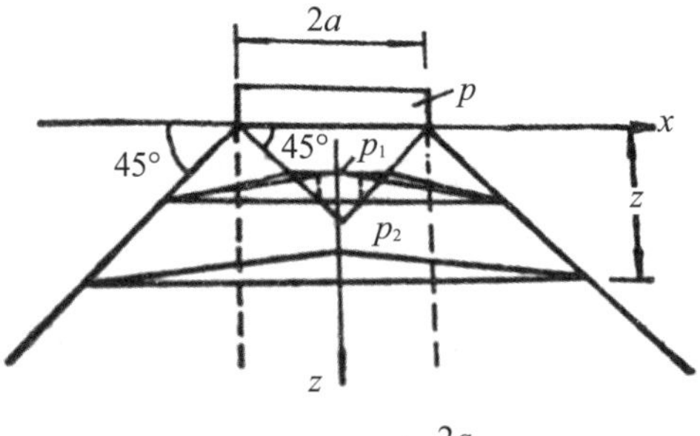

$p_1=p$　　　$p_2=\frac{2a}{a+z}p$

图3　坝基下岩体受力扩散示意图

由以上理论分析可知：重力坝坝基上、下游端点部位应力较大，为应力相对集中区

域，固结灌浆应重点在这些部位进行，以提高该部位坝基岩体的均一性、整体性，提高该部位岩体承载能力和弹模。

3 重力坝坝基固结灌浆典型工程实例

笔者参与设计的多个大型水利水电工程重力坝实际固结灌浆设计范围与上述理论分析一致，一般仅对坝基上、下游应力较大部位即上、下游1/4～1/3的基底范围进行了固结灌浆，均取得了良好效果，节约了坝基中部1/3～1/2的固结灌浆工程量，减少了工程投资，节约了工程施工工期。

3.1 长江三峡水利枢纽大坝

著名的长江三峡水利枢纽重力坝设计坝高175 m，基岩为前震旦系闪云斜长花岗岩，中有细粒花岗岩脉、伟晶岩脉及辉绿岩脉等侵入，坝基基岩有陡、中倾角断层，其中张扭性断层的构造岩一般胶结较差，呈松散状态，其他断层、裂隙构造岩一般胶结较好；断层交切带部位裂隙发育，局部破碎范围大。

坝基固结灌浆一般设计范围为坝基上、下游各1/4坝基宽度的区域，固结灌浆孔深一般5 m，孔、排距2.5 m。在防渗主帷幕上游设置2排深固结灌浆孔作为辅助防渗帷幕，在封闭帷幕下游设置1排深固结灌浆孔作为辅助防渗帷幕，以此增加浅层帷幕的厚度，其中上游2排孔深10 m、20 m，排距2 m；下游1排孔深10 m，孔距2 m。固结灌浆按梅花形布孔。固结灌浆要求有盖重施工，混凝土盖重厚度一般要求为3～4.5 m。

3.2 彭水水电站重力坝

彭水水电站位于乌江干流下游重庆市彭水县，碾压混凝土重力坝坝高116.5 m，坝基岩体主要为奥陶系下统南津关组（O_{1n}）白云质灰岩、白云岩及白云质泥岩、页岩等，坝基岩层走向与河流流向近于正交，岩层陡倾上游偏右岸。建基面为新鲜及微风化下部岩体。其中坝基河床段岩体完整、强度高、透水性较小，为优良坝基。但坝基左岸部位发育3条顺河向陡倾角断层及两个断层交会带、几条小断层等，沿断裂构造带溶蚀、泥化严重；坝基右岸发育有Ⅰ类和Ⅲ类夹层、规模较大的岩溶系统夹层厚度大，性状差，岩溶洞穴大、发育深。因此，坝基左、右岸地质条件较差，为固结灌浆加固处理的重点部位。另外，坝基内还有层面、层间错动带等结构面。

设计坝基固结灌浆范围为：河床中部溢流坝段坝基上下游各1/4～1/3的应力集中区域进行固结灌浆；两侧非溢流坝段坝基因处于地质缺陷部位，考虑弧形重力坝的拱效应，进行全面积固结灌浆。固结灌浆孔、排距均为2.5 m，梅花形布孔，孔深一般为6～8 m，在防渗主帷幕上游、下游均设置了2排深固结灌浆孔作为辅助防渗帷幕，深固结灌浆孔孔深为15 m、20 m。固结灌浆典型布置断面图如图4所示。固结灌浆按梅花形布孔，要求有盖重施工，混凝土盖重厚度为3 m。

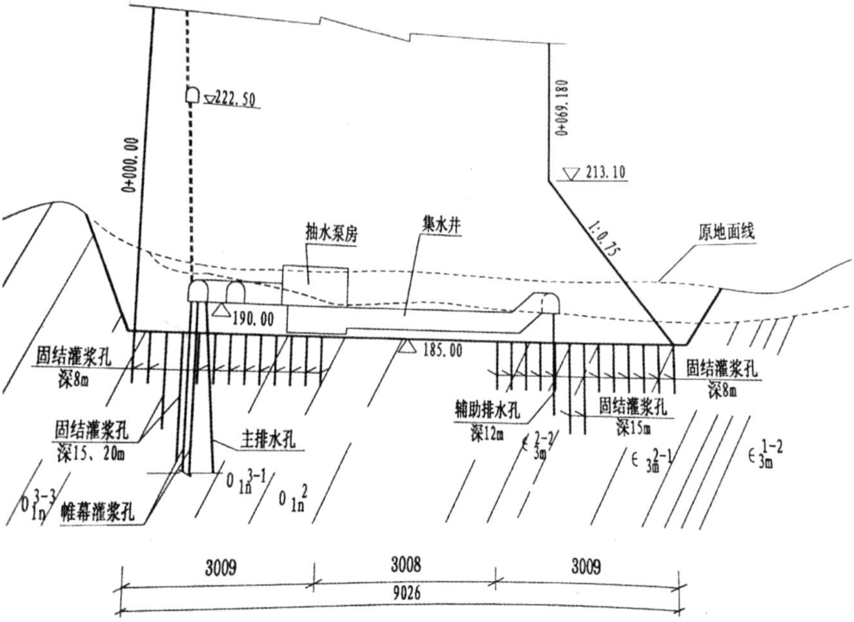

图4　彭水重力坝坝基固结灌浆典型断面图

3.3　皂市水利枢纽重力坝

皂市水利枢纽重力坝最大坝高88 m，坝基岩体主要为泥盆系中统云台观组的石英细砂岩，该地层的特点是硬、脆、碎和结构面发育。

坝基固结灌浆范围一般为坝踵及坝趾各1/4坝基宽度范围，固结灌浆孔排距为2 m×2 m，梅花型布孔，固结灌浆孔深一般为6 m。对坝基范围内出露的规模较大、性状较差的断层构造带、裂隙密集发育带等缺陷部位采用重点固结灌浆加固：对断层穿过的3个坝段采取坝基全面积固结灌浆处理，孔深一般加深为8～15 m；对位于断层部位的几个坝段采取坝基全面积固结灌浆处理，孔排距为2.5 m×2.5 m，孔深6 m。在主帷幕前布置一排兼作辅助帷幕的固结灌浆孔，孔深加深为12 m。

以上三个工程重力坝坝高代表了特高坝、高坝及中坝，坝基地质条件也非常典型，有岩石强度较高的花岗岩、岩石强度较高但均一性差的灰岩，也有岩石强度相对较低的石英细砂岩。但设计固结灌浆范围都非常典型，均只在坝基上、下游1/4范围应力集中部位或者地质缺陷部位、其他应力较大部位，对应力相对较小的坝基中部均没有进行固结灌浆，三个工程均已建成并运行多年，运行效果良好。借鉴这些工程实例和经验，在工程设计中，一般重力坝的坝基中部可以不设置固结灌浆，而仅需对坝基内上、下游约1/4范围应力集中部位或者地质缺陷部位、其他应力较大部位设置固结灌浆，这样可以节约较多的工程投资，缩短施工工期。

4　坝基全面积固结灌浆的非典型工程实例

对于地质条件较差的重力坝、高坝，也有少数工程采用坝基全面积固结灌浆的。

4.1 嘉陵江亭子口水利枢纽重力坝

嘉陵江亭子口水利枢纽混凝土重力坝，坝轴线长约998 m，最大坝高114 m，坝基岩体为白垩系苍溪组（K_{1C}^{2-1}）岩屑石英砂岩、黏土岩、粉砂岩及砂岩互层等，坝基岩体软硬相间，岩层成水平分布，其中长石石英砂岩、砂质黏土岩等基岩的天然孔隙率高，透水性强，但可灌性差。

基础固结灌浆范围为非溢流坝段、厂房坝段、深孔坝段、表孔坝段、下游导墙、升船机坝段、右岸非溢流坝段等建筑物基础部位。坝基上、下游各1/4范围的固结孔深8 m，孔排距2.5 m×2.5 m；坝基中部1/2范围的固结孔深为5 m，孔排距3 m×3 m；地质缺陷部位固结灌浆孔适当加深或加密。固结灌浆孔按梅花形布置。基础固结灌浆施工的混凝土盖重厚度不小于3 m。

4.2 大华桥水电站重力坝

大华桥水电站重力坝坝高106 m，坝基范围分布地层为白垩系景星组下段地层，岩性主要为灰白色、灰绿中粗粒石英砂岩与紫红色绢云母板岩不等厚互层。

对坝基进行全面固结灌浆设计，设计孔深分别为：坝基下游约1/4范围及帷幕加强区上游侧岩石内孔深8 m，坝基上游帷幕灌浆加强区岩石内孔深12 m，坝基中部范围及下游帷幕加强区岩石内孔深6 m，固结灌浆孔布置均为梅花型。对于断层及影响带处理，岩石内固结灌浆孔孔深15 m，采用高压固结灌浆，孔布置为梅花形，孔距1.5 m，排距1.5 m。

5 规范对坝基固结灌浆的规定及存在问题

《混凝土重力坝设计规范》（NB/T 35026—2014）中的第8.3节，关于固结灌浆的规定如下：

坝基固结灌浆设计，应根据坝基工程地质条件、坝高和灌浆试验资料确定：

①坝基岩体裂隙发育且具有可灌性时，应根据坝基应力及地质条件采用固结灌浆加固。

②高坝坝基应进行全面固结灌浆，并宜向坝基上下游适当扩大灌浆范围，坝趾处宜考虑加强固结灌浆。

③防渗帷幕附近坝基宜加强固结灌浆。

④断层破碎带及其两侧影响带或其他地质缺陷部位应适当加强固结灌浆。

⑤坝基中的岩溶洞穴、溶槽等在清挖回填后，其周边应根据岩溶分布情况适当加强固结灌浆。

⑥固结灌浆孔、排距可采用3～4 m的距离，或根据开挖以后的地质条件由灌浆试验确定。

⑦固结灌浆深度应根据坝高和开挖以后的地质条件确定，可采用5～8 m，局部地区及坝基应力较大的高坝基础，必要时可适当加深，帷幕上游区宜根据帷幕深度采用8～15 m。

结合工程实例，从规范条款内容看，关于固结灌浆的规定显然有不太合适、值得商榷的地方。

①关于固结灌浆范围的规定显得粗放、不准确、偏保守。“高坝坝基应进行全面固结灌浆，并宜向坝基上下游适当扩大灌浆范围”的规定很容易造成地质条件较好的高坝固结灌浆范围的偏大，从而导致施工工期拉长及投资浪费。对于地质条件较好的100 m以上的重力坝仅须进行上、下游1/4～1/3范围的固结灌浆，坝基中部1/2范围一般不必进行固结灌浆，如文中列举的长江三峡大坝、彭水水电站大坝都属于100 m以上的高重力坝，设计仅进行了坝基内上、下游1/4～1/3范围的固结灌浆。除非地质条件较差，高坝坝基中部方须进行固结灌浆，但中部固结灌浆参数也可适当放宽，如固结灌浆孔深适当减浅、孔排距适当加大等，如文中列举的亭子口大坝、大华桥大坝。

规范规定的高坝宜向坝基上、下游适当扩大灌浆范围的规定也不是必要的，如长江三峡大坝、彭水水电站大坝都属于100 m以上的高重力坝，均未向坝基外上、下游扩大固结灌浆范围。根据的坝基应力扩散规律，基础应力扩散范围相当于在荷载两端点外各作1条45°斜线向下扩散，应力值则逐渐减小，因此，重力坝向坝基外上、下游扩大固结灌浆范围一般是不需要的，也没有条件进行有盖重固结灌浆，固结灌浆效果难以保证。除非坝基外发育断层破碎带，这时则需清挖回填混凝土后进行固结灌浆，以便提高基础的均匀性和密实性。在实际工程实践中，笔者参与的重力坝工程也很少有向坝基外上、下游专门扩大固结灌浆范围的。

另外，该规范对于中、低坝并没有规定固结灌浆的范围，在实际设计工作中出于安全考虑，100 m以下的中、低坝也会参照该条规定执行坝基全面固结灌浆的要求，而不再根据坝基受力状况和实际地质条件对固结灌浆范围进行设计，或仅对坝基内上、下游1/4～1/3范围进行必需的固结灌浆，这样造成的投资浪费就会相对更大。因此，规范对于固结灌浆范围的规定宜进行修订，不宜强制要求 “高坝坝基应进行全面固结灌浆”，宜规定“坝基内上游、下游1/4～1/3范围应进行固结灌浆”。实际工程实践中，高坝或地质条件较差的重力坝可取1/3范围，低坝或地质条件较好的重力坝可取1/4范围，地质缺陷部位则视具体情况加强固结灌浆。

同样作为行业规范，《混凝土重力坝设计规范》（SL319—2018）对于固结灌浆范围的规定显然要合理些：坝基固结灌浆设计应根据坝基工程地质条件、坝高和灌浆试验资料确定，并应符合下列规定：

坝基内上游、下游各一定范围内（可各取1/4坝底宽度范围）宜进行固结灌浆，防渗帷幕附近与坝趾附近坝基宜加强固结灌浆。

对坝基岩体裂隙发育且地质条件较差的，可在全坝基范围进行固结灌浆，并根据坝基应力及地质条件，向坝基外及宽缝重力坝的宽缝部位适当扩大灌浆范围。

②关于固结灌浆的孔、排距，两个行业规范的规定都不太合理，都规定：“固结灌浆孔、排距可采用3～4 m。或根据开挖以后的地质条件由灌浆试验确定。”按照该条规定，在不进行固结灌浆试验的情况下，固结灌浆孔、排距可采用3～4 m。但根据前述列举的工程实例，三峡大坝、彭水水电站大坝以及皂市枢纽大坝，不同高度不同地质条件的大坝固结灌浆孔、排距均采用2～2.5 m，并以孔、排距2.5 m为主。因固结灌浆属于坝基浅层加固处理，盖重厚度亦相对较薄，须严格控制坝体和基础抬动，一般Ⅰ序孔灌浆压力不超过

0.4 MPa，Ⅱ序孔灌浆压力不超过0.6 MPa，灌浆压力较低，浆液扩散范围有限，如果灌浆孔孔、排距过大，则浆液扩散范围不能相连接，易形成漏灌区域，达不到固结灌浆的目的。按照浆液扩散理论和实际工程的灌浆试验结果分析，固结灌浆孔、排距采用2～2.5 m是合适的，能够保证灌浆浆液的扩散范围有恰当的重合度而又没有浪费。一般对于可灌性较差、节理裂隙细小的岩石，要减小灌浆孔、排距，可采用2 m×2 m；而对于可灌性较好、节理裂隙相对稍大的岩石，则可增大灌浆孔、排距，可采用2.5 m×2.5 m。但对于坝基内上、下游必须进行固结灌浆的1/4～1/3范围，已知的工程中并没有把固结灌浆孔排距增大到3 m的，更不用说增大到4 m了。虽然，大型工程或重要工程的灌浆孔、排距及灌浆压力等参数应根据灌浆试验确定，但如果根据规范规定初拟孔排距为3～4 m，显然就偏大了，不利于达到应有的试验结果。因此，规范中关于固结灌浆孔、排距的规定，宜和实际的工程实践相一致，一般应采用2～3 m，可灌性差的工程或重要部位固结灌浆孔、排距可取小值，采用2 m或2.5 m可灌性好的工程，固结灌浆孔、排距可取大值，采用2.5 m甚至3 m，重要工程同时根据固结灌浆试验确定技术参数。

6 固结灌浆其他参数

关于固结灌浆的深度，一般深5～6 m，最深也可达8 m，随着坝高的增大可以取大值。对于防渗帷幕上下游附近固结灌浆，考虑到坝基表层帷幕灌浆的分段压力相对较低但承受的水压力最大，为增加浅层帷幕的厚度，应适当增加该部位固结灌浆孔深，使固结灌浆兼起辅助帷幕的作用，此处固结灌浆深度一般可采用10～20 m，固结灌浆孔、排距也可适当加密。

固结灌浆的布孔方式一定要采用梅花型布孔，而不是采用方格型布孔，以便于浆液整体扩散范围更大、更均匀，保证固结灌浆效果。

参考文献

[1] 潘家铮. 重力坝设计[M]. 北京：中国水力水电出版社，1981.
[2]《混凝土重力坝设计规范》(NB/T 35026—2014)
[3] SL319-2018，混凝土重力坝设计规范[S].

大流量高水头泄水消能建筑物研究

彭小川　许　艇

（中水北方勘测设计研究有限责任公司，天津 300222）

摘　要：巴基斯坦阿扎德帕坦水电站工程具有大流量、高水头和河谷狭窄的技术特点，表孔堰顶最大泄洪单宽流量为355 $m^3/s \cdot m$，超过岩滩、大朝山等国内典型工程，本项目通过工程类比进行了泄水消能建筑设计，通过物理模型试验和数学模型计算手段，在以往类似工程成功经验基础上做进一步分析，形成"曲线重力坝+宽尾墩+扇形戽式消力池"泄洪消能体型，经模型试验验证该体型泄洪流态及消能效果良好，各项水力指标均满足要求。

关键词：戽式消能；宽尾墩；单宽流道；水力学

1　引言

大流量、高水头且河谷狭窄是多个大型水利水电工程存在的技术特点之一，由于流量大而溢流前缘宽度有限，泄水建筑物的单宽流量往往比较大，下游河谷狭窄水流下泄动能难以及时消纳，泄洪消能建筑物布置设计技术难度较大。根据中国西南部分地区水利工程泄洪流量大、单宽流量大、河谷狭窄、下游尾水深的特点，广西岩滩、云南大朝山、广西平班和云南功果桥等工程均采用宽尾墩加戽式消力池形式，消除传统戽流消能中"三滚一浪"流态及其对工程的负面影响，消力戽内形成了三元水跃，不仅各水股之间存在强烈的碰撞与掺混作用，各水股与消力池内水垫之间也存在强烈的紊动掺混作用，该泄洪消能体型能使消能区与下游水流平顺衔接、提高消能率、减轻泄洪雾化影响。采用宽尾墩加戽式消能的几个工程经过多年的实际运行，泄洪水流流态及消能效果良好，提供了宽尾墩加戽式消力池综合消能工在解决高坝大单宽流量、低弗氏数工程泄洪消能问题上的成功经验。阿扎德帕坦水电站参考其他工程的成功经验，设计为曲线重力坝+宽尾墩+扇形戽式消力池泄洪消能体型。

2　工程概述

巴基斯坦阿扎德帕坦水电站位于巴基斯坦巴控克什米尔地区的吉拉姆河上阿扎德帕坦大桥附近，距离首都伊斯兰堡约90 km。阿扎德帕坦水电站是吉拉姆河梯级水电开发中的一级，以发电为主。水库总库容1.119亿立方米，装机容量为700.7 MW。本工程为Ⅱ等大（2）型工程，主要建筑物包括：首部枢纽、引水系统、左岸地下厂房、尾水系统及地面开关站。

大坝为曲线型碾压混凝土重力坝，坝顶长度264 m，坝顶高程536 m，最大坝高103 m。泄水建筑物采用7个表孔和2个底孔上下交错的布置形式，表孔堰顶高程506 m，底孔进口高程473 m，下游消能采用消力戽消能方式。该工程坝址河谷较为狭窄，1000年一遇洪水流量为21 600 m^3/s，10 000年一遇洪水流量为29 600 m^3/s，可能最大洪水（PMF）达到了

35 650 m³/s，按照国外工程设计要求，需按PMF设计泄水建筑物。表孔堰顶最大泄洪单宽流量达到335 m³/s·m，超过岩滩水电站（308 m³/s·m）和大朝山水电站（193.6 m³/s·m），泄洪单宽流量在国内外位列前茅。坝址河谷较为狭窄，下游水深达到54.46 m，该工程具有典型的大流量、高尾水和河谷狭窄特点。

3　泄水消能建筑物设计

3.1　泄水建筑物布置

本工程坝址较为狭窄，PMF洪水达到了35 600 m³/s，考虑到本工程泄流规模较大，表孔泄流能力较强，布置简单，所以泄水建筑物的组合以多增加表孔、少布置底孔为原则。为了满足业主提出的运用要求和洪水标准，并考虑在不同库水位的泄流具有一定的灵活性，泄水建筑物布置了7个表孔和2个底孔。

由于河谷比较狭窄，考虑泄PMF洪水所需要的溢流前沿长度以及尽量使洪水泄入主河槽，避免洪水过多地冲刷两岸，重力坝布置成曲线形，表孔布置在大坝底孔两侧，左侧3孔，右侧4孔。表孔是主要的泄洪建筑物，坝上游面铅直，堰顶高程为506 m，美国陆军工程师团水道试验站（WES）堰面堰面曲线方程为y=0345×1.85，下游坡度为1∶0.85；中间设闸墩，闸墩宽6 m。闸墩顶部设有工作桥、交通桥等。底孔担负着泄洪排沙任务，位于大坝中部，共2孔，孔口尺寸为7 m×8 m（宽×高），进口底坎高程473 m。底孔进口设置一道平板事故检修闸门。在出口布置有弧形闸门，孔口尺寸7 m×7 m（宽×高）。泄水建筑物布置如图1～图3所示。

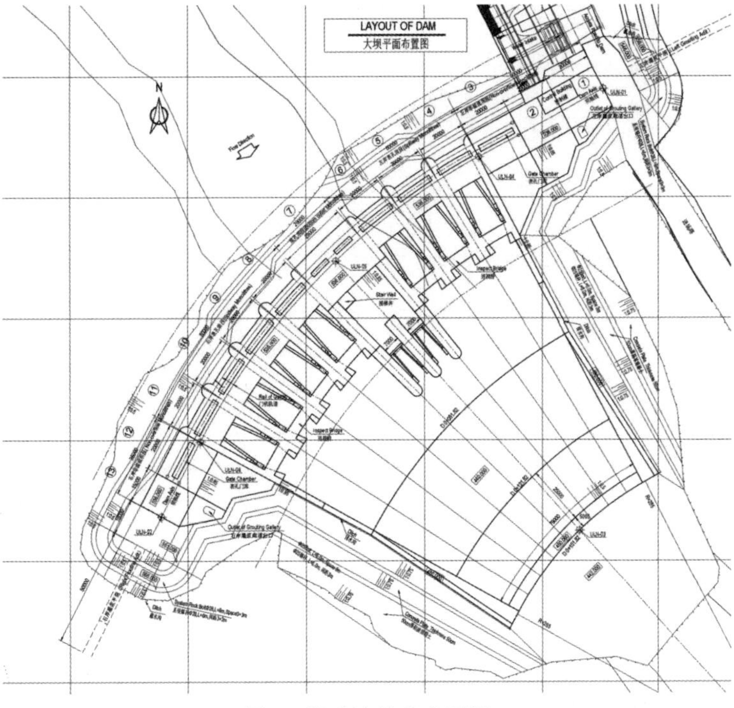

图1　泄水建筑物布置图

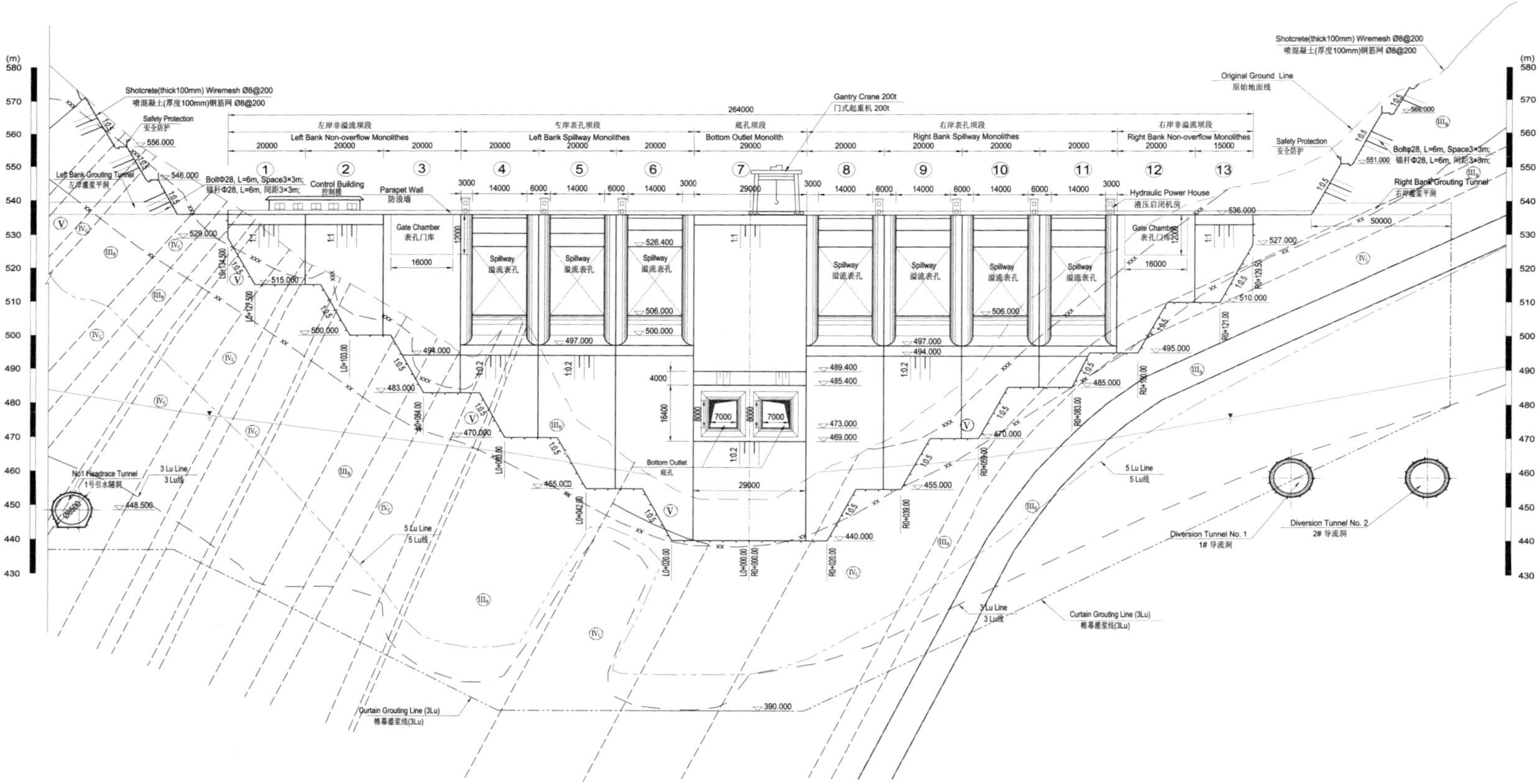

图2　泄水建筑物上游立视图

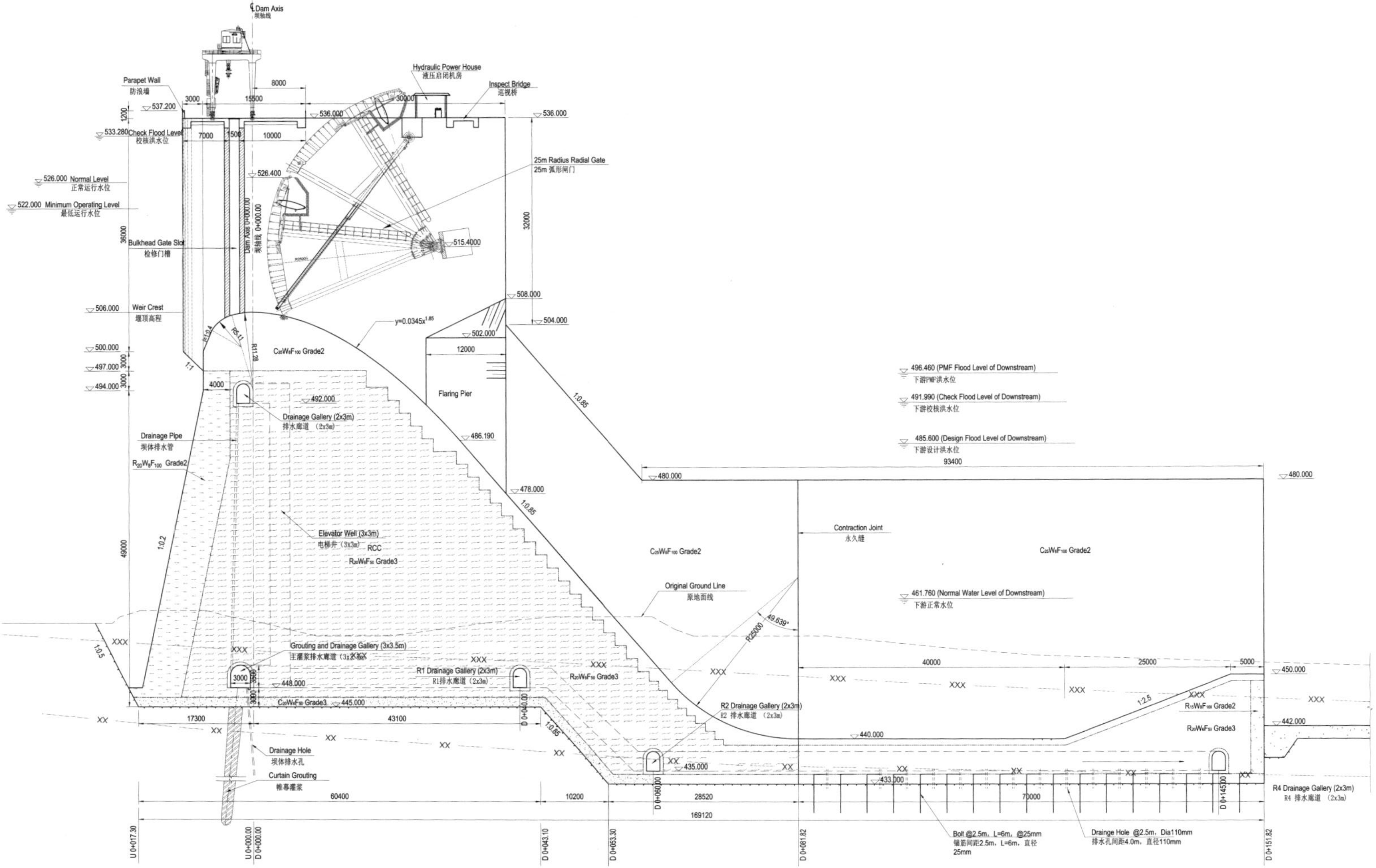

图3　泄水建筑物典型横剖图

3.2 消能方式选择

泄水建筑物通常采用底流消能、面流消能和戽流消能方式。戽流消能是利用淹没挑坎将下泄水流挑向水面，形成漩滚和涌浪，由水流剧烈的紊动、掺混作用达到消能目的。消能效果较好、工程量小、施工方便是戽式消能优点；不足之处是要求下游水深较深、水面波动稍大，若地质条件较差，岸坡防护工程量会较大。

戽流消能工与下游衔接流态，随下游水位而变。当下游水位逐渐增高时，其衔接流态将依次出现临界戽流、稳定戽流、淹没戽流、潜底戽流和波流等流态。稳定戽流属中间流态，有一定的尾水适应性。这种流态形成通常所说的“三滚一浪”，即戽内强表滚、表滚下游涌浪、浪后残弱滚、坎后大底滚。其中强表滚、大底滚是消能的主体。

3.3 宽尾墩设计

宽尾墩是将溢流坝墩尾部加宽，使墩后水流在纵向收缩，形成窄而高的堰顶收缩射流，然后沿溢流面下泄并在反弧段横向扩散直至进入消力池内，形成斜坡上的三元水跃，从而取得较为满意的消能效果。20世纪80年代中期，这种新型消能工率先应用于安康水电站。研究表明，这种联合消能工不仅明显提高了消力戽的消能效率，而且使消力池长度缩短了1/3左右。宽尾墩与各种传统消能方式的联合运用之所以能增进消能效果，最主要的是消力戽内形成了不同于常规平底二元水跃的斜坡三元水跃，不仅各水股之间存在强烈的碰撞与掺混作用，各水股与消力池内水垫之间也存在强烈的紊动掺混作用。

宽尾墩体型参数主要包括闸孔收缩比、尾端折角和折始点位置。宽尾墩的几何参数直接影响消能效果，本工程收缩比为λ=0.387。尾端折角θ=18.2°。宽尾墩起始点参数满足$\zeta_1 > 0.085\ \zeta_2 > 0.37$。

根据阿扎德帕坦水电站工程单宽流量达到358 $m^3/s\cdot m$、下游最高尾水位为EL496.46，下游水深达到54.46 m，下游尾水位较高，不适合长距离挑流等特点，本工程消能设计拟采用宽尾墩加戽式消能工的方式。

3.4 消力戽设计

消力戽按照其挑坎体型不同分为连续式戽斗和差动式戽斗两种。为避免空蚀连续式戽坎较好，特别是高水头建筑物。本工程根据实际情况，设计为连续式消力戽。连续式戽斗按反弧段的型式可以分为单圆弧形式、复合圆弧形式、戽斗池形式，

本工程按照戽式池形式设计，半径R_1=25 m，L=50 m。参考类似工程后接1∶2.5的反坡连接戽末端，连续戽斗体型主要是对挑角、反弧半径、戽唇高度和和戽底高程进行选定。目前兴建的工程大多数挑角θ=45°，少数采用θ=30～40°。试验表明虽然挑角大，下游水位适应产生稳定戽流的范围增大；但是大的挑角将造成高的涌浪，使下游产生过大的水面波动和对两岸的冲刷，同时过大的挑角，也造成过深的冲刷坑，根据本工程下游条件，初步推荐θ=21.8°。

上游正常蓄水位为EL526，戽底高程为EL440，千年一遇设计标准的单宽流量为220

平方米/sm。本工程E=526–440=86。根据公式 $K=q/(\sqrt{g}E^{\frac{3}{2}})$ =0.16。查表R/E=3.44，所以反弧段半径取R=25 m。为了防止泥沙入戽，戽唇应高于河床，对于戽端无切线延长时，有 $a=R(1-\cos\theta)$ ，其中：为戽唇高度，R为反弧段半径，戽唇的高度一般取尾水深度1/6。本工程尾水深度为45 m，高度不够的可用切线延长加高。本工程经过计算取a=8 m，所以戽流出口端高程为EL450 m。戽底高程一般取与下游河床同高，其设置标准是以保证在各级下游水位条件下均能发生稳定戽流为原则。戽底太高，容易发生挑流流态；戽底降低，虽能保证戽流流态的产生，但降低过多，挖方量增大。因此，戽底高程的确定需要将流态和工程量统一考虑。经过综合考虑本工程戽底高程为EL440 m。消力戽图形如图4所示。

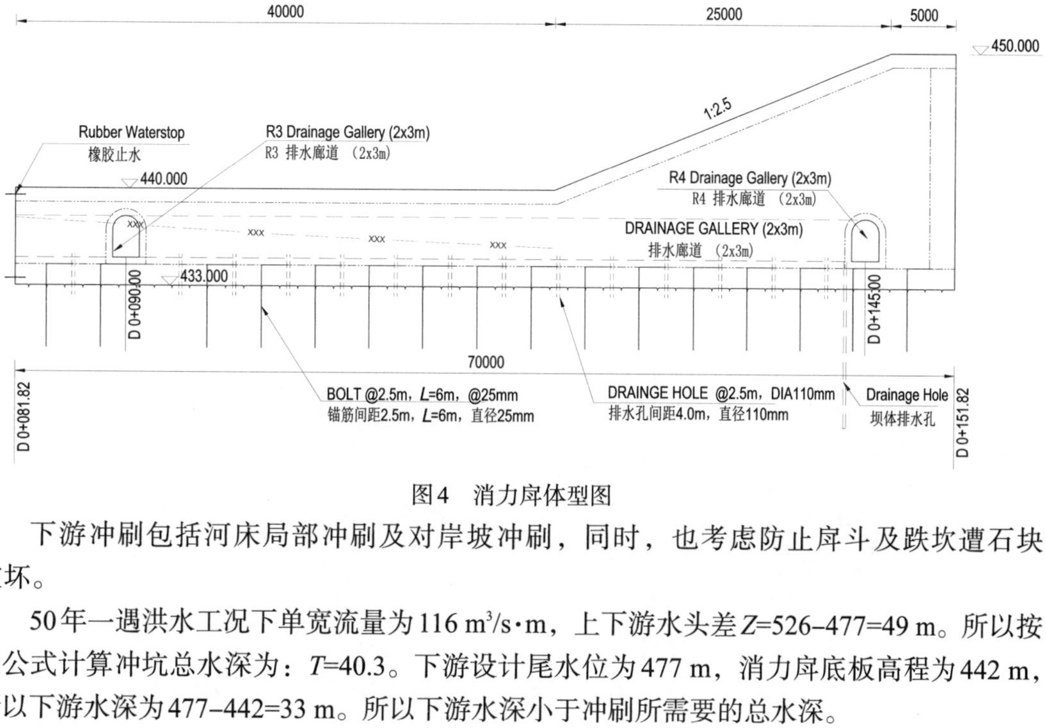

图4　消力戽体型图

下游冲刷包括河床局部冲刷及对岸坡冲刷，同时，也考虑防止戽斗及跌坎遭石块破坏。

50年一遇洪水工况下单宽流量为116 $m^3/s\cdot m$，上下游水头差Z=526–477=49 m。所以按照公式计算冲坑总水深为：T=40.3。下游设计尾水位为477 m，消力戽底板高程为442 m，所以下游水深为477–442=33 m。所以下游水深小于冲刷所需要的总水深。

4　水工模型验证

4.1　水工模型试验

50年一遇洪水工况下表孔、底孔和电站联合运行下泄流量11 600 m^3/s，上游水位526 m。其中电站正常运行所需流量为1260 m^3/s，底孔2孔敞泄下泄2806 m^3/s，表孔7孔控泄下泄7534 m^3/s，闸门开度约为6.32 m，坝下0+800 m断面控制水位477.13 m。

上游库区水面平稳，水流经闸孔沿WES堰平顺的进入戽流消力池，由于弧形闸门的阻挡作用，水流在闸前有轻微的波动。由于闸墩尾部沿程逐渐加宽，迫使水流在墩间收缩，过墩后扩散成特殊的三元水流。在宽尾墩的约束下，出墩水流两侧束窄夹起在空中碰撞消能，沿宽尾墩边壁的水舌高于水槽中部的水舌约3.7 m，水舌中间被两侧水舌挤压升空飞溅，溅起高度约13 m。水流在墩尾处紧贴溢流堰始向上形成窄而高的片状水舌射入戽流消力池，水舌高度约为25 m，表孔水舌挑距约28 m。水流在宽尾墩末端最大表流速为23.76 m/s，底流速为23.17 m/s。水流经底孔抛射而出和表孔水流一起射入戽流消力池，底孔水流水舌挑距约53 m，横向扩散宽度约40 m。水流在戽流消力池内翻滚紊动，水流的动量交换和剪切强烈，掺气充分，形成乳白色泡沫经戽坎向下游扩散。水流在戽坎上左侧位置表流速为45 m/s，相应位置底流速为4.54 m/s；中间位置表流速为1.52 m/s，底流速为7.46 m/s；右侧位置表流速为2.75 m/s，底流速为51 m/s。由此可见，在戽坎断面水流流速分布垂向分层明显，垂向分布表流速偏小，底流速较大，流速呈表小底大分布，且中间位置底流速最大。0+200 m断面主流最大表流速为3.42 m/s，相应位置底流速为6.96 m/s，此断面上主流流速分布呈表小底大分布，但是由于水流动量不断剪切交换，偏右岸流速呈表大底小分布；0+300 m断面主流最大表流速为4.68 m/s，相应位置底流速为3.4 m/s；0+400 m断面主流最大表流速为6.68 m/s，相应位置底流速为6.41 m/s；0+500 m断面主流最大表流速为6.58 m/s，相应位置底流速为7.21 m/s。由此可见，水流在下游河道内分布相对均匀，上下分层现象不明显，由于下游河道缩窄，水流过水断面面积减小，桩号0+400 m之后的断面流速相较于之前流速增大。水流在电站尾水位置上下起伏波动，波动值约为1.23 m。试验中观察到表孔两侧边孔水流射出会砸向边墙两侧平台，因此需要调整边孔宽尾墩的收缩比，建议加长边孔边侧宽尾墩的收缩长度。洪水工况水流流态如图5所示。

图5　50年一遇洪水工况水流流态

水流经过表孔时受宽尾墩束窄作用，水舌在横向上收缩、纵向上拉伸泄入下游消力戽，在戽斗及消力池底部形成反向旋滚，主流区域分布在面层，各表孔下泄水流在戽坎出口处对冲较弱。

水流在堰顶处流速最大为10.29 m/s，宽尾墩末端最大表流速为27 m/s，最大底流速为25.56 m/s。水流经消力戽和消力池消能，出池流速有所减小，二道坝上水流最大流速为12.58 m/s，水流在二道坝后形成水跌流向下游河道。

下游河道水流主流偏向右岸，向两岸方向流速逐渐减小，越靠近表面流速越大。桩号0+260 m断面最大流速为8.91 m/s，桩号0+400 m断面最大流速为6.86 m/s，桩号0+500 m断面最大流速为6.54 m/s，桩号0+600 m断面最大流速为6.4 m/s。

4.2 试验结果分析

经过上述计算，可得出如下结论：

当上游水位为10 000年一遇洪水位（H=533.28 m）时，实测7表孔下泄流量为28 180 m^3/s，比设计计算值28 840 m^3/s小2.29%，综合流量系数为0.454；当上游水位为1000年一遇洪水位（H=529.3 m）时，实测7表孔下泄流量为22 030 m^3/s，比设计计算值21 150 m^3/s大4.16%，综合流量系数为0.451。表孔泄流能力基本满足设计要求。尾墩水流两侧束窄夹起在空中碰撞消能，水舌中间被两侧水舌挤压升空在墩尾处紧贴溢流堰，向上形成窄而高的片状水舌射入戽流消力池；10 000年一遇洪水工况下，出墩折翼高度以下水流两侧束窄夹起在空中碰撞消能形成片状水舌，表层水流有横向扩散，以三角形的断面形式与下部水舌相接，整体看形成一个类似“Y”形的水舌射入戽流消力池，水舌横向宽度自上而下由厚变薄。水流在戽流消力池内动量交换和剪切强烈，掺气充分，形成乳白色泡沫经戽坎向下游扩散。各试验工况戽流消力池底板压力均为正值，且随着流量的加大而增大，最大为539.55 KPa，相当于55 m水柱高度，消力戽底板位置受水流动水冲击压力较大。

5 结语

①阿扎德帕坦水电站工程具有典型的大流量、高尾水的技术特点，表孔堰顶最大单宽流量为335 $m^3/s\cdot m$，坝址两岸河谷狭窄抗冲能力较差，下游河道消能防冲问题较为严重。原设计方案采用戽流消能方式，并在下游设置二道坝抬高下游水位，试验研究表明泄洪流态差、消能效率低。

②经过多个方案的优化比选，汲取类似的国内工程成功经验，并结合本工程实际，提出了“曲线重力坝+宽尾墩+扇形戽式消力池”的新型泄洪消能体型，通过试验验证，戽式消力池内形成稳定三元水跃，水流内部的紊动剪切和混掺作用加强，消能效果较好，与下游水流平顺衔接，各项水力指标均能满足要求。

③该体型具备增大溢流前缘、开挖量小、消能效率高、提高下游界限水深范围和减轻下游冲刷等优势，值得在同类工程中推广应用。

参考文献

[1] 罗秉珠. 宽尾墩与戽式消力池联合消能工在岩滩水电站的应用 [J]. 水力水电，1993（2）：35-38+43.

[2] 林可冀，韩立，邓毅国.大朝山水电站RCC溢流坝、宽尾墩、台阶式坝面联合消能工的研究及应用 [J]. 云南水力发电，2002（4）：6-15.

[3] 陆民安.百色水利枢纽RCC主坝表孔宽尾墩联合消能工设计与研究 [J]. 广西水力水电，2004（2）：53-56.

[4] 张仕善. 泄水建筑物泄槽体型设计[M]. 北京：中国水利水电出版社，2009.

基于欧美规范的大型闸室排架计算与研究

陈晓年　李　艳　何　楠

（黄河勘测规划设计研究院有限公司，河南　郑州 450003）

摘　要：CCS水电站工程为厄瓜多尔共和国目前最大的水力发电工程，也是中资企业迄今承接的最大国际EPC总承包工程，电站总装机容量为1500 MW，工程包括首部枢纽、输水隧洞、调蓄水库、压力管道和地下厂房等主要建筑物，根据工程运行调度需要，在输水隧洞出口设置事故闸门，当发电机组甩负荷时，事故闸门关闭，出口闸室顶部设有排架结构，排架结构顶部布置启闭机房、避雷针等构筑物，该排架承受荷载大、布置紧凑、结构复杂，对工程的安全运行影响较大，本文基于欧美、厄瓜多尔等国外规范，对排架结构进行了合理设计，并采用大型有限元分析软件LUSAS对排架结构进行分析计算，保证了结构的安全与稳定，该研究的相关设计及计算方法和结果对国内、外的类似工程有一定的借鉴及指导意义。

关键词：排架结构；欧美规范；结构设计

1　引言

在共建“一带一路”倡议的大背景之下，中国水电逐渐走出国门，一些规模巨大的工程不断出现，目前国外的水电工程主要分布在亚洲、非洲以及拉丁美洲等国家，这些国家由于政治、历史等原因与西方发达国家有着难以割舍的联系，水电工程的设计标准也多以欧美规范为主，这就要求工程师要发扬新时代水利“科学、求实、创新”的精神，采用“新技术、新方法、新理论”，适应新形势，开拓新眼界，为世界的水电发展做出自己应有的贡献。

本研究以厄瓜多尔CCS水电站工程输水隧洞出口闸室顶部大型排架结构的设计与分析为例，基于欧美、厄瓜多尔等国外规范，对排架结构进行了合理设计，并采用大型有限元分析软件LUSAS对排架结构进行分析计算，保证了结构的安全与稳定，该研究的相关设计及计算方法和结果对国内、外的类似工程有一定的借鉴及指导意义。

2　工程概况

厄瓜多尔CCS水电站工程位于厄瓜多尔共和国纳波有和苏昆毕奥斯省内，总装机容量为1500 MW，主要包括首部枢纽、输水隧洞、调蓄水库、压力管道、厂房发电系统等建筑物，在输水隧洞出口布置出口闸，后接护坦及消力池，最后与调蓄水库连接。

出口闸室由底板、边墙、胸墙、工作桥、回填混凝土等构成，上游与输水隧洞出口渐变段连接，下游与消力池连接。出口闸室布置有8.2 m×8.2 m的检修平板闸门，其底板高程为1224 m，顶高程为1237.5 m，总长20 m，前10 m过流断面宽8.2 m，10 m后以10°的扩散角与消力池连接，闸墩总厚2 m，高13.5 m，在上游胸墙1234.2高程布置宽2.5 m的检修平台，在下游胸墙1233.5高程布置宽2 m的检修平台，工作桥宽1.4 m。

出口闸室顶部排架顶高程为1243.5 m，顶部布置启闭机房、避雷针等构筑物，该排架承受荷载大、布置紧凑、结构复杂，对工程的安全运行影响较大，另外考虑闸门将来的检修需要，排架顶部启闭机房需要做成可拆卸的装配式结构，满足拆卸的要求。

闸室顶部排架结构如图1所示。

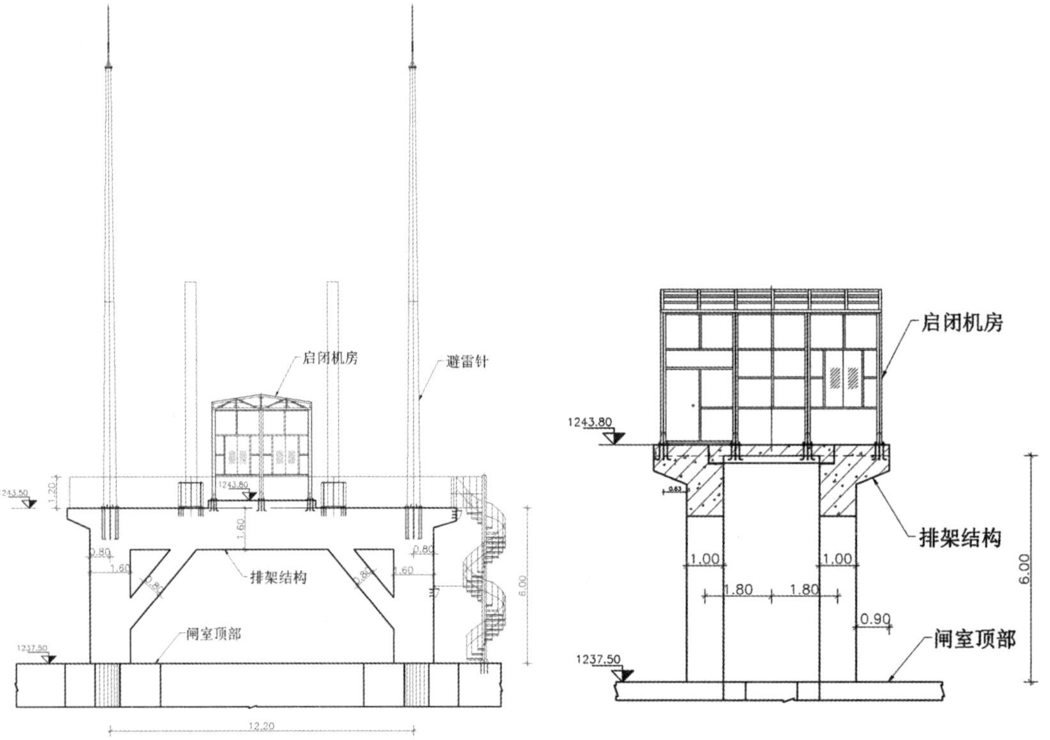

(a)排架平剖面图　　(b)排架纵剖面图

图1　闸室顶部排架结构图

3　基于欧美规范的排架结构设计与分析

3.1　LUSAS软件简介

大型有限元软件LUSAS（LONDON UNIVERSITY STRESS ANALYSIS SYSTEM）的缩写，是英国伦敦大学的教授、专家及英国工程师开发出的一种可以解决压力学、动力学、热学以及混合式材料学问题的有限元分析软件，该软件在欧美国家应用较多，已经赢得了广大工程设计人员的信赖，其精确的分析度在英国已达到了引领国家工程规范制定的水平，在全世界咨询的工程项目不计其数，被世界工程师所认可。我国在近几年开始引进LUSAS软件，并且开发了很多应用模块，其在结构分析中有着广阔的应用前景。

3.2 有限元计算模型

通过LUSAS软件对排架结构进行仿真分析，采用三维BTS3梁单元，通过施加各种荷载，得到结构的轴力、剪力和弯矩，然后根据美国规范进行结构配筋设计。

如图2所示，BTS3单元是承受剪切变形的三维梁单元，具有3个节点，每个节点具有6个自由度：U，V，W，θx，θy，θz。

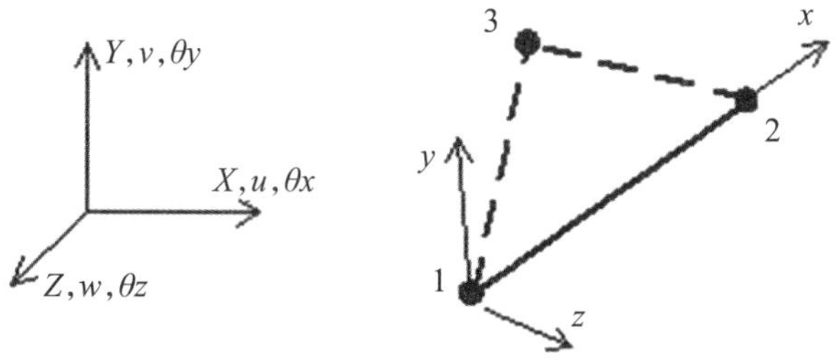

图2　BST3梁单元示意图

如图3所示，排架结构水平梁结构尺寸为1 m×1.6 m（宽×高），斜梁结构尺寸为0.8 m×0.8 m，立柱结构尺寸为1 m×1.6 m，建立三维有限元模型，共有260个单元和256个节点，单元长度为0.3 m。

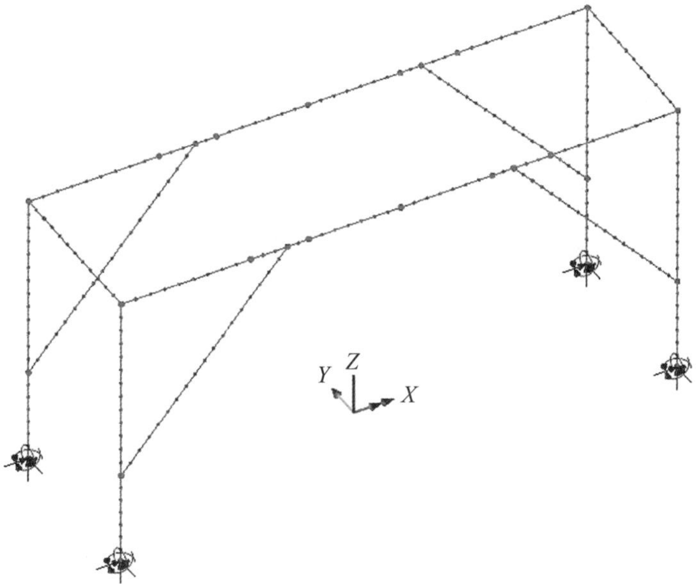

图3　排架结构三维有限元模型

3.3 计算荷载

排架结构主要受启闭力、风荷载、自重、避雷针等荷载作用，按照美国规范 *Srength Design for Reinforced Concrete Hydraulic*（EM1110-2-2104）、Structures *Tunnels and Shafts in Rock*（EM1110-2-2901）、*Building Code Requirements for Structural Concrete*（ACI 318-11）、

厄瓜多尔建筑规范NEC-11以及《水工混凝土结构设计规范》（SL191—2008），取值如下。

（1）自重

排架结构混凝土的密度为25 kN/m³。

（2）启闭力

启闭机载荷（包括启闭机自重和启闭力）平均分布在排架结构顶部1243.5 m高程的8个节点上，在正常条件下，当闸门处于关闭进行提升时，竖直向下启闭荷载为407 kN；当闸门向下关闭时，竖直向上的启闭荷载为180 kN；在输水隧洞正常引水时，闸门固定在排架上，竖直向下的启闭机等设备荷载为106 kN。

（3）启闭机房自重

排架结构顶部启闭机房为可拆卸的钢制结构，其结构尺寸为6 m×4 m（长×宽），总重量为2877 kg。

（4）风载荷

风荷载采用厄瓜多尔建筑规范（NEC-11）进行计算，利用式（1）将风载荷计算为排架结构上的压力。

$$P=\frac{1}{2}\rho\bullet v_b^2\bullet c_e\bullet c_f \tag{1}$$

式中，P ——风压，Pa或N/m³；

ρ ——空气密度，可以取1.25 kg/m³；

v_b ——基本风速（m/s）；

c_e ——环境/高度因子；

c_f ——形状系数。

（5）避雷针荷载

排架柱顶部有两个避雷针，布置在排架结构下游侧的两个柱子上，避雷针为圆柱形钢结构，高度为19 m，总重量为875 kg，避雷针的标准载荷见表1所列。

表1　避雷针标准荷载

工作状态	弯矩Mk(kN·m)	轴力Nk(kN)	剪力Qk(kN)
正常运行	39.94	8.75	6.03
地震工况	22.80	5.12	3.33

（6）施工荷载

施工荷载主要考虑施工期人群荷载，为3.6x10⁻³ MPa。

（7）地震荷载

场地为多发地震区，地震活动性较强，设计基本地震动加速度为0.3g。

3.4　计算荷载组合

根据事故闸门的运行条件，制定以下3种工况（见表2所列）：

①隧洞正常运行，开启闸门；

②机组甩负荷，关闭闸门；

③地震工况，闸门开启。

表2　计算荷载组合

工况		自重	启闭机房荷载	风荷载	启闭力	人群荷载	地震荷载	避雷针荷载
正常工况	开启闸门	√	√	√	√(-407kN)	√	—	√
	关闭闸门	√	√	√	√(180kN)	√	—	√
非常工况	地震工况	√	√	√	√(-106kN)	—	√	√

根据美国规范《Tunnels and Shafts in Rock》EM1110-2-2901、《Building Code Requirements for Structural Concrete》ACI 318-11，不同工况下的荷载系数见表3所列。

表3　荷载分项系数

工况		自重	启闭机房荷载	风荷载	启闭力	人群荷载	地震荷载	避雷针荷载
正常工况	开启闸门	1.4	1.4	1.7	1.7	1.7	—	1.7
	关闭闸门	1.4	1.4	1.7	1.7	1.7	—	1.7
非常工况	地震工况	1×0.75	1×0.75	1×0.75	1×0.75	—	1.25×0.75	1×0.75

3.5　计算结果分析

通过计算可知，排架结构在启闭力、风荷载、自重、避雷针等荷载作用组合下，排架水平梁的中部出现了较大的弯矩和轴力，最大的弯矩为3512.4 kN·m，最大弯矩位置所对应的轴力为−265.83 kN，最大剪力为851.83 kN（见表4所列）。排架斜梁主要以受压为主，最大的轴力为−5259.26 kN，最大轴力位置所对应的弯矩为−12.27 kN·m，最大剪力为545.58 kN（见表5所列）；排架水平梁主要以受压为主，最大的轴力为−9869.88 kN，最大轴力位置所对应的弯矩为−167.22 kN·m。最大剪力为3548.68 kN（见表6所列）。

根据有限元内力结果，按照美国规范*Strength Design for Reinforced-Concrete Hydraulic Structures*（EM1110-2-2104）和*Building Code Requirements for Structural Concrete*（ACI318-11）偏心受压进行配筋计算，配筋计算结果见表7所列。

表4　排架水平梁计算内力结果

计算工况	弯矩 M(kN·m)	轴力(kN)	剪力(kN)	备注
开启闸门	1851.71	478	12.64	Mmax
	−27535	−3553.43	—	Mmin
	1851.71	478	—	Nmax
	−27535	−3553.43	—	Nmin

续表

计算工况	弯矩 M (kN·m)	轴力(kN)	剪力 (kN)	备注
关闭闸门	1042.17	27.46	12.64	Mmax
	−1958.77	−2156.89	—	Mmin
	1042.17	27.46	—	Nmax
	−1958.77	−2156.89	—	Nmin
地震工况	3512.4	−265.83	851.83	Mmax
	−3387.68	207.14	—	Mmin
	647.78	848.3	—	Nmax
	−1272.94	−2629.51	—	Nmin

表 5　排架斜梁计算内力结果

计算工况	弯矩 M (kN·m)	轴力(kN)	剪力 (kN)	备注
开启闸门	16.75	−4597.14	545.58	Mmax
	−12.27	−5259.26	—	Mmin
	16.75	−4597.14	—	Nmax
	−12.27	−5259.26	—	Nmin
关闭闸门	16.75	−2646.36	471.44	Mmax
	−12.27	−3308.48	—	Mmin
	16.75	−2646.36	—	Nmax
	−12.27	−3308.48	—	Nmin
地震工况	337.09	−2255.42	360.14	Mmax
	−413.07	−−2864.09	—	Mmin
	337.09	−2255.42	—	Nmax
	−413.07	−−2864.09	—	Nmin

表 6　排架柱计算内力结果

计算工况	弯矩 M(kN·m)	轴力(kN)	剪力(kN)	备注
开启闸门	210.52	−3185.36	3548.68	Mmax
	−167.22	−9869.88	—	Mmin
	210.52	−3185.36	—	Nmax
	−167.22	−9869.88	—	Nmin
关闭闸门	210.52	−2533.25	2152.14	Mmax
	−167.22	−78748	—	Mmin
	210.52	−2533.25	—	Nmax
	−167.22	−78748	—	Nmin

续表

计算工况	弯矩 M(kN·m)	轴力(kN)	剪力(kN)	备注
地震工况	3382.35	133.90	1904.87	Mmax
	-49483	-8037.68	—	Mmin
	3382.35	133.9	—	Nmax
	-49483	-8037.68	—	Nmin

表7　排架柱计算内力结果

位置	Mmax		Nmax		Vmax	配筋结果
	弯矩 M (kN·m)	轴力 N (kN)	弯矩 M (kN·m)	轴力 N(kN)	剪力 Q(kN)	
横梁	3512.4	-265.83	-2753.05	-3553.43	851.83	6831mm²/10φ32(双排)
斜梁	337.09	-2255.42	-12.27	-5259.26	545.58	1972mm²/4φ28(单排)
立柱	-4948.03	-8037.68	-167.22	-9869.88	3548.68	11950mm²/16φ32(双排)

4　结语

本文基于欧美、厄瓜多尔等国外规范，针对厄瓜多尔CCS水电站隧洞出口闸室顶部排架结构承受荷载大、布置紧凑、结构复杂，对工程的安全运行影响较大等问题，经过系统研究，创造性采用主梁+斜梁的排架结构，并采用大型有限元分析软件LUSAS对排架结构进行分析计算，结果表明主梁+斜梁结构设计合理，梁、柱的尺寸合适，构筑物安全度高。本文的相关设计标准、计算方法以及研究结果对国内、外的类似工程有一定的借鉴及指导意义。

参考文献

[1] 谢遵党，陈晓年.CCS水电站输水隧洞设计关键技术问题研究[J].人民黄河，2019，41（6）：85-88+93.

[2] 陈晓年，王美斋，肖豫.基于LUSAS的水工隧洞衬砌计算分析[J].人民黄河，2013，35（4）：118-119.

[3] US.Army Corps of Engineers. EM1110-2-2104.Srength Design for Reinforced Concrete Hydraulic Structures [S]. Washington .3 June 1992

[4] US.Army Corps of Engineers. EM1110-2-2901.Tunnels and Shafts in Rock [S].Washington .3 May 1997

[5] ACI Co mmittee 318. ACI 318-11 Building Code Requirements for Structural Concrete（ACI 318-11）and Co mmentary（ACI 318R-08）[S]. Detroit： American Concrete Institute，2011.

[6] SL191—2008，水工混凝土结构设计规范[S].

几内亚库库唐巴水电站混凝土重力坝溢流坝段水力设计概述

赫庆彬　杨继松

（中水北方勘测设计研究有限责任公司　天津 30022）

摘　要：库库唐巴水电项目大坝为碾压混凝土重力坝与两岸土石坝组成的混合坝，自左向右依次布置有左岸挡墙、溢流坝段、泄水底孔坝段、电站坝段、右岸非溢流坝段及右岸刺墙。本文从溢流坝表孔、底孔泄流能力、台阶消能等方面对库库唐巴水电站溢流坝段水力设计进行了概述与总结。

关键词：溢流坝段；泄流能力；台阶消能

1　工程概况

库库唐巴水电项目位于几内亚的巴芬河上，距离几内亚首都科纳克里约570公里。工程的主要目的是发电。大坝坝型为河床部分碾压混凝土重力坝与两岸土石坝组成的混合坝，坝顶高程551.5 m，最大坝高86 m，坝顶全长1161 m。其中碾压混凝土重力坝段坝顶全长366.2 m，自左向右依次布置有左岸挡墙、溢流坝段、泄水底孔坝段、电站坝段、右岸非溢流坝段及右岸刺墙。

2　溢流坝段布置

溢流坝段包括表孔溢流坝段和底孔坝段，表孔及底孔坝段典型断面分别如图1、图2所示。

表孔溢流坝包括8个坝段，每段长度均为20 m，总长160 m。建基面高程为465.5 m，溢洪道顶部不设交通桥。大坝基本三角形为直角三角形，上游面直立，下游面坡比为1∶0.8。溢洪道堰顶高程为545 m，采用WES堰型，无闸门控制，溢流面采用台阶消能。

溢流面末端接消力池。消力池底板顶高程467.5 m，长度为36 m。消力池出口宽度为160 m。

底孔坝段包括1个坝段，坝段长度为8 m。建基面高程为465.5 m，坝顶高程为551.5 m，坝顶宽度为11 m。大坝采用与溢流坝段一致的基本三角形，上游面直立，下游面坡比为1∶0.8，三角形顶点高程549.4 m。坝基最大宽度为71 m。上游坝面布置底孔检修门槽，以便布置底孔检修门。底孔检修平台与坝顶高程同高。

底孔进口处设置有喇叭口进口段，底坎高程为468.5 m，孔口尺寸为2.5 m×3.5 m（$H\times W$）。底孔采用钢板衬砌，以抵抗高速水流冲刷。底孔设有平板检修闸门和弧形工作闸门，在紧邻弧形工作闸门上游处将设置一道定轮平板闸门，可以在闸门自重条件下切断上游水库最高水位时孔口水流，通过上述定轮平板闸门，可以在弧形工作闸门出现问题时保证泄洪构筑物的安全。平板检修闸门尺寸为2.5 m×3.5 m（*H*×*W*）。为了保证底孔内水流为有压流，在平板检修门与弧形工作之间设置了压坡段。因此，弧形工作门的尺寸缩小为2.5 m×3 m（*H*×*W*）。在闸门上部布置有闸门控制室，控制室地面高程为477.2 m，宽度为10.9 m，高度为6.8 m。底孔出口接消力池。消力池底板高程468.5 m。

消力池端头设置有一个导水墙，将水流导入表孔溢洪道的消力池内。

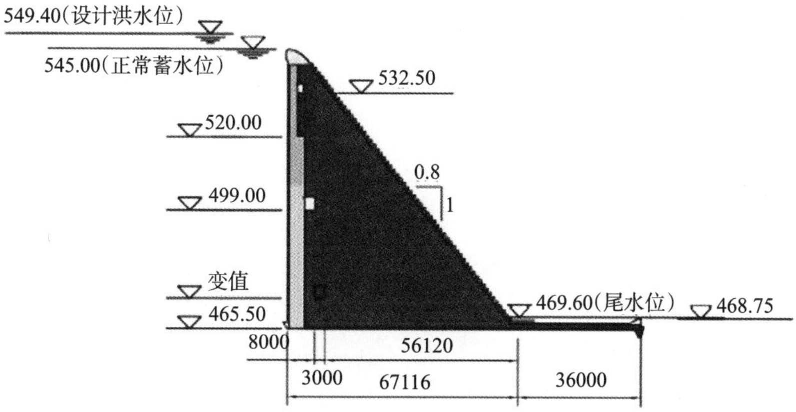

图1　溢流坝典型图

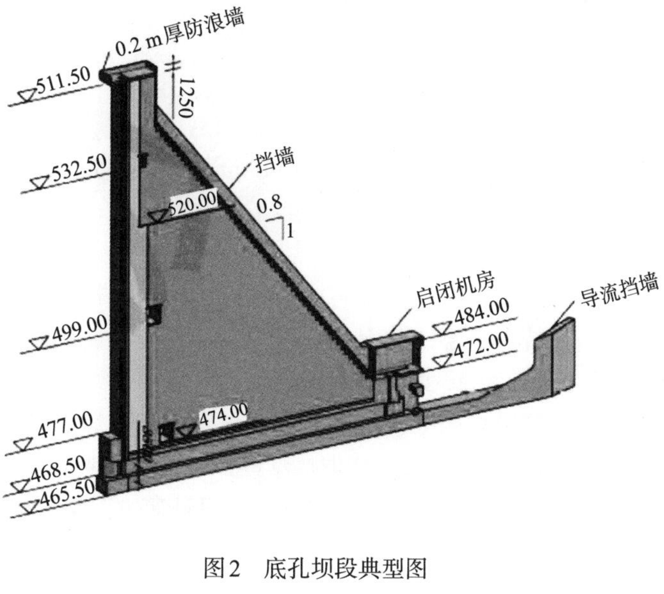

图2　底孔坝段典型图

3　溢流坝段水力设计

3.1　溢流表孔水力计算

（1）泄流能力计算

根据美国规范EM1110-2-1603《溢洪道水力设计规范》中泄水建筑物泄水能力计算公

式，对表孔用开敞式溢流孔的泄水能力可按下式计算：

$$Q=Cl_eH_e^{1.5} \tag{1}$$

式中，Q——流量（ft^3/s）；

L_e——溢流孔计算宽度（ft），$Le=L-2(nKp+Ka)He$；

L——溢流堰净宽（ft）；

H_e——溢流孔堰顶作用水头（ft）；

C——流量系数；

n——闸墩数；

K_p——闸墩收缩系数；

K_a——闸墩侧收缩系数。

计算所得泄流能力曲线如图3所示。

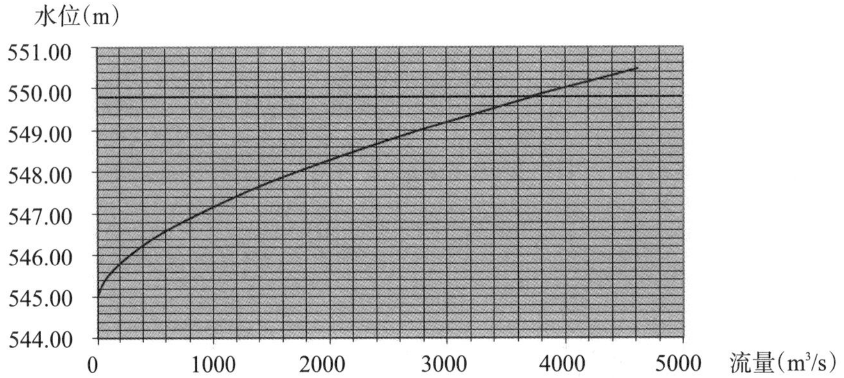

图3　水位-流量关系曲线

在库水位549.4 m时，溢洪道的泄流量为3245 m^3/s，在库水位549.88 m时，溢洪道的泄流量为3828 m^3/s，与底孔联合泄流，满足泄洪要求。

（2）台阶消能计算

台阶式溢流坝因其外形呈台阶状而得名，国外一般称为阶梯式溢流坝。与通常的光滑溢流坝面相比，它的显著特点是溢流面上的摩阻力大、掺气多，因此消能率高，可缩短或取消溢流坝下游所需的消能工，减少工程投资。

台阶式溢流坝坝面水深影响的因素很多，包括单宽流量、堰高，溢流面的底坡、台阶的步高及步长等。本工程在进行台阶式溢流堰体型设计时主要参考了《水工设计手册》1.2节溢流坝中关于台阶式溢流坝消能的论述以及成都勘测设计研究院吴宪生的资料。

1）单宽流量

台阶消能适用于单宽流量较小的溢流坝，《水工设计手册》中提到台阶式溢流坝一般限于单宽流量小于50 m^3/s的工程，本工程溢流坝设计洪水单宽流量为20.28 m^3/s，在台阶消能适宜的单宽流量范围内。

2）台阶高度确定

台阶高度的选取主要参考成都勘测设计研究院吴宪生的资料，通过对不同台阶形式坝面的流态、消能效果的实验研究，台阶溢流坝的相对消能率关系如图4所示。

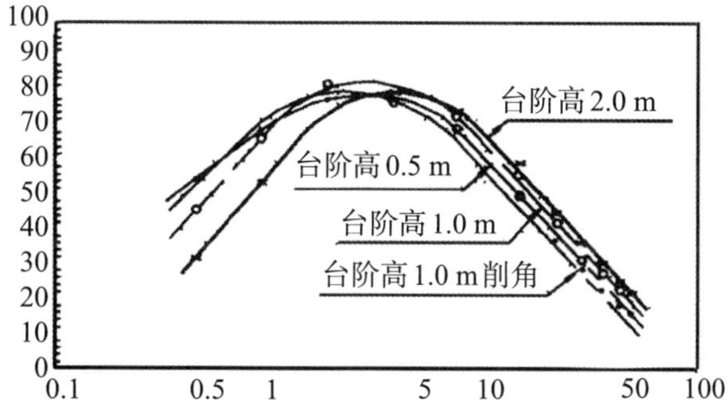

图4　台阶溢流坝相对消能率关系图（单宽流量/$m^3 \cdot s^{-1} \cdot m^{-1}$）

由图4可见，台阶消能率曲线呈驼峰型，单宽流量在0.5～30 m^3/s范围内，消能率均可达50%以上，且随着台阶高度增加，消能率增加。本工程综合考虑后确定台阶高度为1.2 m，溢流坝下游边坡按照1∶0.8设计，台阶步长为0.9 m。

3）台阶消能计算方法

①流态验算。根据设计条件，首先给定泄流流量或单宽流量、堰高、堰的下游坡角，初拟台阶的步高及步长。判别设计条件下的流态特征，即按照式（2）和式（3）判定水流流态为水舌流流态或滑移流流态，如判定为水舌流流态则按照一般跌水进行计算；如判定为滑移流流态，则按照滑移流进行水力学计算。

水舌流流态在$0.2 \leqslant h/l = \leqslant 6$时，水舌流流态临界值：

$$\frac{h_k}{h} = 0.0916(h/l)^{-1.276} = 0.0635 \tag{2}$$

式中，h_k——临界水深（m）；

q——单宽流量（$m^3/s.m$）；

h——台阶高度（m）；

l——台阶步长（m）。

滑移流流态滑移流流态临界值：

$$\frac{h_k}{h} = 1.057 - 0.465\frac{h}{l} = 0.437 \tag{3}$$

②台阶溢流坝坝面消能率。台阶式溢流坝滑移流水力学计算主要是确定坝面出现初始掺气点的位置、水深、流速和均匀掺气断面的位置、水深和流速。按此核算台阶末的消能率以及与下游水面的衔接模式。本工程选择Chanson H经验公式进行计算。

Chanson H经验公式将台阶看成粗糙体，计算水流初始掺气点位置及流速，均匀掺气点位置及最终坝址处的均匀掺气水深及流速，计算结果带入式（4）计算效能率。

$$\eta = \frac{E - (d_0 + \frac{v_0^2}{2g})}{E} \times 100\% \tag{4}$$

$$E = H_{堰} + H \tag{5}$$

式中，d_0——坝趾位置处水深（m）；

v_0——坝趾位置处流速（m/s）；

$H_{堰}$——坝址以上堰高（m）；

H ——堰上水头（m）；

η——消能率。

4）台阶消能计算结果

按照Chanson H经验公式进行消能能力计算，水流经过台阶式消能后，设计洪水位工况消能率约57%，下游坝趾处平均流速约为9 m/s。

虽然经台阶消能后，下游流速降低，但下游河床的抗冲刷能力无法满足流速要求。为了使水流与下游水位有很好的衔接，下游设一个消力池，以降低水流流速，防止水流冲刷河床。

3.2 底孔水力计算

底孔水力计算按照运行工况分为低水头泄流和高水头有压流两种情况进行计算。

（1）低水头的泄流公式

从底孔的运用要求看，只有底孔导流和放空水库时，底孔的水位才在低水位下运行，因此底孔泄流在水位较低时采用堰流公式计算。

根据EM1110-2-1603《溢洪道水力设计规范》中堰流泄水能力计算公式，按下式计算：

$$Q=Cl_eH_e^{1.5} \tag{6}$$

式中，Q——流量（ft^3/s）；

L_e——计算宽度，本次计算取4.2 m；

H_e——作用水头（ft），计算高度按照1.2×4.2=54 m

C——流量系数；

（2）有压流计算公式

当底孔为有压流时，按照美国HDC规范中HDC320-1中计算公式和流量系数计算。

$$Q=CG_0B\sqrt{2gH'} \tag{7}$$

式中，C——流量系数（考虑侧收缩系数）；

G_0——孔口高4.2 m；

B——孔口宽度4.2 m；

H'——水头。

流量系数与闸门的开启度有关。底孔水位-流量关系曲线如图5所示。

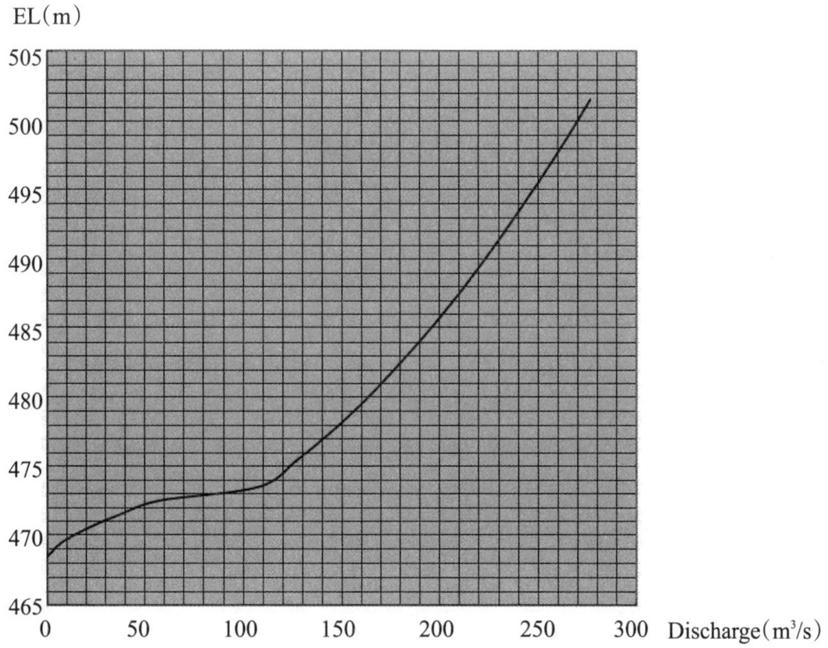

图5 底孔水位-流量关系曲线

4 结语

①国际工程项目一般要求采用国际通用规范进行计算，本工程位于几内亚，采用EM1110-2-1603《溢洪道水力设计规范》和美国HDC规范中HDC320-1中泄水建筑物泄水能力计算公式进行计算，计算结果可靠，满足工程需要。

②台阶式溢流坝一般只限于单宽流量小于50 m^3/s的工程，单宽流量为0.5～30 m^3/s范围内消能率均可达50%以上，且随着台阶高度增加消能率增加本工程经计算效能率达到约57%，消能效果明显，有效降低了下游消能工投资。

③台阶式溢流坝消能效果与堰高、溢流面的底坡、台阶的步高及步长等均有关系，在设计中应予考虑，溢流坝下游应根据消能后流速确定是否设置消力池等其他消能措施。

参考文献

[1] 吴宪生. 台阶式溢流坝水力特性初探[J]. 四川水利发电. 1998（1）：73-77+95.

地质力学模型试验方法及其在拱坝安全分析中的应用

王森颢　陈　媛　杨宝全　张　林　孙　涛

（四川大学水力学与山区河流开发保护国家重点实验室 水利水电学院，四川　成都 610065）

摘　要：地质力学模型试验是一种基于相似原理的缩尺模型试验。三维模型试验主要是研究坝与地基的整体稳定安全度，对工程进行整体安全性评价，平面模型试验可以更加直观地观察坝与地基的破坏过程和破坏形态，分析坝体的薄弱环节。将三维及平面地质力学模型试验应用于叶巴滩拱坝，应用超载法进行破坏实验，研究拱坝正常荷载下的工作情况以及失稳破坏过程和破坏机理，获得拱坝的超载安全系数，揭示了坝体的薄弱位置，为工程的设计与施工提供了参考。

关键词：地质力学模型试验；三维模型；平面模型；叶巴滩拱坝；安全分析

1　引言

地质力学模型试验是根据一定的相似原理对特定工程地质问题进行缩尺研究的一种方法。地质力学模型试验按模型试验的性质可以分为三维模型试验和平面模型试验。三维模型试验是将大坝与坝肩地基包括周围岩体中的软弱结构面进行缩尺化的模拟，探究结构与地基整体在空间力系下的强度，探究大坝与坝肩地基的破坏机理及整体稳定问题。通过三维地质力学模型试验，获得超载安全系数，分析模型的整体稳定安全度，做出工程的安全性评价。平面模型试验是从整体模型中取出某一高程的坝体，并将同高程的坝肩抗力体及岩体内的断层、挤压破碎带等软弱结构面进行模拟。相较于三维模型试验，平面模型试验可以更加直观的观测模型在试验过程中的破坏过程，观察裂缝的产生及发展情况，分析坝与地基的破坏机理。综合三维及平面地质力学模型试验结果，可以更加全面的了解模型的失稳破坏机理，分析大坝的薄弱环节，评价工程的整体稳定安全度。在试验中，利用制备好的相似材料模拟坝体及周围岩体的力学性质，根据地质结构图模拟裂隙、断层等地质构造，保证模型与原型在几何与力学性质等方面的相似性。

拱坝是一种安全性和经济性均较好的坝型，随着水电事业的发展，拱坝的设计建设和科学研究逐渐步入特高拱坝的范畴。在我国西南地区已经建成有锦屏一级拱坝（305 m），小湾拱坝（294.5 m），溪洛渡拱坝（285.5 m），大岗山拱坝（210 m）等特高拱坝。这些拱坝大多位于高海拔、高地应力、高地震烈度的区域，坝基中往往存在断层、节理、裂隙、软弱夹层、蚀变带、破碎带等复杂地质构造。对于这些特高拱坝，地质力学模型试验研究是一种重要的手段，它可以较好地模拟各种地形地质条件，直观、真实地反映结构的受力和破坏特性，还可用来研究坝与基础裂纹的起始、发展和贯穿过程，探究其破坏机制。目前一些专家学者已经对锦屏一级、大岗山、乌东德拱坝、溪洛渡等特高拱坝进行了地质力学模型试验，研究拱坝及坝肩地基的失稳破坏形式及破坏机理，评价其超载能力，获得了超载安全系数，并针对工程的薄弱环节提出了治理建议。在建的叶巴滩混凝土双曲拱坝最大坝高217 m，具有“高水头、大泄量、窄河谷”的特点，并且在坝址区有断层，挤压破碎带，节理裂隙，深卸荷带等软弱结构，对拱坝的整体安全产生威胁。因此，必须采用多种手段对拱坝的整体稳定安全性进行评价，对坝肩深卸荷带的影响程度、规律进行研究，并揭示坝肩的破坏失稳机制。

本文将三维及平面地质力学模型试验方法应用于叶巴滩拱坝，对拱坝与地基，包括坝址区的地形、地质、岩体、断层、节理裂隙等地质构造进行模拟，采用超载法进行拱坝的破坏实验，研究拱坝正常荷载下的工作情况以及失稳破坏过程和破坏机理。通过试验获得的坝体和坝肩的变位、应变，以及模型破坏过程等成果，提出拱坝的超载安全系数，评价拱坝的整体稳定性，同时揭示坝体的薄弱位置和深卸荷带的影响程度、规律，为工程的设计与施工提供了参考。

2 地质力学模型试验

广义的地质力学模型试验，是从大范围、宏观和定性的角度出发，用力学观点来研究地壳构造变化及地壳运动规律的模拟试验。而本文应用的模型试验是与工程结构及其岩石地基相关的、能反映出小范围内具体工程地质构造条件的工程地质力学模型试验。大坝地质力学模型试验是根据模型相似理论对大坝工程地质问题进行缩尺研究的一种工程地质力学模型试验。

2.1 实验原理

地质力学模型试验属于非线性破坏试验，它必须满足破坏试验的相似要求，也就是说，必须满足以下四方面的相似要求，即满足模型与原型的相似条件。

①几何相似要求：原型与模型的几何形态及主要地质构造必须满足几何相似条件；

②应力应变关系相似要求：原型与模型材料的变形模量、应力与应变关系以及抗压、抗拉强度等满足相似条件；

③地质构造面上抗剪断强度相似要求：原型与模型坝基、坝肩岩体内各主要地质构造面上的抗剪断强度应满足相似要求；

④荷载相似要求：原型与模型的荷载，如水压力、自重及淤沙压力等应保持相似。

由相似理论可知，模型破坏试验主要应满足以下关系：

$$C_E = C_\gamma \times C_L$$

$$C_\mu = 1\text{，}\quad C_\varepsilon = 1\text{，}\quad C_f = 1$$

$$C_\sigma = C_E = C_\tau = C_c = \cdots$$

$$C_F = C_\gamma \times C_L^3 = C_E \times C_L^2$$

一般来说，为了满足自重的模拟，地质力学模型在选取材料时，尽量满足原型、模型材料的容重相等，即 $C_\gamma = 1$，则有

$$C_E = C_L$$

$$C_F = C_L^3$$

式中，C_E、C_γ、C_L、C_σ 及 C_F 分别为变形模量、容重、几何尺寸、应力及荷载的相似比；C_μ、C_ε、C_f 及 C_c 分别为泊松比、应变、摩擦系数及凝聚力的相似比。

2.2 地质力学模型试验类型

（1）三维地质力学模型试验

三维模型试验通过建立整个大坝与坝肩地基的缩尺化模型，模拟出上下游一定范围内的周围岩体情况，包括地形起伏与断层、挤压破碎带等地质构造，在几何与力学方面保持与原型的相似性。三维模型试验主要研究结构与地基整体在空间力系作用下的强度，以及大坝与坝肩、地基的破坏机制及整体稳定问题，研究大坝、岩体及主要结构面的应变和变形随荷载增加而变化的情况，得出模型的整体稳定安全度，为工程处理措施提出参考依据。

（2）平面模型试验

平面模型试验是从整体模型中取出单位长度或某一高程，研究特定区域在平面力系作用下的强度或稳定问题。在选择切取平面时，切取平面应尽量与主要地质结构面相垂直，否则不能反映实际情况，在建立模型时，依然要保持与原型的相似关系。平面模型主要研究具体高程的坝体断面与坝肩地基的破坏过程及破坏机理，相较于三维模型试验，平面模型试验比例尺较大，模型形体较大，可以更加直观的观测坝体及坝肩岩体的破坏形式，识别裂缝的产生位置及发展过程，得出拱坝的薄弱位置，做出工程的安全性评价。

2.3 试验方法及评价依据

（1）试验方法

地质力学模型试验的方法有三种，即超载法、强度储备法、综合法。超载法是考虑大坝上游的洪水对坝基承载力的影响，在试验中逐步增加上游荷载，坝基岩体的力学参数不变，最终加载至基础失稳破坏。强度储备法是考虑到坝基岩体及软弱结构面具有一定的强度储备能力，在试验过程中，逐步降低岩体及软弱结构面的力学参数直至基础失稳破坏。综合法结合了上述两种方法，既考虑到工程上可能遇到的超标洪水的情况，又考虑到岩体及软弱结构面的强度弱化对坝与地基稳定的影响。

本次试验采用三角形超载法进行破坏试验，研究拱坝的超载能力，评价拱坝的整体稳定安全度，获得拱坝的超载安全系数 K_P。

（2）超载安全系数

使用超载法进行模型试验时，为检验结构的超载能力，在设计荷载基础上，再超载一定倍数的荷载，直至结构破坏为止。由破坏时相应的外荷载与设计荷载之比，即得超载安全系数 K_P，并用它来评价工程的安全性。

超载安全系数K_P表达式为

$$K_P = P'_m / P_m = \gamma'_m / \gamma_m$$

式中，P_m、P'_m分别为模型的设计荷载、模型破坏时的荷载，γ_m、γ'_m为模型加压液体的设计容重、模型破坏时加压液体的容重。

由破坏时的相似条件知：

$$C_\sigma = C_\gamma \cdot C_L \qquad C_\sigma = C_\tau = C_E$$

$$\frac{\tau_p}{\tau_m} = \frac{\gamma_p}{\gamma_m} \cdot C_L$$

由此可得

$$\frac{1}{\gamma_m} = \frac{\tau_p}{\tau_m \cdot \gamma_p \cdot C_L}$$

$$K_P = \frac{\tau_p \cdot \gamma'_m}{C_L \cdot \tau_m \cdot \gamma_p}$$

由抗剪断公式$\tau = \sigma f' + c'$还可推导出：

$$K_P = \frac{\sigma f' + c'}{P} = \frac{\tau}{P}$$

$$1 = \frac{\tau}{K_P \cdot P}$$

式中，σ为正应力，τ为剪应力，f'为抗剪断摩擦系数，c'为凝聚力，P为设计荷载，下标P、m分别为原型、模型的参数。

由上式可知，超载法就是不断增大水平荷载P的倍数K或增大水平荷载的容重γ_m，直到模型破坏为止，相应于破坏时的超载倍数K即为超载安全系数K_P。

3 地质力学模型试验在拱坝中的应用

3.1 工程概况

叶巴滩水电站位于四川白玉县与西藏贡觉县境内的金沙江干流上，坝址区位于四川省白玉县盖玉区降曲河口以下约4.5 km河段上，电站正常蓄水位2889 m，相应库容10.80亿立方米。电站枢纽建筑物由混凝土双曲拱坝、泄洪消能建筑物及引水发电三大系统组成。混凝土双曲拱坝坝高217 m，坝顶高程2894 m。工程具有河谷窄、拱坝高、泄量大、地震烈度高等诸多特点。

3.2 地质构造

坝址区影响工程安全稳定的地质构造主要有断层、挤压破碎带、节理裂隙、深卸荷带。据地表调查及平洞揭示坝区断层较发育，其中断层数量较多，破碎带宽度从小于0.1 m到大于1 m不等。挤压破碎带主带一般由碎粒岩组成，多呈疏松砂糖状，大多不发育影响带。坝区共揭示171条，其中有延伸较长、一定规模的有14条。原生节理发育不明显，倾角缓，常具有舒缓起伏延伸的特点；卸荷裂隙主要表现为平行岸坡、倾向坡外的张性卸荷结构面，部分张开形成裂缝；构造节理较发育，以平直、规则、排列成组、配套为特征，部分可见沿节理发生面蚀变。

叶巴滩工程坝区两岸的深卸荷分布于常规卸荷带以里，受控断层、长大裂隙或缓倾角错动带，呈局部间隔发育的单条张开宽度较大或一段密集发育呈微张状态的张性空缝，或表现为充填砂糖状岩屑的破碎带。坝区的深卸荷以轻微松弛型为主，其次为中等松弛型。强烈松弛型呈透镜状，分散且不连续，主要分布在拱坝的上游和下游，坝基范围内主要为轻微和中等松弛型。深卸荷岩带在左右两坝肩均有发育，且两岸的发育程度相当。在坝肩高高程、深卸荷岩带埋深较大，距离建基面较远。在坝肩中低高程、深卸荷岩带的埋深浅，距离建基面较近或在建基面出露。

3.3 地质力学模型的建立

（1）模型相似系数

本次模型试验采用的主要相似系数如下。

①几何相似系数：$C_L=200$

②变模相似系数：C_E=200

③容重相似系数：$C_\gamma=1$

④荷载相似系数：$C_F=200^3$

⑤摩擦系数相似系数：$C_f=1$

⑥凝聚力相似系数：$C_c=200$

⑦泊松比相似系数：$C_\mu=1$

⑧应变相似系数：$C_\varepsilon=1$

（2）模型量测系统

在三维模型试验中，横河向边界要求以满足试验过程中不致因边界约束影响坝肩及抗力体破坏失真为限，同时，将两岸断层、挤压破碎带及节理裂隙等主要结构面包括在内。由此确定出模型模拟的设计范围880 m×660 m×600 m（横向×纵向×高度）。

为了观测坝体在正常工况和超载阶段的变位情况，试验中在坝体下游面布置了电感式位移计。同时，在拱坝下游面典型高程的拱冠及拱端处布置应变测点，进行坝体应变量测，并以此作为判断安全度的依据之一。由于坝体上游侧布置有加压和传压系统，受空间限制，没有在上游面布置表面测点。

在平面模型试验中，模拟范围以拱圈中心向上游0.7倍坝高、向下游2.4倍坝高、以河谷中心线向左右岸各1.8倍坝高控制。由此确定出模型模拟范围是786 m×660 m（横向×纵向）。

为了观测拱坝2750 m高程拱圈在正常工况和超载阶段的变位情况，在坝体靠近下游侧的拱冠、半拱及拱端处，共布置了5个双向或单向变位测点，共布置8支位移计，用SP-10A型数字显示仪监测变位。此外，在拱坝的上游面、下游面的拱冠、拱端及半拱位置布置应变测点，进行坝体应变量测，以此作为判断安全度的依据之一。由于上游侧布置有加压和传压系统，受空间限制，上游面没有布置表面测点。模型的建立如图1所示。

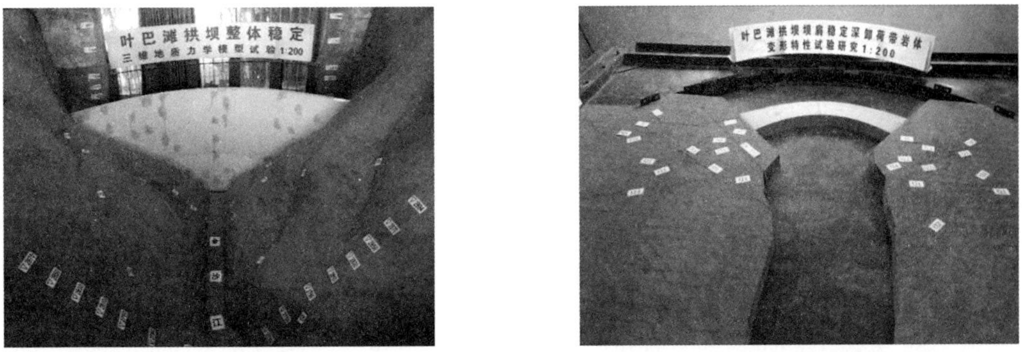

(a)三维模型　　(b)平面模型

图1　叶巴滩拱坝地质力学模型

4　试验成果及分析

4.1　三维模型试验结果分析

（1）坝体变位分布特征

坝体变位δ与超载系数K_P的关系曲线如图2所示。正常荷载下，即K_P=1时，坝体整体变位较小，拱冠变位大于拱端变位，径向变位大于切向变位，符合常规。在超载阶段，坝体变位逐步增长。当K_P<3.4时，坝体变位保持基本对称。当K_P≥3.4时，开始出现不对称的现象，右拱端变位大于左拱端。这是因为两岸地质条件不对称，从而在超载后期产生了位移不对称的现象。在K_P=6～6.6时，坝体变形较大，坝体呈现出变形失稳的趋势。

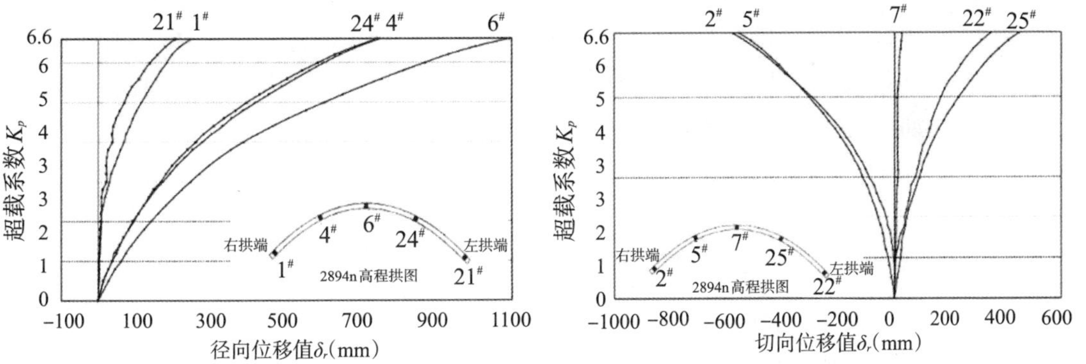

(a)径向变位δ_r　　(b)切向变位d_t

图2　▽2894 m拱圈下游测点变位δ～K_P关系曲线

（2）坝体应变分布特征

测得的应变μ_ε与超载系数K_P的关系曲线如图3所示，在正常工况下，即K_P=1时，坝体应变较小，坝体下游面主要受压；在超载阶段，坝体应变随超载系数的增加而逐渐变化，在K_P=1.6～1.8时，应变曲线发生波动，应变值出现转折形成拐点，表明上游坝踵附近发生初裂。当K_P = 3.6～4时，应变曲线出现明显波动、转折，右岸坝体中下部高程的部分应变测点拉应变增大，坝体发生开裂。K_P=6～6.6 时，两岸坝体裂缝开裂明显，应变曲线反向、出现应力释放，坝体逐渐失去承载能力。

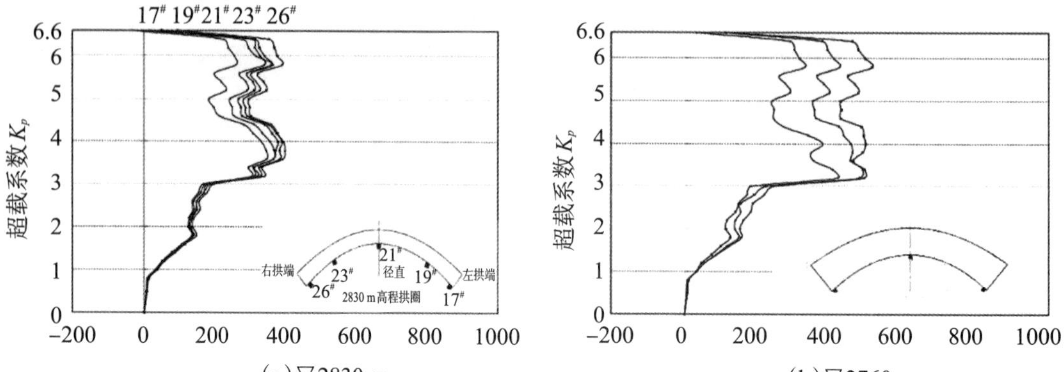

(a)▽2830 m　　(b)▽2760 m

图3　典型高程拱圈下游面应变$\mu_\varepsilon \sim K_P$关系曲线

（3）坝体最终破坏形态

坝体下游坝面共产生了3条裂缝，其中左半拱有1条，右半拱有2条，3条裂缝均在下游坝面起裂，由坝基向坝顶倾斜向上扩展；左、右岸贴角上各开裂有1条裂缝。左右岸坝体与下游贴角的开裂位置基本对称，主要是由于开裂处坝基附近发育有多条软弱结构面，同时又布置有相应的混凝土置换块，由于多种结构交接的影响，在此区域内形成了应力集中，造成该部位坝体及坝基均发生不同程度的开裂破坏。

4.2　平面模型试验结果分析

（1）坝体变位分布特征

坝体变位δ与超载系数K_P的关系曲线如图4所示。在正常工况下，即K_P=1时，坝体变位值较小。在超载阶段，随着超载系数的增加，坝体变位稳步增长。当K_P=1.6～1.8时，变位曲线出现微小波动，坝体变位增长速度加快。当K_P=2.4～2.6时，坝体变位曲线出现明显的拐点，变位值快速增大，出现了左半拱变位略大于右半拱的现象。在K_P=3.8～4.2时，坝体变位曲线又出现一定的波动，变位值较大且出现变位不稳定现象，拱坝呈现出整体变形失稳的趋势。

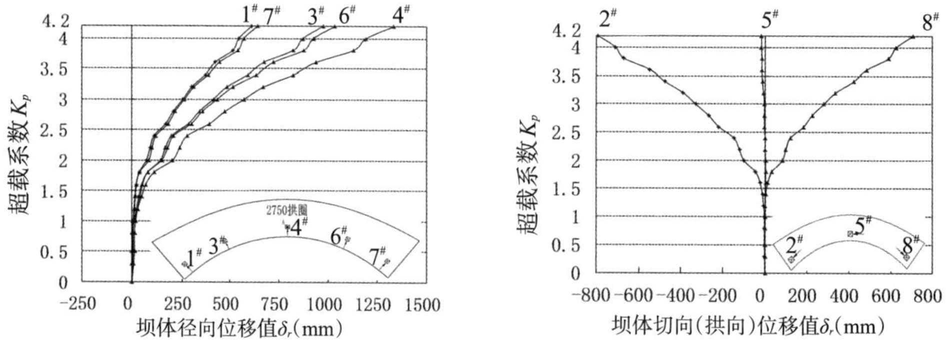

(a)径向变位δ_r　　(b)切向变位d_t

图4　拱圈测点变位δ-K_P关系曲线

（2）模型破坏过程

结合模型的观测结果与监测结果，当模型处于正常工况，即K_P=1时，应变和位移均很小，坝体工作性态正常；K_P=1.6～1.8时，坝体应变与变位出现一定波动；K_P≥1.6之后，应变值快速增加，出现拐点；K_P=1.8时，试验观测到坝体左拱端坝踵部位岩体出现微小的裂缝；K_P=2时，坝体应变与变位继续增大，坝体左拱端坝踵部位岩体的裂缝向下游扩展，同时右拱端坝踵部位岩体也出现微小的裂缝；K_P=2.4～2.6，坝体大部分测点的应变曲线出现明显的拐点（如图5所示）。

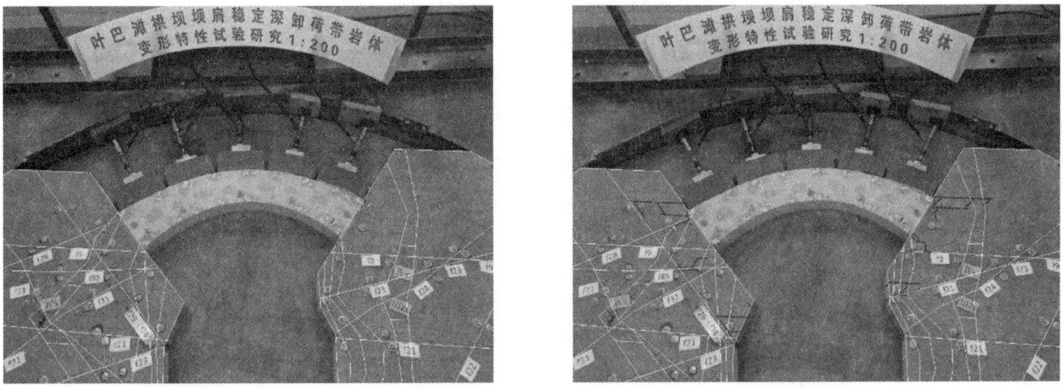

(a)K_P=1.6～1.8　　(b)K_P=2.4～2.6

图5　超载过程模型破坏形态

当K_P≥2.6时，坝体左、右拱端坝踵部位岩体的裂缝继续向下游扩展；K_P=2.8～3时，坝体左、右拱端坝踵部位岩体的裂缝与坝肩岩体沿节理裂隙出现的裂缝相互贯通，向下游发展；K_P=3时，坝体拱冠偏右侧约5 cm的下游坝面和拱圈平面出现开裂，裂缝长约5 cm；K_P=3.6～3.8时，坝体拱圈平面的裂缝继续向上游扩展，下游坝面的裂缝向下扩展并出现分支，形成2条裂缝（如图6所示）。

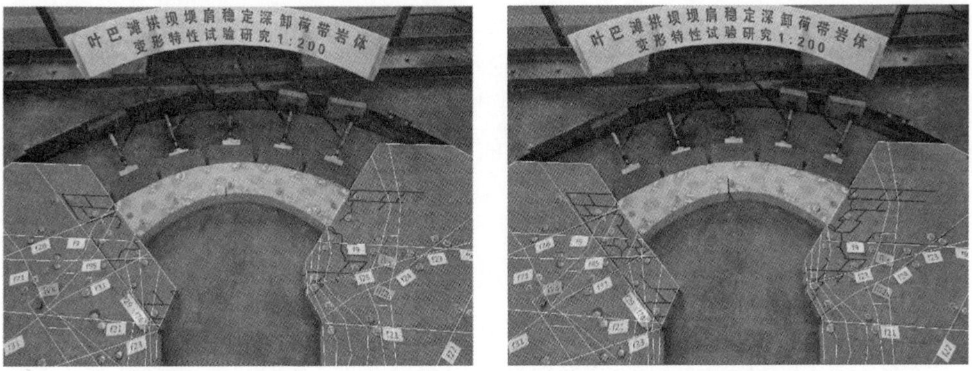

(a)K_P=2.8～3　　(b)K_P=3.6～3.8

图6　超载过程模型破坏形态

K_P=4时，坝体在拱冠偏左侧又出现一条裂缝，从坝体下游面向上游发展。最终，坝体拱冠偏右侧的裂缝开裂至约2/3坝体后，裂缝向右侧发展，在拱圈平面内出现一条水平的裂缝，拱冠偏左侧的裂缝，从坝体下游面向上游发展至约1/2坝体厚度，坝体开裂后出现应力释放，拱坝与地基出现变形不稳定，呈现出整体失稳的趋势。

（3）坝体最终破坏形态

坝体最终破坏形态如图7所示，坝体在拱冠左右两侧共产生了2条裂缝，裂缝均在下游坝面起裂，沿2750 m高程拱圈平面向上游坝面和沿下游坝面向下扩展。右半拱的裂缝沿径向开裂至约2/3坝体后，向右侧扩展出一条水平向长约10 cm的裂缝；左半拱的裂缝，从坝体下游面沿径向扩展至约1/2坝体处。

图7　坝体最终破坏形态

（4）深卸荷带的影响分析

根据三维模型试验结果，高高程深卸荷带埋藏较深，对坝体变形影响较小，中低高程深卸荷带埋藏较浅，此位置测点的横河向变位明显大于高高程测点的变位，但作为主要受力区的中低高程坝肩没有出现明显的开裂破坏，说明深卸荷带对坝与地基的整体稳定性影响不大，但对坝肩中下部横河向变位有一定影响。

在平面模型试验中，两岸坝肩的变位在近拱端较大，远拱端较小，呈现出从拱端向下游逐渐递减的趋势，说明深卸荷带对坝肩变位和荷载传递有明显的衰减效应。右坝肩断层f29（f74）与拱端之间的深部卸荷带及左岸强烈松弛带IVs类岩体附近的测点变位值较大，对拱坝工作性态有一定影响。针对两岸的深卸荷带，应当采用固结灌浆、混凝土置换等措施进行加固处理，以保证工程的安全和拱坝的整体稳定。

5　结论

①正常水荷载下，拱坝的位移及应变较小，坝体工作情况正常。

②叶巴滩三维地质力学模型试验的结果显示，坝体整体稳定超载安全系数为：起裂超载安全系数$K_1 = 1.6 \sim 1.8$，非线性变形超载安全系数$K_2 = 3.6 \sim 4$，极限超载安全系数$K_3 = 6.6$。

③叶巴滩2750 m高程平面地质力学模型试验的结果显示，坝体在拱冠左右两侧共产生了2条裂缝，裂缝均在下游坝面起裂，沿拱圈平面向上游坝面和沿下游坝面向下扩展。右半拱的裂缝沿径向开裂至约2/3坝体后向右侧扩展出一条水平向长约10 cm的裂缝；左半拱的裂缝，从坝体下游面沿径向扩展至约1/2坝体处。

④试验结果显示，深卸荷带对坝肩变位和荷载传递有明显的衰减效应，在平面实验中，右坝肩断层f29（f74）与拱端之间的深部卸荷带及左岸的强烈松弛带IVs类岩体对拱坝的工作性态有一定的影响。

⑤两次试验结果具有一致性，试验获得的坝体变位、应变及坝肩岩体变位规律基本一致，两次试验模型的破坏形态比较相似。试验结果揭示了坝体的薄弱位置及深卸荷带对于整体稳定的影响，为工程的设计与施工提供了参考。

参考文献

[1] 沈泰. 地质力学模型试验技术的进展[J]. 长江科学院院报，2001（5）：32-36.

[2] 潘家铮，何璟. 中国大坝50年[M]. 北京：中国水利水电出版社，2000.

[3] 王仁坤. 我国特高拱坝的建设成就与技术发展综述[J]. 水利水电科技进展，2015，35（5）：13-19.

[4] 张林，费文平，李桂林，等. 高拱坝坝肩坝基整体稳定地质力学模型试验研究[J]. 岩石力学与工程学报，2005（19）：67-71.

[5] 张泷，刘耀儒，杨强，等. 基于地质力学模型试验的大岗山拱坝整体稳定性分析[J]. 岩石力学与工程学报，2014，33（5）：971-982.

[6] 蒋昱州，姜小兰，王瑞红，等. 乌东德双曲拱坝三维地质力学模型试验研究[J]. 长江科学院院报，2014，31（10）：139-145.

[7] 段龙海，张林，杨宝全，等. 基于三维地质力学模型试验的溪洛渡高拱坝坝肩稳定性研究[J]. 水电站设计，2010，26（1）：60-63.

[8] 张林，刘小强，陈建叶，等. 复杂地质条件下拱坝坝肩稳定地质力学模型试验研究[J]. 四川大学学报（工程科学版），2004（6）：1-5.

坝基蚀变岩体的工程地质分析

寇佳伟　刘增杰　李海伟

（中国电建集团北京勘测设计研究院有限公司，北京 100024）

摘　要：蚀变作用主要从改变岩石材料强度、岩体结构（岩体完整性）方面弱化岩体力学特性，可导致由岩体强度和变形特性控制的坝基工程地质问题。对于混凝土坝基蚀变岩体的工程地质分析，应在进行翔实勘测工作基础上，充分认识蚀变岩体特征，将各蚀变程度岩体引入坝基岩体分类、划分岩体类别，之后根据可利用岩体标准和蚀变体特征、规模，提出大坝建基面选择地质建议和坝基蚀变岩体处理建议。工程应用表明总结的蚀变岩坝基工程地质分析思路基本合理，对解决实际工程地质问题具有一定指导意义。

关键词：蚀变岩；坝基；岩体分类；建基面选择

1　引言

地壳内部热液流体沿着一定的通道进入成分和物理化学条件与其有很大差别的岩石体系后便会与之发生化学反应，形成化学成分、矿物成分以及结构构造都发生很大改变的新岩石，即为蚀变岩。部分蚀变作用对岩体强度具有显著的弱化作用，如黏土化、绿泥石化、云母化、赤铁矿化等。对于工程岩体而言，起弱化作用的蚀变应高度关注，本文所指的蚀变岩体即为力学性能被蚀变作用弱化的岩体。

随着中国水利水电工程建设迅速发展，不少大中型工程遭遇到蚀变岩体及其带来的工程地质问题（见表1所列）。通过汇总各工程研究成果，可以总结出：蚀变岩体基本位于侵入岩及其围岩内，分布受构造控制，但出露位置规律性差，产出形态多不规则，发育位置与深度、高程无关。蚀变岩体对岩体力学性能的弱化主要体现在两方面：①岩石材料上，蚀变作用使原岩矿物蚀变软化，同时令岩石内部孔隙增加、结构改变，显著弱化岩石介质材料力学性能；②岩体完整性上，蚀变作用一般从岩体中相对薄弱部位开始发展，使原有微裂隙扩展为显式裂隙，从而降低岩体完整程度。蚀变岩体的存在常构成工程的地质缺陷，带来一系列工程地质问题，尤其是对岩体条件要求较高的混凝土坝基，存在蚀变岩体时更应引起重视，对其引起的工程地质问题进行重点分析和评价。

表1　遭遇蚀变岩体大中型水电工程（部分）信息汇总表

序号	工程名称	工程部位	原岩岩性	产出状态	分布特征	主要蚀变类型	蚀变岩体工程地质特性
1	大渡河大岗山水电站	坝址区	花岗岩	带状	断层或节理密集带附近	绿泥石化	产生大量的节理裂隙，生成黏土矿物绿泥石，弱化了岩体质量

续表

序号	工程名称	工程部位	原岩岩性	产出状态	分布特征	主要蚀变类型	蚀变岩体工程地质特性
2	广州抽水蓄能电站	地下洞室	花岗岩	带状	和东西向构造体系有关	蒙脱石化	蚀变岩中含蒙脱石，开挖后吸收水分产生膨胀、崩解
3	雅砻江二滩水电站	坝址区	玄武岩	带状，最宽15 m	沿正长岩侵入带发育	绿泥石化、蒙脱石化	蚀变岩属软弱岩体，破碎，不能直接作为坝基
4	澜沧江小湾水电站	坝址区	黑云母花岗片麻岩、片岩	带状，最宽8～12 m	断层破碎带及其两侧	淋滤型钠交代蚀变体、黏土化、碳酸盐化	随蚀变程度的增强，抗压强度、抗剪强度及模量值降低，峰值应变量及泊松比则增加，水的弱化作用增强。蚀变作用以降低岩石的黏聚力为主
5	琅琊山抽水蓄能电站	地下洞室	花岗闪长斑岩	规律性较差，最大宽度23 m	沿侵入岩	黏土化、绢云母化	随蚀变程度的增加，岩体强度、抗变形性能显著降低。蒙脱石含量10%～55%，存在膨胀、崩解破坏风险
6	雅砻江孟底沟水电站	坝址区	花岗闪长岩	带状，一般宽0.5～3 m	沿断层、裂隙发育	黏土化	随蚀变程度的增加，岩体强度、抗变形性能显著降低，完整性变差
7	天池抽水蓄能电站	工程区	混合片麻岩、花岗岩	透镜体状为主	受工程区构造控制	云母富集化、黏土化	蚀变岩的力学性质较差，蒙脱石、伊利石等具有膨胀性的矿物含量较高，具有易膨胀、耐崩解性较差等特性，造成了场区内蚀变岩破碎，甚至成粉末状

2 蚀变岩坝基工程地质分析思路

混凝土坝坝基岩体主要工程地质问题可归结为承载力和变形稳定问题、抗滑稳定问题、渗漏和渗透变形问题、大坝下游的冲刷及雾化问题。雾化问题可归结为边坡问题。

对于坝基抗滑稳定问题可分为由长大软弱结构面强度控制的块体稳定问题和由岩体强度控制的岩体稳定问题。坝基的承载力、变形稳定问题由岩体强度和变形特性控制。坝基渗漏可分为岩体渗漏问题和沿长大软弱结构面的集中渗漏问题。

蚀变岩体多沿断层等长大结构面、裂隙密集带发育，但不产生长大结构面。蚀变作用主要是从岩石材料强度、岩体结构（岩体完整性）方面弱化岩体力学特性。所以蚀变作用主要引起由岩体强度和变形特性控制的工程地质问题，包括坝基浅表层抗滑稳定问题、承载力及变形稳定问题、渗透变形问题和冲刷问题等。

坝基岩体处在地壳浅表层，这部分岩体不但经历了构造的改造，而且叠加了浅表生作用的改造。蚀变岩体的存在，叠加普遍存在的风化、卸荷作用，使坝基岩体更加复杂化，在深度和部位上岩体条件不均一。对于岩性均一坝基，岩体质量差异主要是由于风化、卸荷、蚀变程度不同为产生的。这里的质量即是指岩体强度和变形特性控制的承载能力、抗变形性能、抗滑性能、抗渗性能上的优劣。为明确各类型岩体可利用性、选择合适的建基面，对复杂化的岩体根据其力学特性合理归类，这就需要将蚀变岩体同风化、卸荷岩体一起引入坝基岩体质量分类中，按类别提出岩体强度、变形、渗透等参数，进行质量和可利用性评价，并根据岩体特征提出处理建议。

风化、卸荷作用是河谷岩体普遍存在的浅表生改造作用，从地表向内部影响逐渐减弱，影响限于一定深度，从低高程向高高程深度逐渐增加。岩性均一情况下，坝基主体的岩体质量受风化、卸荷程度控制，建基面选择的地质建议也主要是根据风化、卸荷程度控制的岩体类别界限深度确定，一般各高程嵌深变化不悬殊，可保证坝体体型匀称。蚀变作用受构造控制，与深度、高程关系不大，往往局部存在且规律性差。对于质量不满足可利用岩体标准的大范围蚀变岩体，应通过调整坝线位置躲避。当受限于地形、抗滑稳定等其他条件，无法完全躲避时，蚀变体部位大坝建基面深度应根据蚀变体规模结合风化、卸荷深度而定。根据坝基可利用岩体标准，当风化、卸荷作用控制的岩体类别界限与蚀变控制界限深度相差不大时，以两者深度大的界限作为地质建议嵌深；当蚀变控制的岩体类别界限大幅深于风化、卸荷控制界限时，以后者作为地质建议嵌深，将蚀变体作为地质缺陷进行处理。

3　工程应用

中国西南地区某水电站为300 m级特高拱坝工程。坝址基岩为黑云二长花岗岩，勘探发现坝址分布13处囊状蚀变岩体（如图1所示），体积为500 m³～25 000 m³，其原岩结构、构造、成分均发生了较大的改变，多具有孔（空）隙发育、岩质较软、结构松散的特点，岩体力学性质显著劣化。

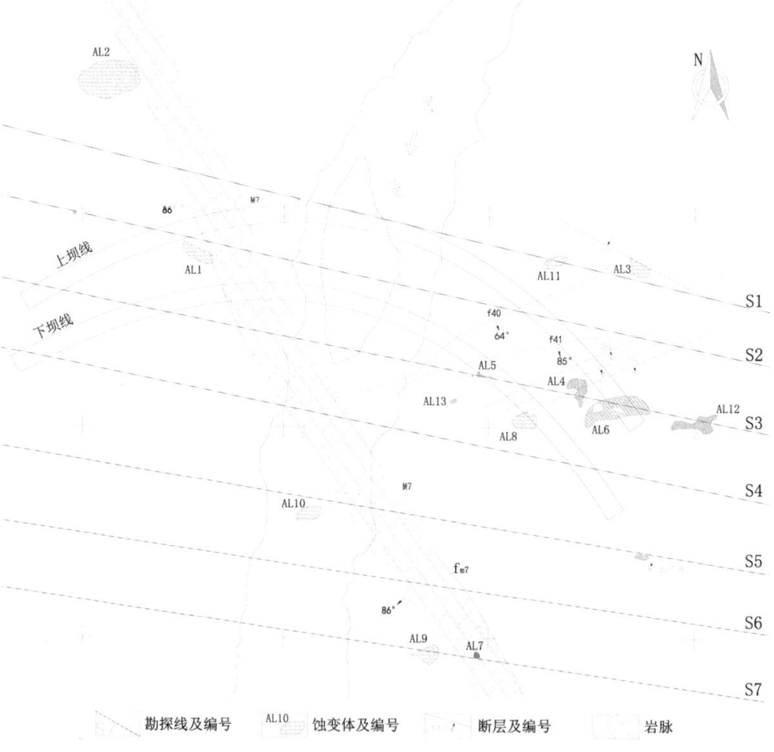

图1　坝址蚀变岩体分布图

3.1 蚀变岩体发育特征

（1）蚀变程度划分

坝址揭露到的蚀变岩体按蚀变程度可划分为轻微、中等和强烈蚀变三类（如图2所示）。

轻微蚀变岩体一般为灰绿色，主要为黑云母绿泥石化，少部分长石高岭土化，矿物晶形石英保持较好，长石部分失去晶形，黑云母融入矿物之中，结构完整，岩质较硬。

中等蚀变岩体一般处于轻微与强烈蚀变岩体之间的过渡带位置，岩石大部分长石高岭土化，块裂结构，岩质较软，裂隙发育，裂面锈染严重，多充填有泥质。

强烈蚀变岩体通体呈红褐色，全强风化状，岩石中长石与云母流失，形成蚁穴状空洞，结构完整但岩质松软。

轻微-中等蚀变

中等蚀变

强烈蚀变

强烈蚀变岩体成洞特征

图2　蚀变岩体照片

（2）蚀变岩矿物特征

①蚀变岩矿物成分以长石、石英为主，粒度多为粗粒，矿物颗粒碎裂。

②蚀变岩蚀变特征以石英脉热液强烈活动、钾长石的高岭土化、斜长石的绢云母化碳酸盐化为主，说明蚀变是在中低温热液环境条件下进行的。黄褐色蚀变岩还有钾长石的铁矿化等。

③一般白色蚀变岩黏土成分较多，黄褐色蚀变岩含量较少。

（3）空间分布特征

①蚀变体主要分布在左岸（10处），右岸（2处）和河床（1处）稀少。左岸主要发育于S4勘探线上游，S3线附近1720～1920 m高程（河水面高程1699.4 m左右，坝顶高程1928 m）范围内分布相对集中。

②蚀变体的发育与构造密切相关，受构造控制。

③每处蚀变体空间规模一般几米至几十米，空间形态不规则，多沿构造延伸呈带状或囊状形态。

④强烈蚀变岩体一般位于蚀变带核部，周边中等—轻微蚀变岩体与母岩呈渐变过渡。

3.2 蚀变岩（体）物理力学特性

针对坝址区各类蚀变岩体分别取岩石样品进行了室内物理力学性质试验，并在现场进行了岩体变形试验、回弹和纵波波速测试，试验成果见表1～表3所列。成果表明随蚀变程度增加蚀变岩石密度、强度逐渐减低，吸水率逐渐升高；岩体抗变形性能、完整程度逐渐降低，岩体质量下降。

表1 蚀变岩室内岩石物理力学试验成果统计表

岩石名称		比重	天然密度	干密度	饱和密度	自由浸水吸水率	抽气饱和吸水率	饱和抗压强度
		—	g/cm³	g/cm³	g/cm³	%	%	MPa
未蚀变微新花岗岩	范围值	2.63～2.69	2.62～2.63	2.6～2.65	2.61～2.66	0.21～0.54	0.24～0.64	54.1～134.1
	平均值	2.66	2.63	2.63	2.64	0.36	0.42	92.22
中等蚀变花岗岩	范围值	2.63～2.67	2.28～2.57	2.28～2.56	2.41～2.60	1.01～4.46	1.36～5.89	14.7～40.7
	平均值	2.65	2.39	2.28	2.48	3	4.04	24.4
强烈蚀变花岗岩	范围值	2.66～2.73	1.89～2.2	1.89～2.19	2.16～2.37	6.31～12.77	8.04～14.59	1.5～15.6
	平均值	2.69	2.09	2.08	2.3	8.85	10.47	6.26

表2　现场回弹试验、岩体变形试验成果统计表

试验项目	试验指标		未蚀变微新花岗岩	轻微蚀变	中等蚀变	强烈蚀变
现场承压板岩体变形试验	弹性模量/Gpa	范围值	17.3～40.7	—	3.13～8.7	1.08～4.63
		平均值	27.3	—	6.3	3.2
	变形模量/Gpa	范围值	14.8～30.4	—	1.67～6.34	0.56～3.08
		平均值	20.6	—	4.2	1.9
现场回弹试验	回弹值	范围值	55～62	34～51	26～48	14～24
		平均值	57.7	42	34.9	17.3
	抗压强度/Mpa	平均值	86.9	43.1	28.3	13.6
	抗压强度损失率	平均值	—	0.5	0.33	0.16

表3　蚀变岩体纵波速度与完整性系数统计表

蚀变程度	波速范围(m/s)			完整性系数范围		
	平均值	范围下限	范围上限	平均值	范围下限	范围上限
轻微蚀变	4575	4255	4894	0.62	0.54	0.71
中等蚀变	3358	2953	3764	0.34	0.26	0.42
强烈蚀变	2721	2418	3023	0.22	0.17	0.27

3.3　蚀变岩体分类

蚀变岩体的存在，使坝基岩体更加复杂化，蚀变是除风化、卸荷作用外致使岩体质量存在差异的又一主要因素。在深度和位置上岩体条件的差异性，就需要利用分类的方法对各特征岩体按力学特性进行梳理归类，对其质量和可利用性进行分类评价。根据坝基岩体分类原则，对比各蚀变程度岩体与各类别岩体主要分类指标参数（见表4、表5所列），轻微蚀变岩体应属于Ⅲ2类岩体，中等蚀变岩体应属于Ⅳ类岩体，强烈蚀变岩体应属于Ⅴ类岩体。

表4　各蚀变程度岩体主要分类指标数据

蚀变程度	岩石饱和强度/MPa	嵌合程度	岩体结构类型	纵波速度/(m/s)	弹性模量/Gpa	变形模量/Gpa
轻微蚀变	43.1	较松弛	次块状—块裂	4255～4894	—	—
中等蚀变	24.4	松弛	块裂—碎裂	2953～3764	3.13～8.7	1.67～6.34
强烈蚀变	6.26	极松弛	散体	2418～3023	1.08～4.63	0.56～3.08

表5　各类岩体主要分类指标数据

岩体类别	岩石饱和强度（MPa）	嵌合程度	岩体结构	纵波速度（m/s）	变形模量（Gpa）	变形模量（Gpa）
Ⅱ	80～90	紧密	块状—次块状	4800～5200	23～27	16～20
Ⅲ1	60～80	较紧密	次块状—部分镶嵌	4500～4800	15～19	9～13
Ⅲ2	50～70	较松弛	镶嵌—块裂	4000～4500	9～13	6～9
Ⅳ	30～50	松弛	块裂—碎裂	3100～4000	3～6	2～5
Ⅴ	5～10	极松弛	碎裂—散体	2400～3100	1～3	0.5～2

3.4　建基面选择和蚀变岩处理建议

在坝线的选择上：上坝线坝基在多个高程存在蚀变岩体，岩体质量较差。经拱坝坝肩抗滑稳定、变形稳定、体形参数、枢纽布置和施工布置条件等综合比较，认为下坝线坝肩抗滑稳定条件相对较好，蚀变岩体对拱坝影响程度较小，作为推荐坝线。

坝基可利用岩体选择标准为：下部高程（1728 m以下）坝基利用Ⅱ类岩体，中部高程（1728～1848 m）坝基利用Ⅱ类岩体为主，局部可利用Ⅲ1类岩体，上部高程（1848～1928 m）坝基利用Ⅱ～Ⅲ1类岩体，局部可利用Ⅲ2类岩体。

推荐坝线上对坝基岩体质量影响较大的蚀变体主要是AL4（如图3所示）。AL4蚀变体发育的水平深度距地表为60～98 m，分布高程为1700～1750 m，方量约为3.6万立方米，大部分属于强烈蚀变，向外部逐渐过渡为正常岩体。AL4蚀变体以Ⅴ～Ⅳ类岩体为主，不能满足可利用岩体标准。以蚀变体内侧边界为建基面，将导致1700～1750 m高程段拱端嵌深增加30～50 m，在该高程宜选择风化、卸荷程度控制的岩体类别界限作为建基面，将坝基剩余蚀变体作为地质缺陷进行处理。AL4蚀变体内部Ⅴ～Ⅳ类岩体（如图4所示），受强烈的蚀变影响裂隙已不明显，含黏土矿物，岩质松软，可灌性差，采取固结灌浆等补强处理方式无法达到预期效果，宜进行置换处理。Ⅴ～Ⅳ类周边Ⅲ1～Ⅲ2类岩体，蚀变程度较弱，裂隙发育，岩石强度较高，可考虑固结灌浆等补强处理方式。

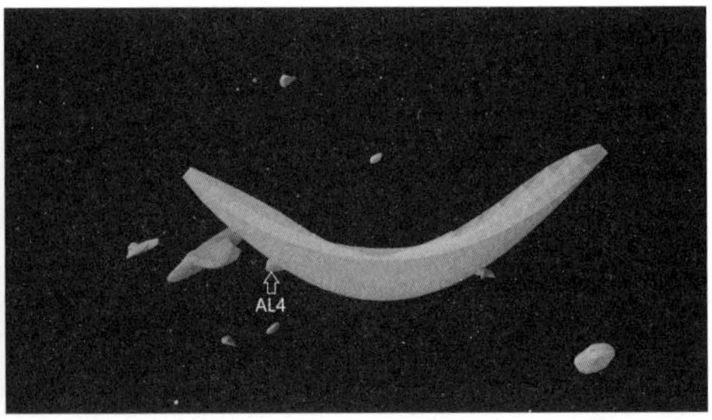

图3　拱坝与蚀变体相对位置效果图

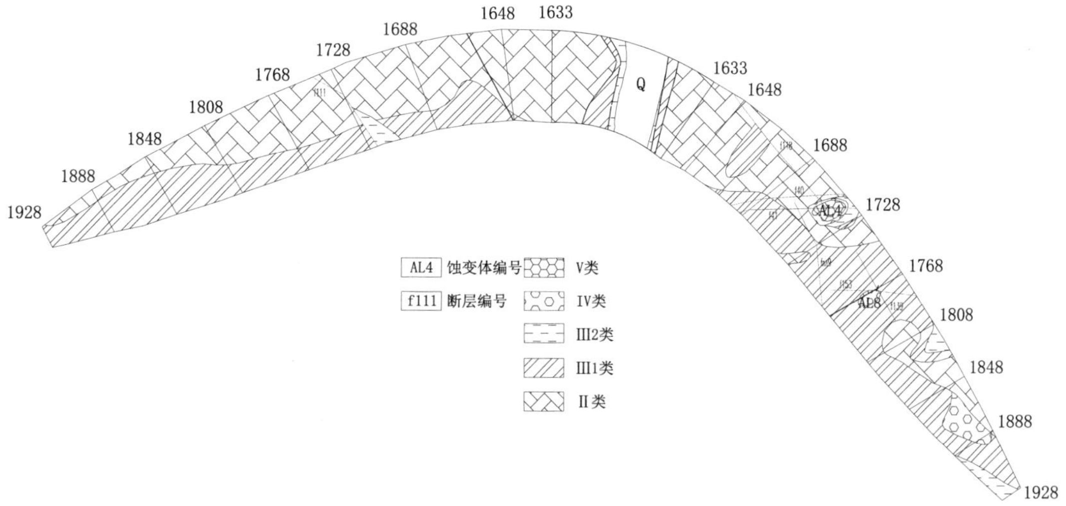

图4　拱坝建基面岩体类别展示图

4　结论

①蚀变作用主要从改变岩石材料强度、岩体结构（岩体完整性）方面弱化岩体力学特性，可导致由岩体强度和变形特性控制的坝基工程地质问题，包括坝基浅表层抗滑稳定问题、承载力及变形稳定问题、渗透变形问题和冲刷问题等。

②蚀变岩体的存在，使坝基岩体更加复杂，是影响坝基岩体质量的主要因素之一。当存在蚀变岩体时，应将各蚀变程度岩体引入坝基岩体分类中，对各程度蚀变岩体进行类别划分，评价其质量和可利用性。

③风化、卸荷作用是河谷岩体普遍存在的浅表生改造作用，对岩体质量的弱化从地表向内部影响逐渐减弱，影响限于一定深度。蚀变作用受构造控制，与深度、高程无关，往往局部存在且规律性差。对于岩体质量不满足可利用岩体标准的大范围蚀变岩体，应通过调整坝线位置躲避；无法完全躲避时，大坝建基面深度应根据蚀变体规模结合风化、卸荷深度而定。

④强烈蚀变岩体通常岩质松软，力学性能差，不宜作为混凝土坝坝基，补强处理措施难以将其强度提高至可利用岩体的标准，需要进行置换处理；蚀变较弱岩体岩石强度降低有限，完整性较差，可考虑通过固结灌浆等补强措施进行处理。

参考文献

[1] 张振南，茅献彪，葛修润. 松散岩块侧限压缩模量的试验研究[J]. 岩石力学与工程学报，2004（18）：3049-3054.

[2] 杨根兰，黄润秋，王奖臻，等. 某工程蚀变岩孔隙特征及其软弱程度研究[J]. 矿物岩石，2006（4）：111-115

[3] 孙广忠，孙毅. 岩体力学原理[M]. 北京：科学出版社，2011.

[4] 苗朝，沈军辉，李文纲，等. 大岗山坝区花岗岩蚀变特征及工程地质特性研究[J]. 人民长江，2013，44（24）：23-25+38.

[5] 张辅纲，广州抽水蓄能电站花岗岩蚀变带物理力学特性及其对地下洞室工程影响[J]. 水利水电，1991（1）：62～71.

[6] 罗绍基. 广州抽水蓄能电站介绍[J]. 水力发电，1990（10）：3-7.

[7] 廖建强. 广州抽水蓄能电站地下洞室区蚀变岩的工程处理[J]. 岩土工程界，2002（9）：48-50.

[8] 陈昌平，陈卫东. 二滩水电站工程勘察综述[J]. 水电站设计，2006（2）：8-12.

[9] 刘克远，邵宗平. 二滩水电站岩体力学特性研究[J]. 水电站设计，1989（1）：1-10.

[10] 杨根兰. 蚀变岩特性及其工程响应研究—以澜沧江小湾水电站为例[D]. 成都：成都理工大学.

[11] 张国宝，宫海灵，张贺龙. 琅琊山抽水蓄能电站地下厂房洞室群蚀变岩工程地质特性研究[A]. 中国水力发电工程学会第四届地质及勘探专业委员会. 中国水力发电工程学会第四届地质及勘探专业委员会第一次学术交流会论文集[C]. 中国水力发电工程学会地质及勘探专业委员会：中国水力发电工程学会，2008：6.

[12] 刘银. 雅砻江孟底沟水电站坝基岩体质量分级研究[D]. 成都：成都理工大学.

[13] 赵梓彤，沈军辉，祝华平，等. 孟底沟水电站蚀变岩密集带综合变形模量研究[J]. 工程地质学报，2016，24（3）：459-464.

[14] 黄志全，侯合明，王振. 天池抽水蓄能电站蚀变岩蚀变特征及工程特性[J]. 华北水利水电学院学报. 2011，（5）：1-5.

[15] 彭土标. 水力发电工程地质手册[M]. 北京：中国水利水电出版社，2011.

[16] 王兰生等. 地壳浅表圈层与人类工程[M]. 北京：地质出版社，2004.

[17] 张倬元，王士天，王兰生. 工程地质分析原理[M]. 3版. 北京：地质出版社，2008.

大华桥水电站河床坝段建基面优化研究

杨春旭　卢征攀

（华能澜沧江水电股份有限公司，云南 怒江 671406）

摘　要：大华桥水电站大坝河床坝基开挖过程中，根据开挖揭露的坝基实际地质条件，结合声波测试成果分析，河床坝段的水平建基面有抬高的条件，最终提出建基面优化方案。优化后建基面节省了工程量，取得较好的经济效益。

关键词：建基面优化；水电站；声波检测

1　前言

水利水电工程大坝建基面岩体的选择和建基面的确定关系到工程建设的安全和经济，合理确定坝基建面高程是控制工程投资的主要环节和项目之一。大华桥水电站大坝河床覆盖层开挖完成后，针对揭露的基岩面开展全面的地质调查，结合物探测试成果对坝基岩体进行工程地质分类，并提出了不同岩体的力学参数指标建议值。最终对河床坝段建基面开挖方案进行优化调整，在满足大坝安全的基础上给工程带来了较大的经济效益，可提供类似工程借鉴。

2　工程概况及坝基地质条件

大华桥水电站位于云南省怒江州兰坪县兔峨乡境内的澜沧江干流上，是澜沧江上游河段规划推荐开发方案的第七级电站，电站以水力发电为主要任务，为大（2）型二等工程。水库总库容2.93亿立方米，正常蓄水位以下库容2.62亿立方米，电站装机容量920 MW。拦河坝为碾压式混凝土重力坝，最大坝高103 m，坝顶高程1481 m，坝顶长度231.5 m，共分为12个坝段。

坝基出露地层为白垩系景星组（K1j1）下段地层，岩性主要为灰白、灰绿色中—粗粒中厚层状石英砂岩，紫红色、灰绿色薄层状绢云母板岩。坝基无Ⅰ、Ⅱ级结构面分布，揭露的F_{21}断层近平行岸坡，陡倾山内，延伸至库内，断层破碎带宽度一般为0.1～0.5 m，两侧影响带局部宽度达1～2 m，属Ⅲ级结构面；其余断层及挤压面走向分别斜交和平行坝轴线，陡倾，断层带物质多挤压紧密、夹泥较少，属Ⅳ级结构面，对大坝稳定影响不大。坝基主要发育两组节理，即层面节理、横张节理。中缓倾角节理仅在部分地段分布，对坝基抗滑稳定影响不大。河床坝基建基面岩体以微风化为主，局部为弱风化。河床坝基建基面岩体以未卸荷为主，局部弱卸荷。坝基岩体声波值总体较高，仅河床局部浅表部坝基岩体存在低波速带。坝轴线地质条件如图1所示。

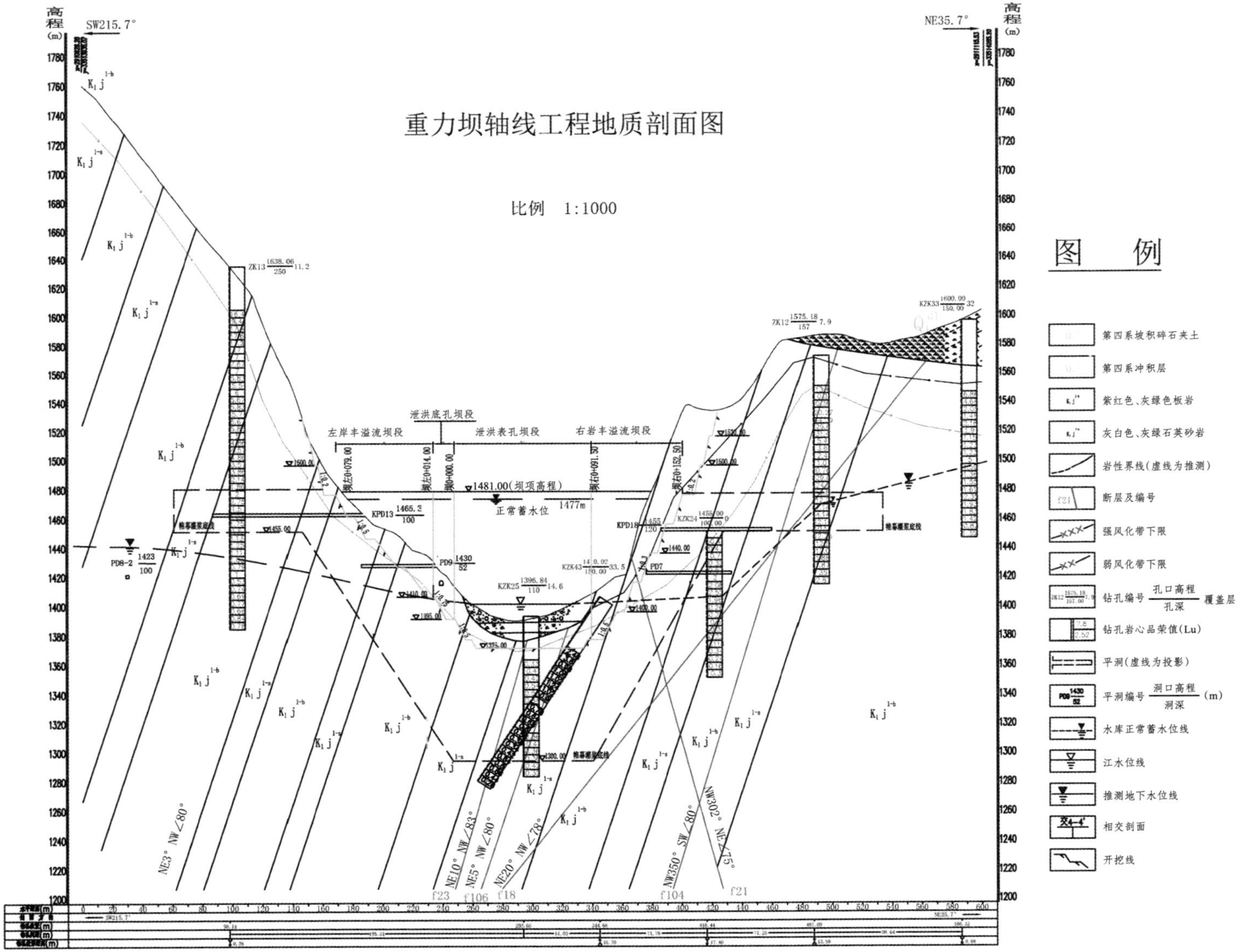

图1 坝轴线工程地质剖面图

3 坝基建基面优化设计

优化设计原则：在确保大坝安全的条件下进行建基面优化，优化后大坝稳定、应力条件满足规范要求；在满足大坝建基面利用标准的条件下进行建基面优化，根据现场开挖揭示的工程地质资料和可研阶段地勘资料综合分析评价确定大坝建基面优化高程。岩体利用标准如图2所示。

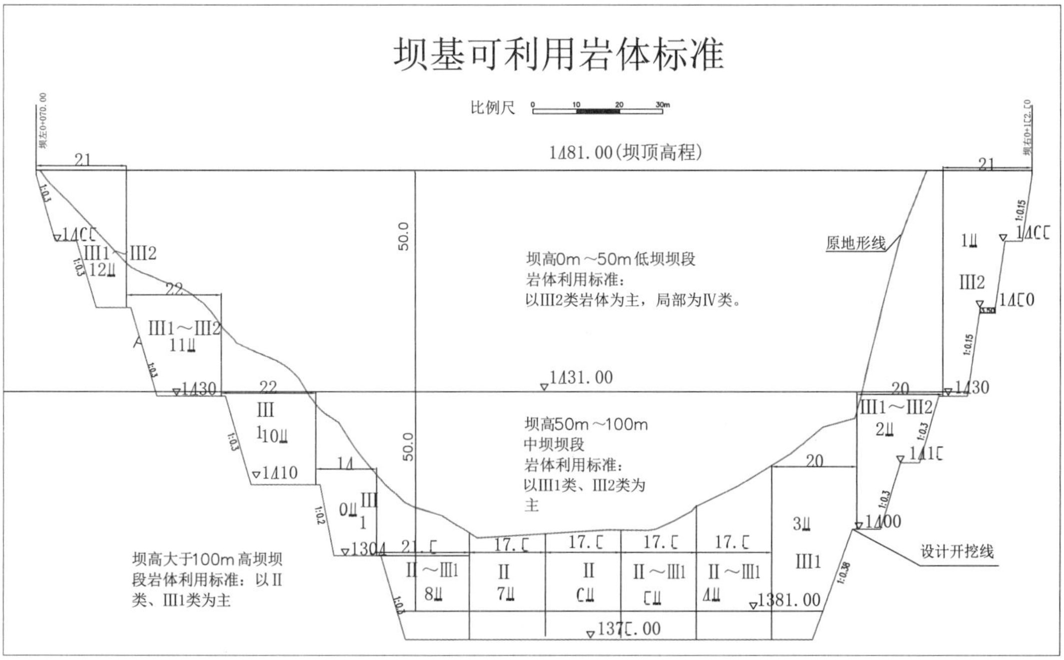

图2 岩体利用标准

3.1 岩石强度特征

岩石坚硬程度是影响岩体质量优劣的重要指标，从《水力发电工程地质勘察规范》（GB50287—2016）附录中可以看出，对于坚硬岩，最高岩体质量级别为Ⅰ类；对于中硬岩，最高岩体质量级别为Ⅱ类；对于软质岩类，最高岩体质量级别仅为Ⅲ类。依据（GB/T50218—2014）《工程岩体分级标准》中的分类方法，把岩石的坚硬程度作为分级标准的重要指标之一，岩石强度的大小与岩体质量级别有密切的联系，岩石强度指标通常用岩石的单轴饱和抗压强度Rc表征，岩石单轴饱和抗压强度Rc与岩石的坚硬程度的对应关系见表1所列。

表1 单轴饱和抗压强度与岩石坚硬程度的对应关系

Rc(MPa)	>60	60～30	30～15	15～5	≤5
坚硬程度	坚硬岩	较坚硬岩	较软岩	软 岩	极软岩

经坝址岩石单轴饱和抗压强度试验成果得出，坝址微风化灰绿色板岩平行板理面的饱和压强度平均52.6 MPa，属于中等坚硬岩；紫红色砂质板岩平行板理面的饱和压强度平均

26.1 MPa；紫红色板岩平行板理面的饱和压强度平均16.9 MPa，属于较软岩；灰绿色板岩垂直板理面的饱和压强度平均44.5 MPa，属于中等坚硬岩石。综合分析，坝址区弱风化板岩为软—中等坚硬岩石，微风化板岩为中等坚硬岩石；石英砂岩垂直板理饱和压强度一般都在80 MPa以上，属于坚硬岩石。坝址岩石总体属于软硬相间岩石。

3.2 岩石质量指标（RQD）

从钻孔岩石质量指标（RQD）进行统计显示：河床段基岩基本无强风化带，弱风化带厚约4～6 m，由于岩体层理发育，故相应的岩芯质量指标RQD值较小，岩芯多呈短柱状，岩体沿结构面风化明显加剧，弱风化下限相应高程在1373～1380.5 m。微风化岩体岩芯质量指标RQD值多在70%以上，总体上随着高程的降低，河床岩体的RQD逐渐增加。河床钻孔揭露岩芯无明显卸荷特征，岩体卸荷微弱。建基面1375 m时，建基岩体多为微风化岩体，完整性较好，透水性微弱。

3.3 岩体质量分类及物理力学参数

根据相关规范，将大华桥水电站坝基岩体质量划分为5大类，依据现场岩石力学试验成果，并结合工程类比和经验判断，坝址区岩体物理力学参数建议值见表2所列。

表2　坝址区岩体物理力学参数建议值表

岩体类别	风化程度	岩石饱和密度（g/cm³）	泊松比	岩石饱和抗压强度（MPa）	变模E0（GPa）	弹模Es（GPa）	混凝土/岩体抗剪断		岩体/岩体抗剪断		允许承载（MPa）
							f'	c'（MPa）	f'	c'（MPa）	
Ⅱ	微—新	2.67	0.13	70～80	10～11	12～15	1～1.1	0.9～1	1.1～1.2	1.6～1.7	8～10
Ⅲ$_1$	弱—微	2.77	0.22	50～70	6～9	8～12	0.75～0.95	0.65～0.85	0.85～1	0.9～1.6	6～8
Ⅲ$_2$	弱风化	2.75	0.24	30～60	5～6	6～8	0.6～0.75	0.55～0.7	0.75～0.9	0.7～1.3	2～6
Ⅳ	弱风化—强风化	2.73	0.26	20～40	3～5	4～6	0.55～0.65	0.5～0.6	0.65～0.75	0.5～0.7	1～2
Ⅴ	断层破碎带全强风化带	2.5	0.3	<15	0.2～0.5	0.3～0.6	0.35～0.45	0.1～0.2	0.3～0.4	0.1～0.2	0.5～0.8

3.4 爆后坝基岩体波速特征

岩体声波波速是反映岩体物理力学特性的一个重要指标，是岩体地质分类的一个重要参数。坝基开挖至建基面设计高程后进行了爆后深孔原位孔和浅孔测试单孔声波、跨孔声波测试。

（1）单孔声波测试

坝基爆后单孔波速沿孔深的频态分布图如图3所示，由图可以看出：单孔波速主要分布在4.5 km/s以上，所占比例为69.61%，其次分布4～4.5 km/s的波速，所占比例为

12.31%，3.5～4 km/s的波速分布较少，所占比例为6.14%，3.5 km/s以下少量分布。4 km/s以下的波速主要分布在10 m以上孔段，小于4.5 km/s的波速各孔段均有分布，4.5 km/s以上的波速在1 m以下孔段所占比例较大。

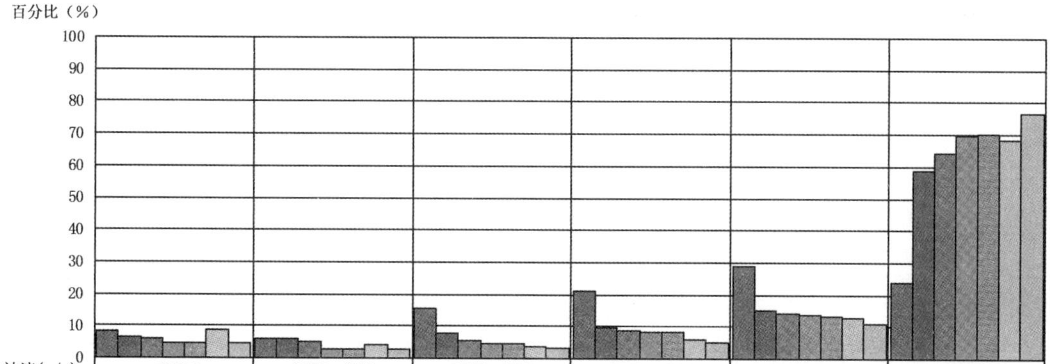

波速(m/s)	＜2500	2500～3000	3000～3500	3500～4000	4000～4500	≥4500
0～1m	7.85	5.29	14.96	20.44	28.28	23.18
1～2m	5.77	5.13	7.18	9.23	14.36	58.33
2～3m	5.40	4.32	4.68	8.28	13.57	63.75
3～4m	4.15	2.13	3.91	7.58	13.03	69.19
4～5m	3.74	2.17	3.74	7.72	12.91	69.72
5～10m	8.16	3.48	3.07	5.27	12.05	67.98
10m以下	4.08	2.11	2.70	4.23	10.48	76.40

图3　大华桥水电站坝基爆后单孔波速频态分布图

（2）跨孔声波测试

大华桥水电站坝基爆后跨孔波速沿孔深的频态分布图如图4所示，由图可以看出：波速主要分布在4.5 km/s以上，所占比例为48.63%，其次分布4～4.5 km/s的波速，所占比例为22.99%，3.5～4 km/s的波速较少分布，所占比例为16%，3.5 km/s以下少量分布。4 km/s以下的波速各孔段均有分布，小于4.5 km/s的波速主要分布在1 m以下孔段，4.5 km/s以上的波速在1 m以下孔段所占比例较大。

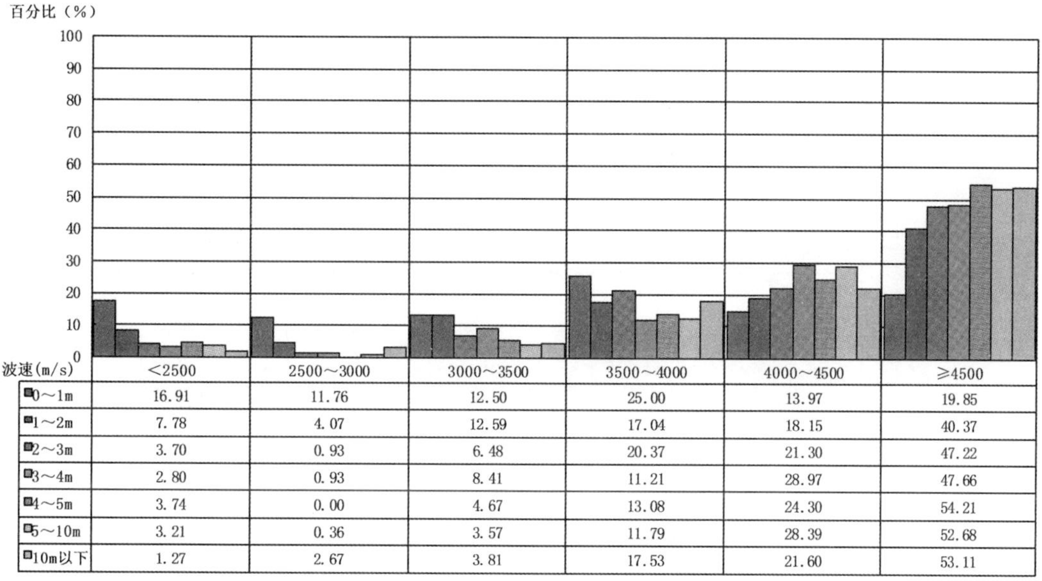

波速(m/s)	＜2500	2500～3000	3000～3500	3500～4000	4000～4500	≥4500
0～1m	16.91	11.76	12.50	25.00	13.97	19.85
1～2m	7.78	4.07	12.59	17.04	18.15	40.37
2～3m	3.70	0.93	6.48	20.37	21.30	47.22
3～4m	2.80	0.93	8.41	11.21	28.97	47.66
4～5m	3.74	0.00	4.67	13.08	24.30	54.21
5～10m	3.21	0.36	3.57	11.79	28.39	52.68
10m以下	1.27	2.67	3.81	17.53	21.60	53.11

图4　大华桥水电站坝基爆后跨孔波速频态分布图

根据物探测试成果资料分析，可得出如下结论。

①坝基岩体0～1 m浅表层受开挖扰动影响，波速衰减率平均值大于10%，1 m以下均小于10%，且随深度增加波速衰减率呈减小的趋势。

②各坝段垂直建基面1 m处波速衰减率均小于10%；坝基质点振动速度在1.37～29.45 cm/s，少量监测点的爆破质点振动速度超过安全质点振动速度。

③爆后表层岩体松弛深度在0.6～1.2 m，平均松弛深度0.81 m，松弛深度范围内的平均波速在2.17 km/s～4.43 km/s。

④全孔壁数字成像测试成果表明坝基测试深孔裂缝发育随孔深增加，裂缝发育密度呈递减趋势。分区统计时，各测试深孔0～1 m孔段裂缝平均发育1.3～2.1条，1～2 m孔段裂缝平均发育0.6～1条，2～18 m孔段裂缝平均发育数量约0.5条/m。缓倾角裂缝占总数的比例为27.6%，其余均为中等倾角和陡倾角裂缝，且陡倾角裂缝占到总数的34.6%。

⑤爆后坝基岩体波速主要在4.5 km/s以上，所占比例为69.61%；4～4.5 km/s次之，所占比例为12.31%；3.5～4 km/s的波速少量分布，所占比例为6.14% 。

⑥河床坝基爆前和爆后岩体波速主要分布在4.5 km/s以上，其次分布在4～4.5 km/s之间，3.5～4 km/s的波速区间分布较少，其他各波速区间少量分布，局部区域岩体波速相对较低，低波速主要分布在浅表层。

⑦河床坝基部分声波孔的孔口段波速低于相应类别岩体的波速指标，其他类别围岩区域的波速全孔段均满足相应类别岩体的波速指标。

3.5 坝基岩体裂隙发育特征

通过全孔壁数字成像测试可以了解坝基岩体裂隙发育情况。为反映坝基岩体裂隙沿深度的发育情况，河床坝基（3#～8#坝段）统计裂隙在各孔段的平均发育条数，绘制裂隙发育密度及累计条数曲线，如图5所示。由图可看出：各测试深孔0～1 m孔段裂隙平均发育1.7条，1～2 m孔段裂隙平均发育1条，2～18 m孔段每米裂隙平均发育数量介于0.17～0.88条，平均值0.46条/米。

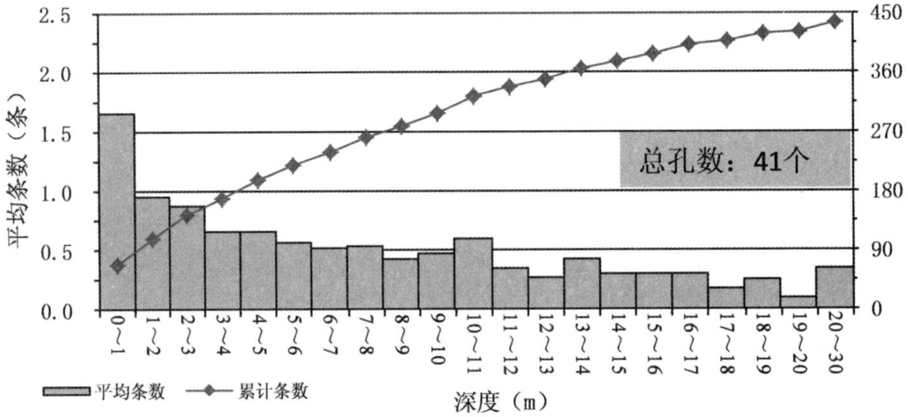

图5 大华桥水电站坝基裂隙发育情况统计图

3.6 建基面岩体质量波速评价

对照坝基岩体声波波速参考值（见表3所列），将各孔段爆后波速值进行平均形成统计表（见表4所列），进而对建基面岩体质量从波速角度进行评价。从统计结果可以看出：河床坝基Ⅱ类围岩区域的0～1 m孔段波速平均值略小于Ⅱ类围岩波速评判指标，1 m以下孔段则满足Ⅱ类围岩波速评判指标；其他类别围岩区域的波速全孔段均满足相应类别岩体的波速指标。

表3 坝基岩体声波波速参考值

岩体分级	声波波速(m/s)
Ⅱ	4000～4500
Ⅲ1	3500～4000
Ⅲ2	3000～3500
Ⅳ	2500～3000

表4 坝基开挖爆后坝基岩体分孔段平均波速统计表

坝段	岩体类别	波速指标（km/s）	中深孔/浅孔（个）	测点数（个）		波速平均值					
—	—	—	—	总测点数	0～1m测点数	0～1m	1～2m	2～3m	3～4m	4～5m	5m以下
—	—	—	—	—	—	平均值（km/s）	平均值（km/s）	平均值（km/s）	平均值（km/s）	平均值（km/s）	平均值（km/s）
河床坝基	Ⅱ	≥4.0	9/6	1169	43	3.96	4.35	4.37	4.56	4.3	4.59
	$Ⅲ_1$	≥3.5	13/29	2042	86	4.11	4.55	4.6	4.49	4.56	4.79
	$Ⅲ_2$	≥3.0	17/16	2178	92	3.56	3.91	4.22	4.63	4.60	4.72
	$Ⅳ_1$	≥2.5	1/2	145	0	—	3.44	3.39	3.70	4.18	4.27

4 优化后坝基岩体质量评价

河床坝段（$3^\#$～$8^\#$）坝基岩体为薄层及中厚层状，岩体质量以$Ⅲ_1$类、Ⅱ类为主，部分为$Ⅲ_2$类。开挖后河床坝基岩体波速主要集中在3.5 km/s以上，局部区域岩体波速相对较低，低波速主要分布在浅表层和集水井周边。开挖揭露的断层破碎带、缓倾角裂隙等地质缺陷规模小、连通性差，均对大坝抗滑稳定及地基变形影响有限，并可以通过工程措施进行处理。开挖揭露的地质缺陷对大坝稳定不起控制作用，经适当处理后，建基面由1375 m抬高至1378 m高程是可行的，坝基面抬高后工程地质条件满足大坝建基面要求。

根据坝基开挖面揭露的地层岩性、地质构造及岩体结构，经过统计分析，坝基各坝段各类岩体质量所占的比例及力学指标，力学参数见表5所列。

表5　河床段坝基开挖揭露建基面岩体力学参数

坝段编号	坝基建基面岩体质量类别(%)				力学参数		
	Ⅱ	$Ⅲ_1$	$Ⅲ_2$	Ⅳ	f'	c'(MPa)	E^0(GPa)
3号	10.46	76.05	12.89	0.6	0.84	0.79	8.56
4号	21.23	66.89	6.97	4.91	0.86	0.81	7.8
5号	16.34	65.16	15.28	3.22	0.88	0.83	8.74
6号	8.85	58.25	32.9	—	0.85	0.78	8.27
7号	10.65	56.42	32.93	—	0.85	0.78	7.79
8号	7.53	87.6	4.87	—	0.9	0.84	8.93

5　河床坝段建基面设计优化成果

通过对河床坝段开挖揭露建基面岩体进行有效的地质跟踪编录和物探检测，并与前期工程地质勘察成果进行对比，对建基面优化后的建基面进行必要的稳定和应力复核分析，得到河床坝段（3#～8#）的建基面，建基面高程由1375 m调整到1378 m，优化后基岩体以$Ⅲ_1$类、Ⅱ类为主，部分为$Ⅲ_2$类，局部Ⅳ类，建基面优化成果见表6所列。

表6　河床坝段建基面优化成果

	原方案	优化方案
3#~8# 坝段简图	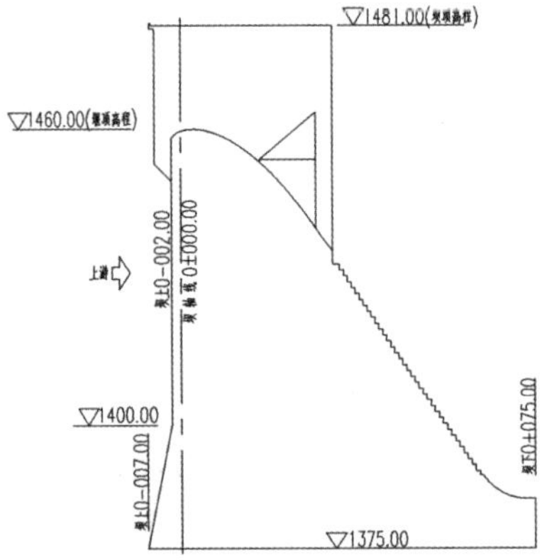	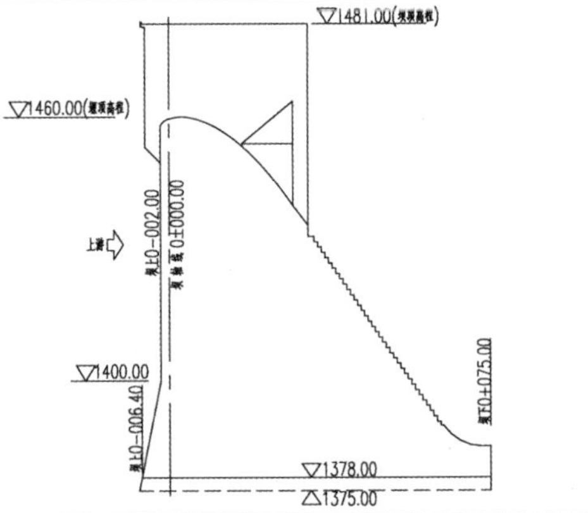
建基面高程	EL.1375m	EL.1378m
岩体类别	以$Ⅲ_1$类、Ⅱ类为主，部分为$Ⅲ_2$类，局部Ⅳ类。	以$Ⅲ_1$类、Ⅱ类为主，部分为$Ⅲ_2$类，局部Ⅳ类。

大华桥水电站大坝建基面调整优化方案与原设计对比，共减少石方开挖量约3.55万方，节省碾压混凝土浇筑方量约3.55万方，节约工程投资约2100万元。优化措施节约了工程投资，缩短了工期，具有较好的技术经济效益和综合效益。

6 结语

大华桥水电站坝基建基面根据优化的预案（高程1378 m）基本开挖到位，现场及时有效开展了地质测绘、地质编录，结合物探测试成果对坝基岩体进行工程地质分类，并提出了不同岩体的力学参数指标建议值。根据建基面各坝段的岩体力学指标，对大坝坝基稳定应力进行了复核计算，最终对河床坝段建基面开挖方案进行优化调整，在满足大坝安全的基础上节省工程投资，缩短了工期，具有较好的工期、经济等综合效益，尤其是对于软硬相间层状岩体坝基质量的研究，提供工程借鉴意义。

参考文献

[1] GB50287-2016，水力发电工程地质勘察规范[S]

[2] GB/T50218-2014，工程岩体分级标准[S]

[3] 中国电建集团北京勘测设计研究院. 大华桥水电站可行性研究阶段工程地质勘察报告[R].北京：中国电建集团北京勘测设计研究院，2013.

[4] 中国电建集团北京勘测设计研究院.大华桥水电站建基面优化设计专题报告[R].北京：中国电建集团北京勘测设计研究院，2015.

塞内加尔桑巴加努水电站碾压混凝土重力坝设计概述

赫庆彬　刘国强

（中水北方勘测设计研究有限责任公司，天津 30022）

摘　要：桑巴加努水电站采用碾压混凝土重力坝，自左向右依次布置有左岸非溢流坝段、底孔坝段、表孔溢洪道、隔墩坝段、电站取水口坝段和右岸非溢流坝段。本文从坝型选择、枢纽布置、细部结构设计、基础处理及稳定分析等方面对大坝枢纽设计进行了概述与总结。

关键词：区域地质；枢纽布置；细部结构；基础处理；稳定分析

1　工程概况

桑巴加努水电站坝址位于冈比亚河流经的塞内加尔凯杜古镇BARA村以北的台地河谷出口处，坝址距凯杜古镇25 km，距离达喀尔约730 km。水库正常蓄水位为200 m，死水位为188 m，正常蓄水位以下原始库容为37.95亿立方米。电站总装机4台，总装机容量为128 MW，电站多年平均年发电量3.95亿千瓦时。主要建筑物包括：大坝、引水系统、电站厂房、鞍坝和开关站。

2　坝址区域地质

坝址位于毛里塔尼亚盆地的南部丘陵区，地面高程100～400 m，地形有所起伏，坡度一般为5°～12°，局部坡度超过27°。河两岸植被发育，以树木为主。

坝址附近河流弯曲，坝轴线处呈北西向，河谷底宽50～100 m，河床高程118～120 m，正常蓄水位200 m以下河谷宽高比为6.4∶1，坝址河谷形态两岸不对称。两岸阶地发育良好，其宽度和厚度变化较大。左岸基岩裸露、陡峭，阶地狭窄，坡脚处松散堆积覆盖层厚3～6 m；右岸发育宽约200 m冲积阶地，阶地冲积物厚度5～10 m，局部甚至厚达20 m，阶地包含有大量细粒土和砂岩块石。两岸上部基岩裸露、岸坡陡峭，坡度35º～45º。

坝址基岩是由上寒武系砂岩组成。前寒武系地层由砂岩和白色、砖红色石英砂岩组成，岩层具交错波痕和层理构造。坝址左岸基岩裸露（在斜坡底部出露有约11 m厚的粗粒玄武岩，其下至河床均为石英砂岩，岸坡陡峭），右岸缓坡处为泥砂质冲积阶地，陡崖处为砂岩。岩石为陆相的浅变质的长石或石英砂岩，多为薄—厚层，薄层厚小于20～30 cm，在砂岩中夹有许多泥质岩，厚度从几毫米至几厘米。砂岩近水平层理，其产状左岸NW354夹有许多泥质岩，右岸NE804夹有许多泥、NW276夹有许多泥质。砂岩被近垂直的裂隙切割，裂隙间距一般为几十厘米。可以看到的裂隙的张开度小—中等，很可能随深度增加而很快闭合。在右岸，自河床至岸坡，石英砂岩岩体风化带厚度显著增加（有时为含红土砂岩）。岩石蚀变和破碎程度随深度而减弱。

3 大坝枢纽布置

本工程大坝为碾压混凝土重力坝，坝顶高程205 m，最大坝高90 m，坝顶全长573.3 m。自左向右依次布置有左岸非溢流坝段、底孔坝段、表孔溢洪道、隔墩坝段、电站取水口坝段和右岸非溢流坝段。

3.1 左岸非溢流坝段

由于左岸岸坡较陡，左岸布置3个非溢流坝段，坝顶长度从左到右依次为46 m、40 m和40 m，总长为126 m。最低建基面高程为115 m，坝顶高程为205 m。坝顶宽度为7 m，上游面直立，下游面坡比为1∶0.8，起坡点位置为上游面与高程203.4 m的交点处。坝基最大宽度为70.72 m。

3.2 底孔坝段

底孔坝段包括1个坝段，坝顶长度为40.25 m。建基面高程为115 m，坝顶高程为205～205.6 m，坝顶宽度为7 m和11 m。上游面直立，下游面坡比为1∶0.8，起坡点位置为上游面与高程203.4 m的交点处。坝基最大宽度为70.72 m。上游坝面布置底孔检修门槽，以便布置底孔检修门。底孔检修平台布置在高程200.1 m部位，检修平台范围内坝顶高程为205.6 m，坝顶宽度为11米。

底孔坝段前期布置有3个导流底孔，底坎高程为123 m，孔口尺寸为7.5 m×7.5 m(H×W)。后期封堵其中一孔，另两孔改造成永久底孔。改造后，底孔进口处设置有喇叭口进口段，底坎高程为126 m，孔口尺寸为4.5 m×3.2 m(H×W)。底孔采用钢板衬砌，以抵抗高速水流冲刷。底孔设有平板检修闸门和弧形工作闸门。平板检修闸门，尺寸为4.5 m×3.2 m(H×W)；为了保证底孔内水流为有压流，在平板检修门与弧形工作之间设置了压坡段；因此，弧形工作门的尺寸缩小为4 m×3.2 m（H×W)。在闸门上部布置有闸门控制室，控制室地面高程为137.45 m，宽度为12.35 m，高度为8.55 m。底孔出口接消力池。消力池底板高程123 m，长度为712 m。消力池宽度为20 m，两侧设置混凝土导墙，其顶高程为131.85 m。

底孔出口下游9.92 m处，布置一座连接溢流坝段与左岸的交通桥，桥顶宽度为7 m，桥面高程为131.85 m，长度为107.75 m。

3.3 表孔溢流坝段

表孔溢流坝包括2个坝段，坝顶长度均为33.75 m，总长67.5 m。建基面高程为115 m，坝顶高程为205.6 m，坝顶宽度为7 m。上游面直立，下游面坡比为1∶0.8，起坡点位置为上游面与高程203.4 m的交点处。坝基最大宽度为70.72 m。每个坝段布置两孔溢洪道，每孔溢洪道宽度为15 m，共4孔。溢洪道边墩及中墩宽度均为1.5 m。溢洪道顶部设有交通桥，宽度为7 m，桥面高程为205.6 m。

溢洪道堰顶高程为200 m，采用WES堰型。两侧设有导墙，其垂直下游坝面方向高度为3 m。溢流面采用台阶消能。

溢流面末端接消力池。消力池底板顶高程118 m，长度为22 m。消力池出口宽度为64.5 m。两侧设置混凝土导墙，其顶高程为131.85 m。

3.4 隔墩坝段

隔墩坝段包括1个坝段，坝顶长度为25.45 m。建基面高程为115 m，坝顶高程为205 m，坝顶宽度为7 m。上游面直立，下游面坡比为1∶0.8，起坡点位置为上游面与高程203.4 m的交点处。坝基最大宽度为70.72 m。坝趾处布置交通平台，高程为131.85 m。同溢洪道下部交通桥连接。

3.5 电站坝段

电站坝段包括1个坝段，坝顶长度为44 m。建基面高程为115 m，坝顶高程为205 m，坝顶宽度为14 m。

发电引水建筑物由坝前拦污栅，坝上进水口和坝内压力钢管等部分组成。

电站进水口拦污栅采用4个机组段独立式布置。拦污栅底部支承牛腿悬出坝面12 m，与大坝整浇在一起。设4孔拦污栅，孔净宽8 m，高10 m，拦污栅倾斜布置，以便利用坝顶双向门机的清污抓斗进行清污。

进水口设平板检修闸门及事故闸门各一道，孔口尺寸均为4 m×4 m（$H\times W$），由坝顶双向门机启闭及设在坝顶的液压启闭机启闭。在高程198 m布置有电站事故闸门面检修平台，并在每道事故门后预留通气孔。

发电引水压力钢管管径为4 m，单机设计引用流量50 m^3/s。压力钢管采用坝后背管的布置形式。引水压力钢管上游端与电站进水口渐变段相接，经上平段、上弯段、斜直段、下弯段、下水平段与机组蜗壳相接，全长约104 m。进口中心高程170 m，出口中心高程121.5 m。压力钢管斜直段平行于下游坝面布置，采用钢支撑将其固定于下游坝面之上。钢管坝后斜管下部、下转弯段及下水平段埋入混凝土内，并在厂坝间形成一个工作平台，用于放置变压器及布置左右岸交通。

3.6 右岸非溢流坝段

由于右岸边坡比较平缓，所以右岸布置了6个非溢流坝段，坝顶长度从左到右依次为44 m、45 m、45 m、45 m、39.1 m和52 m，总长为270.1 m。最低建基面高程为115 m，坝顶高程为205 m。坝顶宽度为7 m，上游面直立，下游面坡比为1∶0.8，起坡点位置为上游面与高程203.4 m的交点处。坝基最大宽度为70.72 m。右岸非溢流坝段典型图同左岸非溢流坝段。

4 坝体的细部结构设计

4.1 廊道设计

为了满足灌浆、排水、冷却、观测和交通要求，在坝体内布置了三层城门洞型纵向廊道，即基础廊道（高程129 m）、高程150 m廊道和高程175 m廊道，同时在两岸山体内部分别设置了2层平洞，即基础平洞（高程129 m）、高程175 m平洞。基础廊道包括灌浆及主排水廊道和横向基础排水廊道。

两岸坝肩沿建基面布置廊道作为高程129 m、高程150 m和高程175 m廊道的纵向交通连接廊道。在左右非溢流坝段设置楼梯井，作为大坝竖向交通。厂房部位预留与高程129 m廊道连接的通道，作为厂房与坝体内交通的通道。

4.2 分缝与止排水结构布置

根据碾压混凝土重力坝少设横缝、不宜设纵缝的特点，并综合考虑工程布置及地形地质条件、碾压混凝土浇筑能力、温控措施及坝块的长宽比等因素，本工程坝体不设置纵缝，在坝体上设置横缝，最大坝段宽度为52 m，为右岸最后一个坝段；最小坝段宽度为25.45 m，为电站坝段与表孔溢洪道坝段间的隔墩坝段。

大坝横缝上游侧设置350 mm×1.6 mm（$H\times W$）紫铜片止水两道，其后设置内径200 mm的半圆排水井一道；穿过缝面的廊道周边设300型橡胶止水一道。

岸坡上游侧止水采用两道350 mm×1.6 mm（$H\times W$）紫铜片止水。下游侧最高下游水位以下设置一道350 mm×1.2 mm（$H\times W$）紫铜片止水，止水上游侧设直径200 mm的半圆排水管。

坝体排水包括坝体渗水排水和坝基排水两部分。坝体排水由设置在坝体临近上游面的坝体排水管汇集后排至各层纵向廊道内，并最终汇入基础灌浆及主排水廊道。坝体排水管内径20 cm，间距3 m左右，距上游坝面8 m左右，从基础灌浆及排水廊道一直向上通至临近上游坝面的各层纵向廊道，直到坝顶（部分排水管因受坝体结构布置的限制，未至坝顶）。坝基渗水经基础廊道内的排水孔流出并沿基础排水廊道排水沟排出。

5 基础处理

5.1 固结灌浆

固结灌浆是增强基岩整体性、减少不均匀变形、提高基岩变形模量的基础处理措施，固结灌浆对改善基岩的均匀性和提高浅层基岩的抗渗性能作用比较明显。坝基固结灌浆设计的主要内容为：固结灌浆的范围、深度、灌浆孔的布置和施工技术参数等。

本坝基岩石以寒武系砂岩及侵入岩为主，岩层呈薄层—厚层状，水平层理发育。为了改善基岩的力学性能指标、增强基岩的整体性、减少岩体变形和不均匀沉陷，补强岩石卸荷与开挖过程中形成的裂隙以降低岩体的渗透性，并且增强坝体与岩面及防渗帷幕的衔接，在整个坝体、消力池及厂房基础范围内布置固结灌浆。固结灌浆孔入岩5 m，间排距为3 m×3 m，梅花形布置。

5.2 帷幕灌浆

为防止坝基（肩）内产生机械或化学管涌；减少坝基（肩）渗透流量，并降低坝基扬压力需要对坝基（肩）进行帷幕灌浆。

防渗帷幕布置于坝体压应力区，采用单排帷幕形式。坝基钻孔和帷幕灌浆在基础灌浆廊道内进行，并通过与基础灌浆廊道同高程的灌浆平硐向两岸岩体内延伸。

帷幕灌浆的防渗标准为3 Lu。主帷幕孔距上游坝面3.5 m，垂直布孔，河床范围孔底高程为60 m，入岩深度为55 m，孔距1.5 m。

5.3 坝基和坝肩排水

排水系统和防渗系统是相辅相成的两套措施，排水对降低坝基扬压力有显著效果。排水主要是为了降低帷幕后基础和边坡岩体中的扬压力，提高大坝和边坡的稳定性，防止坝基产生渗透破坏。为此在坝基及坝肩防渗帷幕后设置一排排水幕。排水幕的排水孔与防渗帷幕下游侧的距离为3 m，孔距采用6 m，孔径96 mm。河床范围排水孔孔底高程为80 m，排水孔深度按照帷幕深度0.6倍考虑，孔深采用35 m。

6 坝体稳定分析

根据地质勘察资料，坝基岩石以寒武系砂岩为主，呈薄层—厚层状，水平层理发育。坝址河床附近有顺河断层，岩体中结构面发育。坝基存在结构面不利组合，对混凝土重力坝初步判断坝基存在深层抗滑稳定问题可能性。但目前资料尚不具备进行分析的条件，需补充勘察提供较详细地质资料后再进行具体分析。

为了验证大坝稳定性是否满足要求，根据枢纽布置特点和剖面设计，以坝基岩体与混凝土接触面为坝基抗滑稳定主控面进行分析，目的是验算非溢流坝段基础应力及抗滑、抗浮稳定是否满足规范要求。计算依据美国陆军工程师团《重力坝设计》（EM1110-2-2200）进行。

6.1 抗滑稳定计算

根据美国《重力坝设计》（EM1110-2-2200），抗滑稳定按下式进行复核计算：

$$F.S.=\frac{(W-U)\times\tan\phi+cA}{H} \tag{1}$$

式中，W——由混凝土自重、水重地震等引起的垂直向的力总和；

U——垂直向上的力总和；

Φ——摩擦角；

c——凝聚力；

H——上下游水压力、泥沙压力、地震荷载等水平力的总和；

A——基底面积。

6.2 抗浮安全计算

抗浮安全系数按下式计算：

$$F.F.=\frac{W}{U} \tag{2}$$

安全系数要求见表1所列。

表1　安全系数表

工况	抗滑稳定安全系数	合力作用点位置	抗浮稳定安全系数
正常	2	中间1/3内	1.5
非正常	1.7	中间1/2内	1.2
极端	1.3	基地平面范围内	>1

6.3　坝体基底应力计算

采用材料力学法，对基底应力进行计算。

$$\sigma_{min}^{max}=\frac{\Sigma V}{d}(1\pm\frac{6e}{d})\qquad(3)$$

$$e=\frac{d}{2}-\frac{\Sigma M}{\Sigma V}\qquad(4)$$

式中，σ —— 基底应力（kpa）；

$\sum V$ ——垂直力总和（kN）；

d ——基底宽度（m）；

e —— 偏心距；

$\sum M$ ——力矩总和（kN·m），（$\sum M=\sum M_1-\sum M_2$）

$\sum M_1$ ——对于O点的正力矩（kN·m）；

$\sum M_2$ —— 对于O点负力矩 （kN·m）。

桑巴加努混凝土重力坝典型断面坝顶宽度为7 m。上游面直立，下游面坡比为1∶0.8，经计算，在规范规定的各个工况均能满足稳定要求，断面设计合理。

为验证根据美国陆军工程师团《重力坝设计》进行的计算结论，同时采用国内《混凝土重力坝设计规范》进行复核，两种计算方法结论基本一致。

7　结语

①桑巴加努水电站大坝枢纽布置综合考虑了工程所在地地形、地质等条件，确定为碾压混凝土重力坝方案，坝顶高程205 m，最大坝高90 m，坝顶全长573.3 m。自左向右依次布置有左岸非溢流坝段、底孔坝段、表孔溢洪道、隔墩坝段、电站取水口坝段和右岸非溢流坝段，整体布置合理。

②在混凝土重力坝设计中，应研究坝基是否存在深层抗滑稳定问题，必要时应补充勘察提供较详细地质资料，进行具体分析。

③本工程分别采用美国陆军工程师团《重力坝设计》（EM1110-2-2200）和国内《混凝土重力坝设计规范》进行稳定计算并对比分析，计算结果相差不大，结果比较可靠。

浅谈欧洲高速公路项目大跨度连续刚构桥施工技术

文双庆[1]　江伟超[1]　燕新峰[2]

（1. 中国水利水电第七工程局有限公司，四川　成都 610041；2. 江苏赛富项目管理有限公司　江苏　苏州 215314）

摘　要：本文以北马其顿KO项目第一标段K9+105特大现浇桥为例，介绍了大跨度连续刚构桥从桩基施工到上部结构浇筑的各个阶段的施工方法，另外，重点对上部结构悬臂施工过程中的临时堆载影响、悬臂浇筑及合龙段施工控制、预应力张拉控制等关键技术进行了阐述。

关键词：欧洲；大跨度；连续刚构；悬臂施工；预应力

1　引言

本文以北马其顿KO项目（以下均称“该项目”）第一标段K9+105特大现浇桥（以下均称“该桥”）作为背景工程，该项目位于东欧北马其顿共和国西南部距离首都111 km处，连接KICEVO（基切沃）市与著名旅游城市OHRID（奥赫里德）。

该桥设计为单跨超150 m的大跨度连续刚构桥，此种结构形式桥梁的施工对施工单位的资质要求较高，其施工的主要难点在于施工过程中的精细化控制。结合该桥现场施工情况，本文重点对该桥各施工阶段的施工方法以及上部结构浇筑的控制要点进行总结。

2　工程概况及结构体系

该桥桥梁全长385.5 m，共三跨，跨径109.9 m+164.5 m+111.1 m（如图1所示），单跨长度超过150 m，为特大桥。桥台及中墩基础均采用群桩基础（左右幅共用），桩基为钻孔灌注桩，桩径1.2 m，桩的数量一号桥台24根，二、三号桥墩各56根，四号桥台16根，桩长取地质补勘结果中进入持力层的长度。中墩墩柱为等截面实心墩。上部结构为矩形箱梁，主梁根部高度达9 m，跨中高度4 m，截面形式为单箱单室、变截面箱梁，各墩柱对称悬臂浇筑16个节段，排架现浇段单幅每个桥台各27 m。

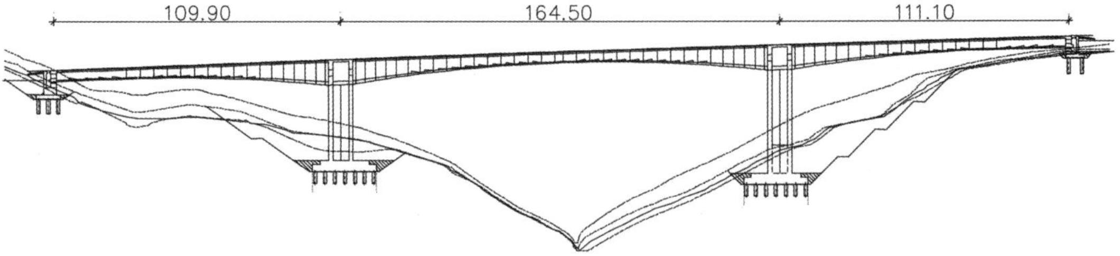

图1　K9+105主桥桥型布置图(单位:m)

如上文提及，该桥结构形式选用了施工难度较大的连续刚构桥，主要原因在于连续刚构桥既保持了连续梁桥不需要设置伸缩缝、行车平顺的特点，又继承了T型刚构桥不设支座、施工便利的优点，其主要区别于连续梁的地方在于它的柔性高墩所带来的影响。连续刚构桥的特点主要表现在以下几个方面。

①构造上通常有两个以上的主墩，与主梁形成墩梁固结。要求主墩具有比较大的柔度以形成摆动支撑体系。

②墩梁固结的结构形式为悬臂施工提供了便利，不需要在与连续梁施工时采用临时支撑与临时固结的措施，也就不需要进行体系转换。无需设立支座，省去了连续梁桥设计制作以及更换支座的高昂费用。

③在抵抗地震这一方面，由于连续刚构桥的横向水平地震荷载可以分摊到各个桥墩上，不用像连续梁那样为了抗震而设置专门的制动墩或者造价高昂的抗震支座。

④伸缩缝一般处于整座桥的端头，可以将其设在桥台处。

3 施工顺序及施工方法

3.1 施工顺序

根据设计文件中的要求，该桥需采用挂篮悬臂浇筑的施工工艺，其总体施工顺序为：桩基钻孔及浇筑→破除桩头→桩基承台浇筑→墩柱浇筑→0#块浇筑→挂篮安装→悬臂模板安装→悬臂浇筑1#～16#块→中跨合龙（同时进行挂篮拆卸以及边跨排架搭设）→排架现浇段浇筑以及边跨合龙→排架拆除（同时进行桥面系施工）。上部结构施工中的允许偏差值见表1所列。

表1 施工阶段允许偏差表

序号	检查项目	允许偏差
1	挂篮立模标高允许误差	0 ~ +5mm
2	已浇节段标高与相应理论标高允许误差	±20mm
3	相邻节段标高允许误差	±10mm
4	主梁重量控制要求	±5%
5	主梁轴线偏位	±10mm
6	主梁合龙允许误差	±15mm
7	同跨对称点高程允许偏差	L/5000

说明:表中L表示跨度。

3.2 施工方法

（1）桩基钻孔及浇筑

桩基钻孔施工时使用直径1.2 m钢套筒进行护壁，避免塌孔，钻孔选用R312/200、钻孔直径1.2 m的旋挖钻机进行，钢筋笼一次绑扎好；桩基浇筑时采用钢管泵送至孔底，且浇筑过程中需保证钢管底部一直没入已浇筑的混凝土面以下，避免出现断桩等情况；另外，浇筑混凝土至桩顶时，应适当超过桩顶设计标高，以保证破除桩头施工后桩顶标高满足设计要求。

（2）破除桩头施工

待桩基混凝土强度达到设计强度的80%以上之后，采用风镐对桩头约50 cm高度的混凝土进行凿毛破除处理，主要原因在于：①暴露桩基主筋作为承台的配筋；②增大桩头混凝土与承台混凝土的连接面积，保证结构稳定性；③桩身混凝土振捣过程中水泥浆上返，桩头混凝土强度难以保证。

（3）承台浇筑

由于该桥中墩单个承台混凝土达2527.88 m^3，属大体积混凝土，为避免因水化热过大而出现裂缝，采用分层浇筑的方式进行，具体分为4层，厚度分别为第一台阶的65 cm、95 cm、90 cm和第二台阶的150 cm。

（4）墩柱浇筑

墩柱浇筑使用拼装钢模进行分节段浇筑，每个节段高度4.5 m，施工中的作业平台采用上一仓号的模板对拉孔进行搭设。

（5）挂篮及悬臂模板安装

目前国内外常用的挂篮设备主要有菱形挂篮、三角形挂篮、弓弦桁架式挂篮和滑动斜拉式挂篮等，该桥综合考虑各方因素后，决定采用菱形挂篮进行施工。挂篮及模板主体结构在地上拼装后使用塔吊分部吊至0#块上进行组装，安装横梁及模板之前需保证主菱形架垂直度符合要求，同时需保证后锚杆的垂直受力。

（6）上部结构浇筑

上部结构悬臂浇筑采用墩柱两侧对称同时浇筑的方式进行，同时进行主梁顶部设计钢绞线的张拉，以满足施工期间的结构稳定性要求。根据设计计算要求，16个节段的悬臂浇筑完成之后，在进行体系转换时要先进行中跨合龙，然后进行边跨合龙，同时进行主梁底部设计钢绞线张拉。

4　上部结构浇筑控制要点

4.1　悬臂浇筑时临时荷载影响分析

为分析悬臂浇筑过程中结构变形与临时荷载的大小及位置之间的关系，使用桥梁计算软件按左幅2号墩的最大悬臂状态（“T”形悬臂刚接）建立计算模型，如图2。采用控制变量法计算分析以下两种工况（不考虑自重）：①分别在模型一侧16#块前端施加100 kN、200 kN和300 kN的集中荷载（竖直向下，下同），分析其对16#块前端挠度的影响；②分别在模型一侧6#块、11#块、16#块前端施加一个300 kN的集中荷载，分析其对该侧16#块前端挠度的影响。结果见表2、表3所列，如图3、图4所示。

图2　“T”形悬臂计算模型

表2　临时荷载大小对主梁挠度的影响1

施加荷载	挠度/mm
100 kN	−13.2
200 kN	−26.5
300 kN	−39.9

说明：1. 表中数据“–”表示下挠，下同。

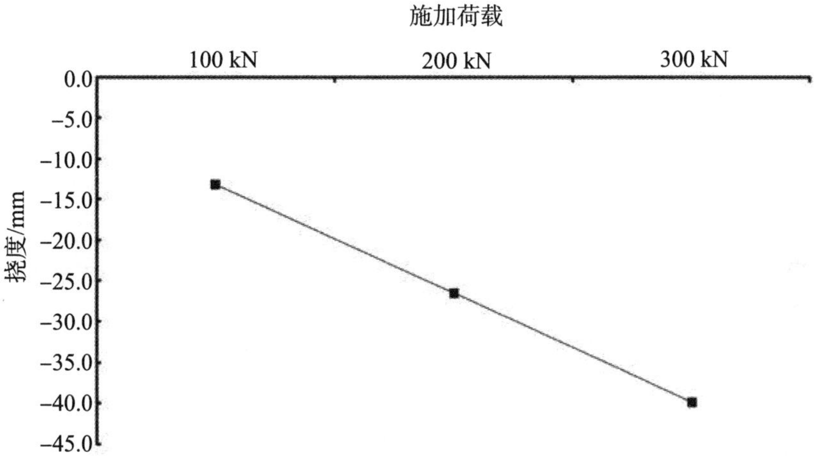

图3　临时荷载大小对主梁挠度的影响1

表3　临时荷载位置对主梁挠度的影响2

荷载施加位置	挠度/mm
6#块前端	−13.6
11#块前端	−25.5
16#块前端	−39.9

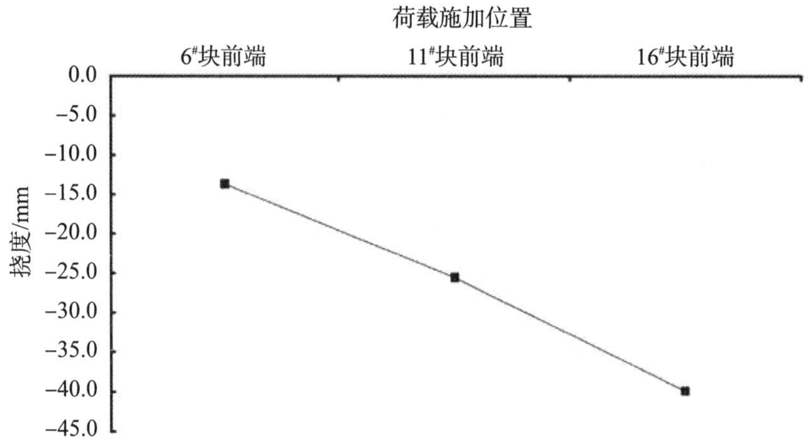

图4 临时荷载位置对主梁挠度的影响2

由表2和图3可知，悬臂施工阶段主梁上堆放的临时荷载越大，主梁发生的挠度也越大，并且基本上呈线性关系；由表3和图4可知，悬臂施工阶段主梁上堆放的临时荷载位置越远离0#块，则主梁发生的挠度也越大，并且从图形上看基本也呈线型关系。

从另一个角度分析，以上结论与悬臂梁受集中荷载的简化模型中挠度计算公式基本一致，公式如下：

$$w_a = \frac{Fl^3}{3EI}$$

式中，w_a —— 悬臂梁受力点挠度值；

F ——集中荷载大小；

l ——悬臂梁长度；

EI ——悬臂梁刚度系数。

公式显示理论情况下挠度值与集中荷载大小成正比，与悬臂梁长度呈3次关系，但此公式计算结果为受力点挠度，若计算相应主梁最大悬臂端的挠度则与表3中数据基本一致。

由以上结论可知，在进行主梁悬臂浇筑过程中必须严格控制已浇梁段上的临时荷载，不在梁段上集中大量堆放钢筋、钢绞线等施工材料或小型空压机、发电机等设备。若情况特殊必须在主梁上堆放的，则应控制其重量，且尽量靠近0#块。

4.2 主梁悬臂及合龙段施工控制

（1）悬臂浇筑施工

桥梁悬臂浇筑期间的施工精确控制首先亦是最重要的即保证测量控制网的精准度。其次便是每个节段的标高控制，在梁体自重作用下在悬臂浇筑过程中及成桥之后会在跨中出现不同程度的下挠，因此在设计阶段便考虑了悬臂施工过程中的预拱。每个节段挂篮行走完成后使用成捆的钢绞线或钢筋对挂篮进行梁段等效荷载预压并测量挂篮高程。综合考虑以上两个标高数据后得出高程作为梁体立模控制标高。

悬臂施工每个节段浇筑完成后，在自重、临时荷载及其他不可预见的荷载作用下其变形后的高程不可能完全与设计标高一致。因此，在进行下一节段立模前需对该节段进行测量复核，分析其与设计标高之间的微小偏差，并在下一阶段中进行调整纠偏。这也是悬臂挂篮浇筑施工方法的重要优势之一。

（2）合龙段施工

中跨合龙段浇筑时，只留一侧挂篮进行施工。该段浇筑完成后，整个桥梁结构体系由悬臂结构变为刚架结构，若合龙段浇筑后变形过大可能会导致整个桥梁结构体系的崩溃，因此该段的变形需进行重点控制。

施工过程中能控制的变形影响因素主要是整体的施工规划、合龙段浇筑温度和后期养护。

桥梁施工启动之前对施工计划的合理性进行分析，检查其是否存在相邻两墩柱因启动时间的差异而导致一侧完成悬臂浇筑后需等待较长时间才能进行合龙的情况；并且在施工过程中对各墩柱及悬臂施工工作面的进度进行严格管控，确保流水施工的连续性；避免出现因不同墩柱悬臂施工的进度差异导致悬臂浇筑完成后等待合龙的时间出现差异，从而产生不同的徐变变形，最终导致无法顺利进行合龙。

合龙段施工选择环境温度15～20℃的时间进行浇筑，浇筑完成后养护工作需要及时跟进，若温度变化过大，则需进行覆盖洒水，减少日照升温造成的混凝土变形。

4.3 主梁预应力张拉控制

该桥预应力张拉工作采用穿心式千斤顶实施，张拉过程中的张拉方式（一端/两端）、张拉时的张拉力、伸长值以及锚固后钢绞线内的张拉力和伸长值等指标严格按照设计文件中数据控制，见表4所列。

表4 主梁预应力张拉控制例表

钢绞线原始参数			预应力张拉流程				
			一端张拉			最终伸长值（mm）	备注
			张拉时		锚固后	—	—
钢绞线编号	钢绞线类别	梁内钢绞线长度（m）	张拉力（kN）	伸长值（mm）	张拉力（kN）	—	—
1129	19C15	18.098	2915.55	93.1	2673.56	89.1	左侧(小桩号侧)张拉
1119	19C15	18.153	2915.55	91.3	2562.77	87.3	左侧(小桩号侧)张拉
1131	19C15	26.154	2915.55	131.9	2626.91	127.9	左侧(小桩号侧)张拉
1127	19C15	26.191	2915.55	131.5	2603.59	127.5	左侧(小桩号侧)张拉
1111	19C15	34.244	2915.55	173.6	2688.14	169.6	左侧(小桩号侧)张拉
1133	19C15	34.224	2915.55	169.1	2565.68	165.1	左侧(小桩号侧)张拉
1118	19C15	34.253	2915.55	170.4	2597.76	166.4	左侧(小桩号侧)张拉

但是张拉过程中往往会由于张拉设备、钢绞线的张拉顺序以及张拉程序不规范而出现预应力损失。

在张拉施工过程中，均以张拉力作为主要控制指标，伸长值作为校核指标，而张拉力的大小主要通过千斤顶油泵上的压力表读数来显示。但实际钢绞线内的张拉力往往比压力表读数小，主要原因是千斤顶活塞与油缸之间的摩擦力抵消了一部分张拉力，而这部分力的大小很难通过计算确定，也就无法通过超张拉的方式来补回。因此，施工方需要在施工过程中对张拉设备进行定期校验，且间隔时间不应超过半年。

张拉顺序在施工前进行规划，在尽量减少张拉设备移动次数的同时满足对称张拉的原则，保证梁体不产生超应力，不出现结构变位，尽量减少后期张拉过程对前期已张拉的钢绞线造成预应力损失。

由表4可知，该桥张拉过程中先进行至张拉力为2915.55 kN，锚固时张拉力变小，这是因为在张拉力达到2915.55 kN时，持荷一段时间后进行锚固，持荷过程中加速了钢绞线松弛损失的早期发展，因此在张拉过程中要严格按照设计要求控制超张拉力以及持荷时间。

5 结语

总而言之，挂篮悬臂浇筑的施工方法目前在全球范围内广泛应用于T型刚构、连续刚构等结构形式的桥梁施工上。在设计合理的条件下，从现场实际条件出发，加强施工各环节的精细化控制，方能保证施工的质量和安全。本文重点介绍了一座大跨度连续刚构桥的各施工阶段和上部结构悬臂浇筑施工方法的控制要点，希望能应用于类似工程中。

参考文献

[1] 于跃波.浅谈预应力砼连续刚构桥发展概况[J].科学之友（B版），2007（3）：56-57.

[2] 蒋延球.大跨径预应力混凝土连续刚构桥悬臂施工技术探讨[J].华东科技（学术版），2014（9）：123-124.

[3] 童建刚.大跨径预应力混凝土连续刚构桥挠度计算和施工控制[D].西南交通大学，2007.

不同MgO掺量下闸坝混凝土的温控研究

焦石磊　姚礼敏　余列强

（广东省水利电力勘测设计研究院，广东　广州 510635）

摘　要：高陂水利枢纽闸坝混凝土主要为碾压混凝土，采用厚层碾压快速筑坝方案，对混凝土进行外掺MgO，以减少干扰快速筑坝的温控措施。通过三维有限元仿真计算，对闸坝混凝土不同MgO掺量下的温度应力场进行研究，结果表明MgO掺量对温度场几乎没有影响，对闸坝基础强约束区内的混凝土应力影响较大。MgO掺量越大应力补偿作用越显著，即混凝土应力越小对温控防裂更有利。外掺5.5%MgO方案下闸坝混凝土水平拉应力基本控制在允许拉应力范围内。相关结论可为工程施工提供借鉴。

关键词：闸坝混凝土；MgO掺量；温度应力；温控防裂

1　引言

韩江高陂水利枢纽工程位于广东省大埔县境内的韩江干流、高陂镇上游约6 km处。枢纽由右岸发电厂房，鱼道，排漂孔，河中18孔泄水闸，左岸船闸，左、右岸混凝土重力坝及变电站等组成。其中泄水闸每孔净宽14 m，闸孔总数为19孔，闸墩厚度3.5 m，总宽度336 m。泄水闸堰顶基本与河床齐平，堰体采用碾压砼结构，下部结构顺水流方向长53 m，最大坝高50 m。两岸的连接建筑物采用碾压砼重力坝，左岸重力坝长103 m，最大坝高36.5 m，右岸重力坝长133.5 m，最大坝高46 m。大体积混凝土温度应力直接影响结构设计、施工及工程经济性，为了加快施工进度，闸坝及重力坝砼采取厚层碾压快速施工方案，因此应尽量简化温控措施，取消通水冷却等干扰快速碾压施工的措施。由于普通硅酸盐产生的自生体积变形是收缩的，而外掺MgO后的混凝土自生体积变形一般情况下可以达到微膨胀的效果，因而可以用其进行应力补偿，减小温度应力值，降低大体积混凝土产生温度裂缝的风险。针对本工程的特点选取泄水闸典型坝段进行三维有限元仿真计算，研究MgO掺量对闸坝碾压混凝土温度应力的影响。

2　三维有限元分析

2.1　有限元计算模型

选取左岸泄水闸坝段（对应桩号坝横0+137～坝横0+165）作为典型坝段，根据结构图（如图1所示）建立三维有限元模型（如图2所示），其中建基面以下基岩厚度约1.5倍坝高，坝轴线上游侧顺河向范围约1.5倍坝高，下游侧顺河向范围约1.5倍坝高，离散中坝体及坝基岩体采用空间8节点等参实体单元。根据闸坝混凝土分区及施工浇筑计划，对闸坝有限元模型进行网格划分。

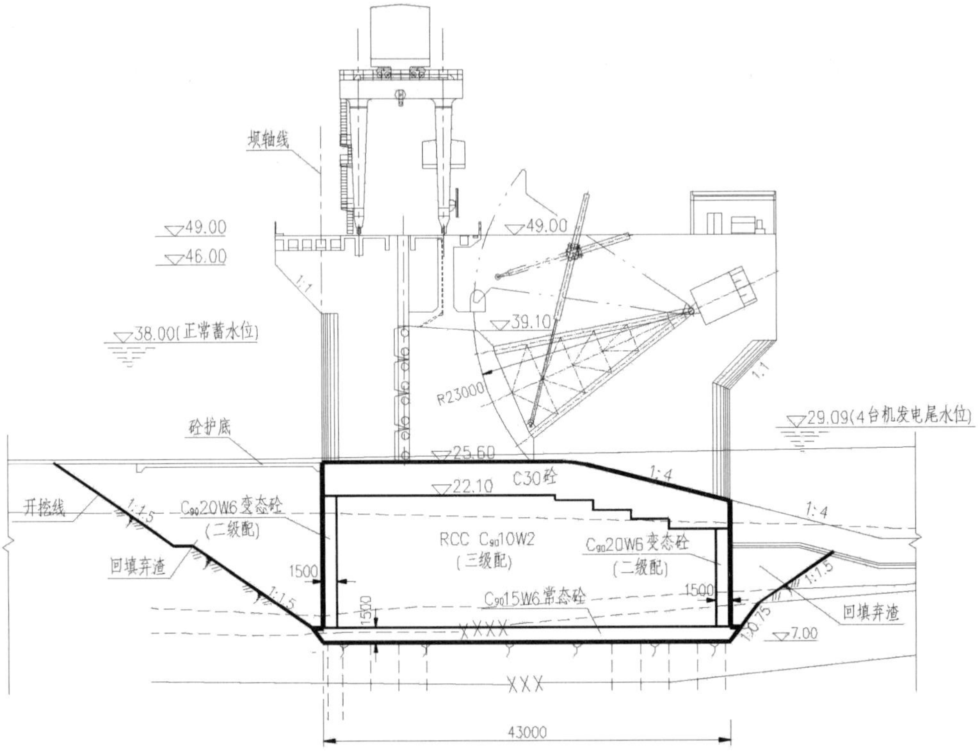

图1　闸坝结构图

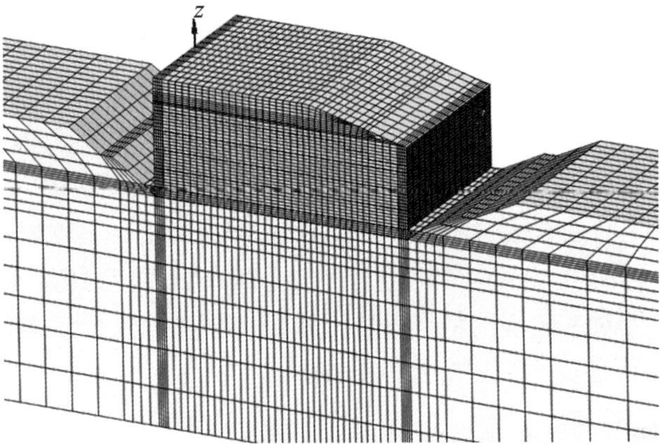

图2　闸坝三维有限元模型

闸坝混凝土在分层碾压浇筑的过程中体形不断变化，计算时可用单元生死来模拟这一过程。首先浇筑之前将坝体混凝土单元全部杀死，再按施工工序将新浇筑的混凝土依次激活。根据坝体的浇筑过程沿着水平方向将坝体分成若干个浇筑层。在计算时，将坝体单元按照从坝基到坝顶的浇筑顺序，分成若干荷载步，依次激活，依此类推，直至坝体的最顶层浇筑层浇筑完毕。在计算过程中，随着坝体单元的逐渐激活，相应的自重荷载、由温度场计算得到的相邻时间步的温度荷载也同时施加。这样就可以仿真计算大坝整个施工期的温度场和应力场。

2.2 初始条件和边界条件

坝体浇筑前，根据地表温度和地基的边界地温以及浇筑当天的空气温度进行稳态温度场计算，并以此结果作为坝体浇筑前的地基的初始温度。新浇筑坝体混凝土的初始温度取为浇筑温度。新浇筑混凝土和老混凝土结合面处的起始温度取上下层结点的平均值。地基部分的边界以及坝体轴线方向两侧面按绝热边界条件处理，坝体与水接触的边界为第一类边界条件，在蓄水过程中取为河水温度，温度为时间的函数；在正常运行期取库水温度，温度为时间和空间的函数。

坝体与空气接触的边界为与空气对流的边界，拆模前对流系数取模板表面放热系数，该系数取值为35 kJ /（m^2·h·℃），拆模后混凝土表面放热系数取值为50 kJ/（m^2·h·℃）。在拆模后用洒水进行养护时，有洒水养护的表面成为混凝土表面与洒水热对流边界，针对高陂枢纽所处地理环境特点，洒水热对流系数取85 kJ/（m^2.h.℃）。

应力场计算中，对于基岩侧面施加法向约束，基岩底部为全约束边界；对于坝体混凝土表面，拆模前施加法向模板约束，拆模后该力学边界条件消失。

2.3 主要参数

（1）地温、气温及混凝土入仓温度

地温的分布较为稳定均匀，一般地表附近接近月平均气温，地表深10 m以上基本上就是年平均气温。针对本工程，初始地温取为多年月平均气温：21.1℃。

对于气温的年周期变化过程，采用《水工建筑物荷载设计规范》（SL 744—2016）中的余弦函数：

$$T_a = T_{am} + A_a \cos\frac{2\pi}{365}(\tau - \tau_0) \tag{1}$$

根据高陂坝址处气象资料，取气温相关参数如下：T_{am}=20.95，A_a=7.83，τ_0=195。

（2）热力学参数

闸坝底部为C_{90}15W6常态混凝土、上下游面为C_{90}20W6变态混凝土、内部为C_{90}10W4碾压混凝土、闸坝顶部溢流面为C30常态混凝土。根据配合比试验成果，坝体混凝土热力学参数选取值见表1、表2所列。

表1 混凝土及围岩热学参数

编号	级配	弹性模量(GPa)					极限拉伸值($\times10^{-6}$)				
		7d	28d	90d	180d	360d	7d	28d	90d	180d	360d
闸基常态C_{90}15W6	三	18.3	21.5	33.8	—	—	60	71	90	—	—
上下游面变态砼C_{90}20W6	二	20.2	23.9	30.5	33.0	35.8	38	96	123	134	141
内部碾压砼C_{90}10W2	三	17.1	20.6	26.5	28.9	31.1	31	60	81	90	97
闸基顶部常态C30	三	15.4	19.2	30.5	—	—	34	61	77	—	—

其中，水化热温升计算公式采用下式（2）：

$$T(t)=\frac{T_0 t}{a+t} \tag{2}$$

式中，a ——水化热达到一半的龄期；

T_0——最终绝热温升。

表2　混凝土主要热力学参数

混凝土种类、强度等级、级配、基岩名称	容重（kg/m³）	弹模（GPa）	泊松比	导温系数（m²/h）	导热系数（kJ/m.h.℃）	比热（kJ/kg.℃）	线胀系数（10⁻⁶/℃）
闸基常态 C_{90}15W6	2400	33.8	0.167	0.0045	10.6	0.96	9
上下游面变态砼 C_{90}20W6	2400	35.8	0.172	0.00366	8.67	0.986	8.6
内部碾压砼 C_{90}10W2	2410	31.1	0.169	0.00365	8.79	1.004	8
闸基顶部常态C30	2400	33.3	0.167	0.0045	10.6	0.96	9
基岩	2580	22	0.180	—	10.5	0.91	—

（3）自生体积变形

基准混凝土（不惨MgO）在养护温度30℃的条件下进行自生体积变形试验，以便与外掺MgO混凝土进行对比。外掺MgO为4.5%、5.5%的三级配碾压混凝土在20℃、30℃、40℃、50℃四种养护温度下进行自生体积变形试验，得到相关自生体积变形的数据。根据闸坝混凝土温度变化规律，选取30℃环境温度下的成果作为本闸坝外掺MgO温度应力研究的参数，其试验结果如图3所示。

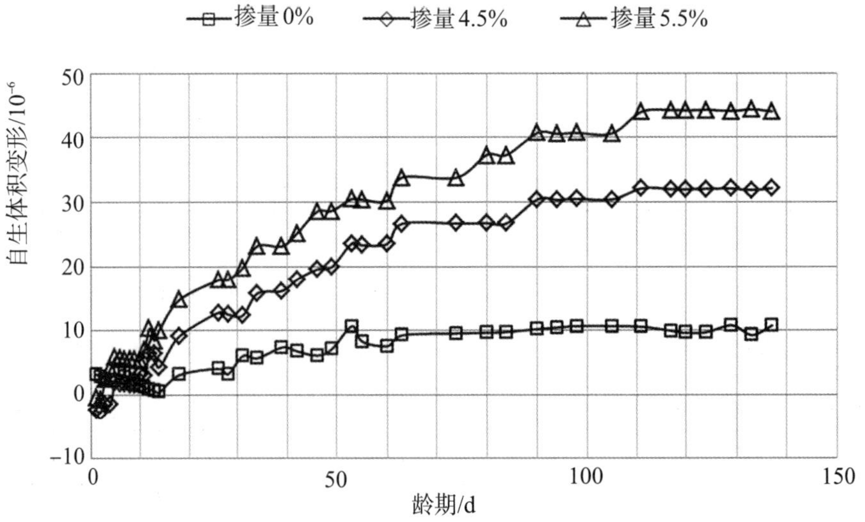

图3　碾压混凝土自生体积变形—龄期关系曲线（30℃）

2.4　计算方案

选取的典型坝段宽28 m，自基础7 m高程至坝顶25.6 m高程共分7层浇筑，首层基础混凝土厚1.5 m为C15常态混凝土，第2～6层为碾压混凝土，顶层厚3.5 m，为C30常态砼。根据施工进度安排，该坝段浇筑起始日期为3月1日，每层之间的浇筑间隔时间15天，计算中模板统一按钢模板模拟，拆模时间为7天。永久暴露面采取洒水的方式进行养护，养护时间为28天，水平施工层面养护维持到上一层碾压混凝土开始铺筑为止。

针对该坝段砼外掺MgO量，拟定三个方案进行仿真计算比较，见表3所列。

表3　计算方案表

计算方案	氧化镁掺量/%	开浇时间	入仓温度
方案1	0	3月1日	自然入仓
方案2	4.5	3月1日	自然入仓
方案3	5.5	3月1日	自然入仓

注：自然入仓指不采取温控措施，入仓温度取当日平均气温+3℃。

其中，各方案均不采取控制浇注温度、通水冷却、坝体保温等温控措施，三方案主要研究MgO掺量对砼温度应力的影响。

3　计算成果分析

3.1　温度场分析

有限元计算结果表明，各层混凝土的温度场均经历了水化热温升、温降和随环境气温周期变化3个阶段，其中闸坝混凝土最高温度出现在顶部溢流面常态混凝土内部，最高温度温度值为49.9℃。3个方案计算结果均显示MgO掺量对温度场基本没有影响，因此3个方案的温度场相同，最高温度包络图及最高温度沿高程分布曲线如图4所示。

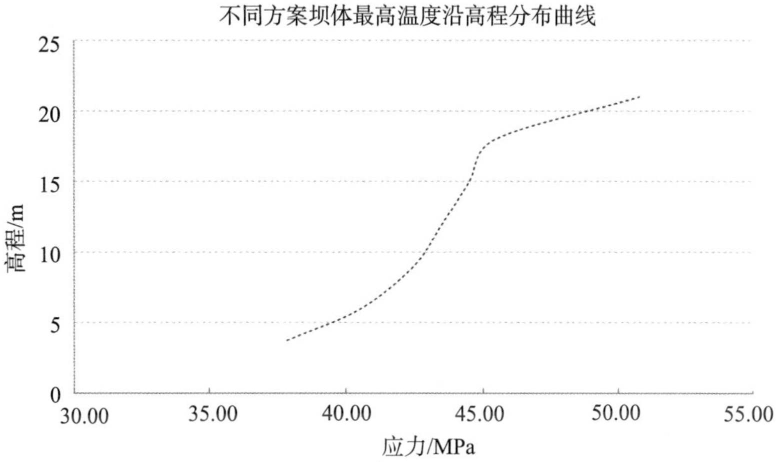

图4　最高温度沿高程分布曲线

分布规律上，自底层到顶层，砼最高温度依次增大，这主要跟浇筑时间有关，后浇筑的砼所处季节气温较高，入仓温度较高，所以相应最高温度值较大。

3.2 应力场分析

根据温度场结果及MgO掺量，计算得到泄水闸坝段3个方案下各部位的最大顺河向及横河向应力值（见表4所列），外掺5.5%氧化镁方案的最大顺河向应力包络图及最大横河向应力包络，3个方案最大顺河向应力及最大横河向应力沿高程分布曲线如图5、图6所示。

表4 典型坝段各部位的最大顺河向及横河向应力表

计算方案	约束分区	砼种类	最大顺河向应力值/MPa				最大横河向应力值/MPa			
			前28天最大值值	允许应力力	施工期最大值值	允许应力力	前28天最大值值	允许应力力	施工期最大值值	允许应力力
方案1（不掺MgO）	基础强约束区	垫层常态砼	0.64	0.74	1.37	1.64	0.64	0.74	1.02	1.64
		碾压砼	0.34	0.53	0.57	1.11	0.75	0.53	1.59	1.11
	基础弱约束区	碾压砼	0.51	0.78	0.64	1.11	0.82	0.78	1.34	1.11
		常态砼	1.97	2.19	3.02	2.98	1.48	2.19	1.91	2.98
方案2（掺4.5%）	基础强约束区	垫层常态砼	0.53	0.74	0.57	1.64	0.54	0.74	0.54	1.64
		碾压砼	0.22	0.53	0.44	1.11	0.68	0.53	1.43	1.11
	基础弱约束区	碾压砼	0.51	0.78	0.67	1.11	0.79	0.78	1.34	1.11
		常态砼	1.62	2.19	2.57	2.98	1.28	2.19	1.69	2.98
方案3（掺5.5%）	基础强约束区	垫层常态砼	0.47	0.74	0.47	0.74	0.48	0.74	0.48	0.74
		碾压砼	0.18	0.53	0.22	1.11	0.65	0.53	1.34	1.11
	基础弱约束区	碾压砼	0.51	0.78	0.51	0.78	0.76	0.78	1.27	0.78
		常态砼	1.72	2.19	2.76	2.98	1.36	2.19	1.84	2.98

注:允许应力值根据《混凝土重力坝设计规范》(SL319-2005)中式F.4.3-1计算。

掺MgO（4.5%、5.5%）与不掺MgO的常态砼及碾压砼，在基础强约束区（前28d及施工期）拉引流管i降低率的百分数，见表5中所列数据。

表5　最大拉应力的降低情况表

计算方案	强约束区	顺河方向应力降低率		横河方向应力降低率	
掺与不掺、多掺与少掺比	砼分类	前28天	施工期	前28天	施工期
计算方案1与2比	垫层常态砼	17.19%	58.39%	15.63%	47.06%
	碾压砼	35.29%	22.81%	9.33%	10.06%
计算方案1与3比	垫层常态砼	26.56%	65.69%	25.00%	52.94%
	碾压砼	47.06%	61.40%	13.33%	15.72%
计算方案2与3比	垫层常态砼	11.32%	17.54%	11.11%	11.11%
	碾压砼	18.18%	50.00%	4.41%	6.29%

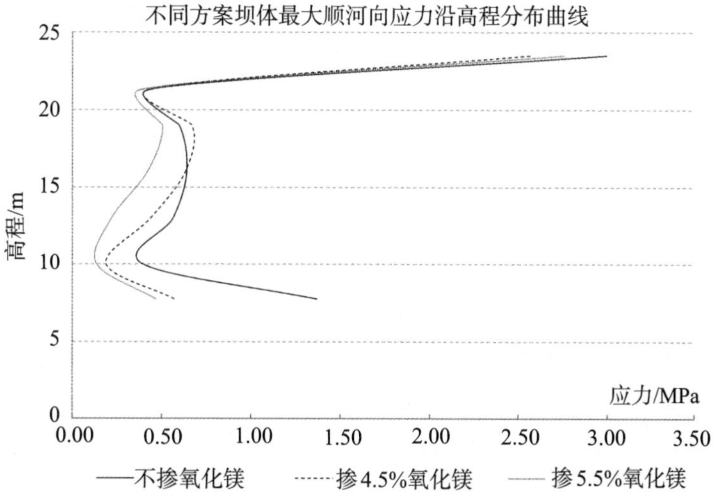

图5　闸坝混凝土各方案下最大顺河向应力沿高程分布对比图

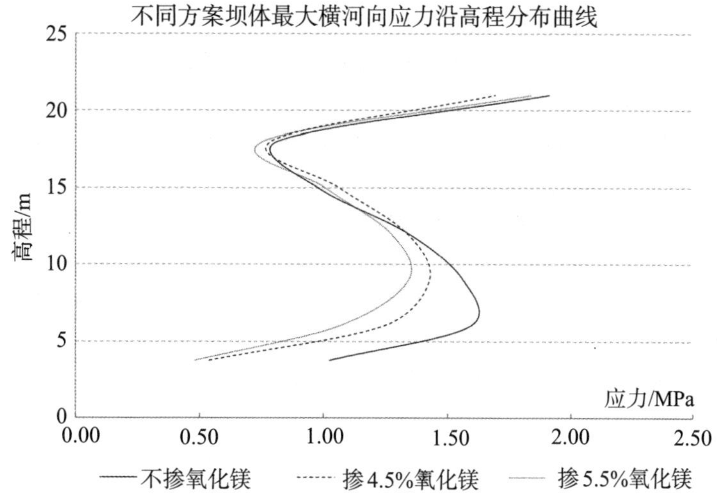

图6　闸坝混凝土各方案下最大横河向应力沿高程分布对比图

由以上计算结果可得到如下结论。

①由于泄水闸坝段基础长边尺寸为43 m，坝段高度为18.6 m，整个坝段基本上位于基础约束区（0.4L）以内。掺MgO后，基础约束区内的砼水平应力均有所降低，尤其是基础强约束区，降幅较为明显，基础弱约束区降幅较小。MgO掺量直接与对应力补偿作用相关，掺量越大，应力补偿作用越大。如5.5%掺量下，应力补偿作用较4.5%方案的要大，相应坝段约束区内的混凝土水平方向应力更小。

②由应力结果表可知，不掺MgO方案，坝段大部分砼水平应力超过了允许应力，不满足应力控制标准。掺4.5% MgO后，28天前最大应力及整个龄期最大应力均有所降低，不满足应力控制标准的区域有所减小，增加MgO掺量至5.5%，坝体应力水平得到进一步改善，基本上均在允许应力范围内，外掺5.5% MgO对控制闸坝混凝土温度裂缝效果显著。

③掺MgO砼，对基础强约束区内砼应力改善效果较为明显，对远离基岩底部的砼的应力补偿作用有限，对此，针对不满足要求的部位应当增加温控措施，如：对泄水闸坝段，3.5 m厚的顶层C30常态砼在高温季节施工时氧化镁对该部位的应力补偿作用较弱，鉴于其温度应力值较大，可采取控制入仓温度、增加冷却水管的措施，以降低混凝土内部的最高温度；对内部碾压混凝土，可在保证掺MgO后混凝土稳定性的前提下提高掺量，进一步提高混凝土应力补偿水平，使内部碾压混凝土拉应力不超过允许值，达到温控防裂的效果。

4 结语

通过对不同MgO掺量下闸坝大体积混凝土温度应力的仿真计算，由于MgO混凝土的微膨胀效果，计算结果表明外掺MgO可显著减小基础强约束区内的混凝土应力，对于远离基础强约束区的混凝土应力补偿效果不明显。此外，MgO掺量越大（一般建议不超过6%）应力补偿效果越好。该结论可为工程施工及温控防裂提供一定的理论依据，为MgO掺量提供参考。

参考文献

[1] 陈鹏飞，李世太，李守义. 外掺MgO对大体积混凝土温度应力的影响分析[J]. 西北水利发电，2006（5）：47-50.

[2] 陈叶文，段亚辉. 溪洛渡泄洪洞有压段圆形断面衬砌混凝土温控研究[J]. 中国农村水利水电，2009（5）：116-119.

[3] 刘亚军，段亚辉，郭杰等. 导流隧洞衬砌混凝土温度应力围岩变形模量敏感性分析[J]. 水电能源科学，2007，25（5）：0077-04.

[4] 陈勤，段亚辉. 洞室和围岩温度对泄洪洞衬砌混凝土温度和温度应力影响研究[J]. 岩土力学，2010，31（3）：986-992.

[5] 朱伯芳.大体积混凝土温度应力与温度控制[M]. 北京：中国电力出版社，2012.

水泥混凝土再生骨料在黄河堤顶道路水稳基层中的应用研究

张 伟[1] 程传来[1] 燕新峰[2]

（1. 淄博市黄河工程局 山东 淄博 255000；2. 江苏赛富项目管理有限公司 江苏 苏州 215314）

摘 要：针对我国当前废弃水泥混凝土污染严重及黄河防洪工程堤顶道路施工石料紧缺的现状，通过分析黄河下游堤顶道路水文地质情况及路面结构，提出了水泥稳定再生骨料混合料的配合比设计方法，并依托黄河下游防洪工程（山东段）第二批施工的建设项目（德州2标段），开展水泥稳定再生骨料混合料的设计与性能评价，并对其经济与社会效益进行了分析。研究结果表明通过对水泥混凝土再生骨料技术指标控制、合理的配合比设计、精确的水泥剂量及含水量控制，合理的施工工艺设计，可以铺筑出质量优良的黄河堤顶道路基层，且技术推广的经济效益和社会环境效益显著。

关键词：黄河堤顶道路 水泥混凝土再生骨料 水稳基层 配合比设计 经济与社会效益

1 前言

废弃混凝土再生骨料是废弃混凝土块经破碎、分级后形成的再生骨料（RCA），它是目前研究和应用最多的再生骨料。根据粒径大小，国外往往将再生骨料分为再生粗骨料（≥4.75 mm）和再生细骨料（<4.75 mm）。在我国，有些学者参照相关规范把再生骨料分为再生粗骨料（≥5 mm）、再生细骨料（08～5 mm）和再生微粉（≤0875 mm），按照技术性能，再生粗骨料分为I类、II类和III类，再生细骨料分为I类、II类和III类，并提出相应的技术指标。目前RCA在水泥稳定碎石基层中的应用正处于起步阶段，多数学者认为RCA具备水泥稳定碎石基层对原材料的技术要求，通过合理设计能够制备出技术性能合格的混合料，但大多仅是理论研究，付诸实践的较少。同时再生骨科也存在许多问题，例如我国常用碎石生产设备用于生产再生骨料的适用性，缺乏稳定再生集料的强度设计标准，稳定再生集料力学特性与路用性能，缺乏稳定再生集料路面结构设计参数等。

此外，目前我国每年产生的建筑垃圾总量约15.5亿吨～24亿吨，占城市垃圾总量的30%～40%，其中水泥混凝土废弃材料占比约50%。与此同时，在黄河防洪工程中，多年来黄河治理和工程加固都形成了较为固定的石料场，但由于近年来石料开采市场产能降低，工程建设所用集料紧张，又因河道治理属于带状工程，石料场分布不均衡，大多处于石料紧缺状态。

如果在黄河堤顶道路的建设中利用部分建筑垃圾中的水泥混凝土再生骨料，不但能够缓解天然集料紧缺的情况，同时也有助于解决建筑垃圾污染问题，还可以实现废弃水泥混凝土再生骨料在黄河防汛相关设施的应用，扩大应用途径。本文基于黄河下游防洪工程

（山东段）第二批施工的建设项目（德州2标段），开展水泥稳定再生骨料混合料的设计与性能评价，研究成果不仅能为全面推广再生骨料的路用提供理论支撑，而且会取得良好的经济效益、社会效益和环境效益。

2 黄河堤顶道路水泥稳定再生骨料混合料配合比设计

2.1 黄河下游堤顶道路水文地质及路面结构设计

黄河下游属温带大陆性季风气候，多年平均气温14.2 ℃；极端最高气温43 ℃，出现于7月；极端最低气温为-17.7 ℃，出现于1月。全年平均风速3 m/s，最大平均风速3.65 m/s，出现于4月。平均年降水量632 mm，降水量年内分配不均，以7—9月份最多，约占全年的58%，1月份最少，仅占全年的01%。7—10月为汛期，12月—次年2月为凌汛期。本文所依托工程位于黄河冲积平原，大堤在此走向北东52°，堤顶高程39.6～40.4 m，临河紧靠黄河，背河地面高程28.7 m左右，背河分布有村庄。堤基15 m深度范围内的第四系全新统河流冲积相或海陆交互相地层，主要为砂壤土、壤土、黏土、粉细砂，相互穿插分布，土的颜色为棕黄色、浅黄色、灰黄色、灰褐色等，层位基本稳定。第四系上更新统河流冲积层以棕黄色砂壤土、壤土为主，夹黏土、粉细砂夹层或透镜体，夹有大小不等的钙质结核。在勘探深度（15～25 m）范围内，险工改建工程区内的地层除堤坝身为人工填土（Q_4^s）外，主要为第四系全新统河流冲积层（Q_4^{al}）、第四系上更新统河流冲积层（Q_3^{al}）。岩性主要为砂壤土、壤土、黏土、粉细砂，铁谢险工有卵石分布。

本文所采用的路面结构见表1所列。

表1 路面结构

路面结构层	高度
AC-13C细粒式沥青混合料面层	5 cm
乳化沥青封层	—
乳化沥青透层	—
水泥稳定碎石基层	15 cm
石灰稳定土底基层	15 cm

2.2 原材料

本文选用的水泥为42.5普通硅酸盐水泥技术性能见表2所列。采用的再生集料为某水泥混凝土道路破碎后的废弃混凝土，分为再生粗集料与再生细集料，其技术指标分别见表3和表4所列。

表2 水泥技术指标

项目	标稠用水量/mL	安定性/mm	3d抗压强度/MPa	3d抗折强度/MPa	凝结时间	
					初凝/min	终凝/min
实测值	28.2	1	22.6	5.1	241	311

表3　再生粗集料技术性能

实测项目	规格				技术要求
	1#	2#	3#	4#	
表观密度/(t/m³)	2.618	2.642	2.671	2.685	≥2.6
吸水率/%	4.1	4.1	4.9	5.6	—
压碎值/%	/	/	27.5	—	≤30
针片状/%	10	14	16.1	—	≤15
高温失水率/%	2	1.9	2.5	2.7	—

表4　再生细集料技术性能

项目	表观密度/(g/cm³)	砂当量/%	高温失水率/%
实测值	2.60	65.5	4.5

2.3　矿质混合料组成设计

根据筛分实验结果，设计本文所采用的矿质合成级配曲线如图1所示。

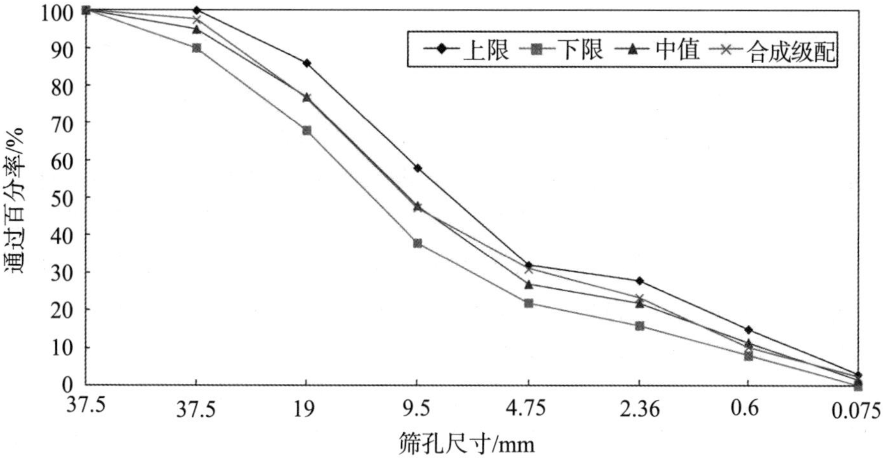

图1　　水泥稳定再生骨料混合料合成级配曲线图

2.4　水泥稳定再生骨料混合料配合比的确定

按照《公路工程无机结合料稳定材料试验规程》（JTGE51—2009）中的重型击实法（丙法）进行试验，材料在风干后进行，试验过程中混合料闷料2 h。试验结果如图2所示。

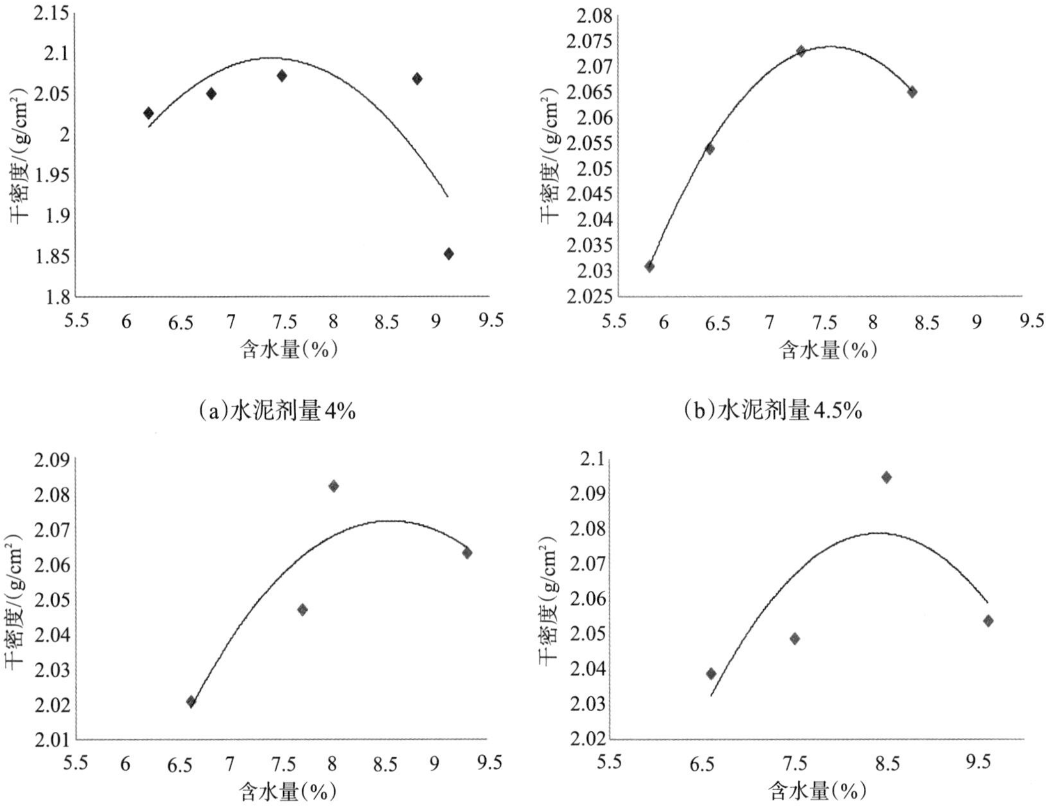

(a)水泥剂量4%　　(b)水泥剂量4.5%

(c)水泥剂量5%　　(d)水泥剂量5.5%

图2　水泥稳定再生骨料混合料击实曲线

根据实验结果，当水泥掺量为4%时，水泥稳定再生骨料混合料的最佳含水量为7.5%，最大干密度为273 g/cm³；当水泥掺量为4.5%时，水泥稳定再生骨料混合料的最佳含水量为7.5%，最人干密度为273 g/cm³；当水泥掺量为5%时，水泥稳定再生骨料混合料的最佳含水量为8%，最大干密度为282 g/cm³；当水泥掺量为5.5%时，水泥稳定再生骨料混合料的最佳含水量为8.5%，最大干密度为295 g/cm³。

根据所确定的最大干密度和最佳含水量，基层采用98%压实度，《公路工程无机结合料稳定材料试验规程》（JTGE51—2009）中静压成型试件方法，成型ϕ15 cm×h15 cm圆柱体试件。按JTGE51—2009中方法测试7d无侧限抗压强度，结果见表5所列。表中$\overline{R}$为平均抗压强度，CV为偏差系数，S为标准偏差，$R_{c0.95}$为95%保证率的抗压强度代表值。

表5　水泥稳定再生骨料混合料7d无侧限抗压强度

水泥:碎石	$\overline{R}$(MPa)	S(MPa)	C_V(%)	$R_{c0.95}$(MPa)
4.0:100	4.12	0.60	14.7	3.13
4.5:100	4.63	0.56	12.0	3.72
5.0:100	4.98	0.58	11.7	4.03
5.5:100	5.29	0.58	10.9	4.34

基层水泥剂量为4.5%时，试件的7d无侧限抗压强度代表值$R_{c0.95}$=3.7 MPa，满足规范要求。

施工过程中，应根据原材料筛分结果随时调整基层混合料中的各档集料的比例，以保证合成级配接近设计级配（见表6所列）。但各档集料微调允许范围不得超过3%，否则应重新进行配合比设计。

表6　水泥稳定再生集料基层配合比设计结果

各规格集料比例(%)					水泥剂量/%	最佳含水量/%	最大干密度/(g/cm³)	7d无侧限抗压强度代表值/MPa
26.5～31.5mm	19～26.5mm	9.5～19mm	4.75～9.5mm	0～4.75mm				
5	32	23	10	30	4.5	7.5	2.073	3.7

3　黄河堤顶道路试验路铺筑及检测

3.1　试验路铺筑工艺

拌和前，先调试和标定所用设备，确保配合比符合设计要求。检查集料的含水量，确定施工配合比。按温度变化及时调整，保持现场摊铺碾压含水量接近于最佳含水量。出料时，检查配合比是否符合设计要求。施工过程中按规定频率抽检配合比情况。拌合前对再生集料含水量进行测试，在此基础上对用水量进行必要的调整。

拌和机出料不允许采取自由跌落式的落地成堆、装载机装料运输的办法。必须配备带活门漏斗的料仓，由漏斗出料直接装车运输。装车时车辆应前后移动，分三次装料，减少粗细集料离析。装料前将车厢清洗干净。应尽快将拌成的混合料运送到铺筑现场。因施工时天气炎热，应加盖篷布，防止水分散失过快。

摊铺前采用自动喷洒机喷洒水泥浆，保证下承层表面湿润，且有一定的水泥浆裹覆。采用1台摊铺机摊铺。摊铺速度为2～3 m/min。在摊铺机后面设专人消除粗细集料离析，特别应该铲除局部粗集料“窝”，并用新拌混合料填补。

压实设备为1台单钢轮压路机（20吨）和1台胶轮压路机（30吨）。初压：采用单钢轮压路机压实，碾压速度为1.5～1.7 km/h，碾压遍数2～3遍，碾压方式为静压。复压：采用单钢轮压路机压实，碾压速度为1.8～22 km/h，强振2遍、弱振2遍。终压：采用胶轮压路机，碾压遍数应以弥合表面微裂纹、松散以及消除轮迹为停压标准。压实过程中，对压实度进行了检测，满足98%的要求。

每段碾压完成以后应立即进行压实度检查，并同时采用湿润的土工布严密覆盖养生。用8t以下洒水车洒水养生，洒水车的喷头要用喷雾式。

3.2　试验路检测

路面铺筑养生7 d后进行钻芯，取出完整芯样。

铺筑过程中取料成型试件测试无侧限抗压强度，结果见表7所列。

表7　无侧限抗压强度结果

试件序号	轴向荷载P/kN	强度值/MPa
1	85	4.81
2	91	5.15
3	83	4.7
4	70	3.96
5	74	4.19
6	80	4.53
7	70	3.96
8	76	4.30
9	72	4.07
平均值	—	4.41
偏差系数	—	9.4
标准差	—	0.42
代表值	—	3.72

通过对芯样及取料成型制备试件的检测数据来看，水泥稳定再生骨料混合料基层的强度指标满足JTGE51—2009。

4　技术推广的经济效益与社会效益分析

4.1　经济效益评价

上述研究表明，在黄河堤顶利用废弃再生水泥混凝土是可行的，下面进行社会经济效益分析，以每消耗10 000 m^3废弃水泥混凝土为例进行计算，所产生的直接经济效益估算如下。

（1）节约费用

密实混凝土10 000 m^3，破碎后再生集料约为12 500 m^3，以市场价160元/立方米计算，节省集料费用约200万元。节省填埋所需机械及人工费：埋置每公里的废弃混凝土，其挖掘工程量约为10 000 m^3；挖掘机租赁单价为5～6元/立方米，则所需挖掘机租赁费用3.75万元左右。节省埋置废弃混凝土的土地及土地征用费：密实混凝土10 000 m^3，破碎后废弃混凝土块12 000 m^3，以填埋深度2米计算，填埋12 000 m^3（混凝土需要占地面积6000 m^2，节省征地费用约54万）。节约环境治理费约为30万元。运输每公里的废弃混凝土，假设运距10 km、运输单价为1.5元/t·km，则节约运输费用为22万元。

（2）增加费用

若运距相同，则将废弃混凝土运输至碎石破碎场的运输费用与废旧混凝土外运费用相抵。破碎再生集料的费用约为25元/立方米，则破碎每公里的废弃混凝土增加费用约40万元。

（3）直接经济效益总计

综上，再生利用10 000 m^3水泥混凝土材料产生的直接经济效益约为：200+3.75+54+30−40=247.75万元。

4.2 社会环境效益评价

旧水泥混凝土再生集料可重新铺筑路面，也可以将回收材料用于其他工程，能最大限度地发挥旧水泥混凝土材料的资源价值、减小天然石料开挖和废料堆放土地，其社会效益体现在以下几个方面。

（1）节约土石方资源

该技术可充分利用废旧水泥混凝土材料，从而节省大量的优质天然石料。再生利用10 000方旧水泥混凝土材料可节约集料约12 500 m^3。

（2）节约废料堆放土地

随着经济的发展和城镇化的推进，土地资源日趋紧张，土地供需矛盾日益严重。10 000 m^3旧水泥混凝土需要堆放废弃混凝土约12 000 m^3。

（3）保护环境

通过对旧水泥混凝土材料的再生利用，降低了废旧材料对堆放场地周边造成的环境污染，因为旧水泥混凝土堆放场地周边的土地不能进行耕种，雨水的冲刷和渗透对地下水也造成了严重的污染。通过再生利用可以改变其对周边环境所造成的污染，这个作用是无法用金钱来估量的，因此对旧水泥混凝土进行重复利用具有很大的经济效益和社会效益。

由此可见，旧水泥混凝土的再生利用能减少废弃料对环境的污染，尤其是对地表水和地下水的污染，并节约了大量的土地，也避免了石料过度开采造成的环境破坏，同时经济效益显著。其成果对保护生态环境、促进公路建设可持续发展具有重要的意义，完全适合大规模推广应用。

5 结语

本文依托黄河下游防洪工程（山东段）第二批施工的建设项目（德州2标段），开展水泥稳定再生骨料混合料的设计与性能评价，研究结果表明通过对水泥混凝土再生骨料技术指标控制、合理的配合比设计、精确的水泥剂量及含水量控制，合理的施工工艺设计，完全可以铺筑出质量优良的黄河堤顶道路基层，且技术推广的经济效益和社会环境效益显著。

参考文献

[1] 徐 平，张敏霞. 我国建筑垃圾再生资源化分析[J]. 能源环境保护，2009，23（1）：24-26.

[2] 王 健，李 懿. 建筑垃圾的处理及再生利用研究[J]. 环境工程，2003（6）：49-52+4.

[3] 庞永师，杨 丽. 建筑垃圾资源化处理对策研究[J]. 建筑科学，2006（1）：77-79.

[4] 王罗春，赵由才. 建筑垃圾处理与资源化[M]. 北京：化学工业出版社，2004.

[5] JGJ/T 240-2011，再生骨料应用技术规程[S].

[6] 王婷灏. 废旧道路材料混合再生基层材料力学性能研究[J]. 甘肃科学学报，2019，31（2）：92-96.

[7] 魏华，邓晓青，蒋曦. 水泥稳定建筑垃圾粒料基层施工技术及应用[J]. 筑路机械与施工机械化，2013，30（1）：58-60+64.

[8] 李征. 再生集料在道路基层中的应用[J]. 山西建筑，2006（3）：168-169.

[9] 卢铁瑞，侯献云，白洪岭，等. 水泥混凝土路面再生利用技术应用研究[J]. 公路交通科技，2006（11）：20-24.

[10] Le HB ， Bui QB . Recycled aggregate concretes - A state-of-the-art from the microstructure to the structural performance[J]. Construction and Building Materials，2020，257：119522.

光纤光栅监测系统在抽水蓄能电站水道系统中的应用

刘宝昕　崔海波　王永晖

（中国电建集团北京勘测设计研究院有限公司，北京 100024）

摘　要： 抽水蓄能电站水道系统采用光纤光栅监测系统进行应力应变及温度监测，较常规监测方式可节省大量的监测电缆、简化水道监测系统、方便施工期观测，并为后期工程监测自动化系统局域网提供通信通道，降低监测子系统间的组网难度，节省工程投资。

关键词： 抽水蓄能电站；水道系统；光纤光栅；监测；自动化

1　引言

抽水蓄能电站水道系统常位于山体内，贯通上、下水库与地下厂房，其工程特性决定了电站建筑物空间分布范围广、距离远、高差大。安全监测采用常规电类传感器，通常每支仪器需要一根专用电缆，电传信号易受干扰及衰减，传输距离有限，水道系统需设法将监测电缆就近引出；水道系统监测站常设置在上水库进/出水口、施工支洞封堵段外、地下厂房周圈廊道、调压井井口、下水库进/出水口等部位，不能集中观测；若要建立自动化监测系统，则施工支洞封堵段外、调压井井口以及地下厂房周圈廊道的监测站，因位于地下或深山，其供电和数据传输将十分困难，甚至部分传感器无法实现自动化监测；另外在上水库、下水库和地下厂房之间建立自动化监测系统专用通信线路也存在困难。光纤光栅监测系统较好地解决了上述问题，一定程度上改善了抽水蓄能电站水道监测系统的状况，也为自动化监测系统的建立提供了便利。

2　光纤光栅传感系统概述

2.1　光纤光栅传感器

常见的光纤传感器技术主要有几种：法布里-珀罗空腔光纤传感技术、布拉格光纤光栅（FBG）传感技术、低相干涉光纤传感技术、拉曼散射分布式光纤传感技术和布里渊散射分布式关系传感技术。均是通过光纤传感器将被测物理量转化为光信号，对光信号某一特征量进行测定，根据该特征量与被测物理量的特定关系，计算得出被测物理量的精确变化量。光纤传感器通过光信号实现物理量的监测，与常规电测传感器相比，具有传输距离远、抗电磁干扰能力强、耐腐蚀、防雷等优势，逐渐在工程监测中得以应用。常规电类传感器和FBG光纤光栅传感器性能对比见表1所列。

表1　常规电类传感器和FBG光纤光栅传感器性能对比

类型	常规电类传感器	FBG光纤光栅传感器
信号传输距离	0.1 ~ 2 km	35 km
损耗	—	0.20 dB/km（优质单模光纤）
传感器供电要求	需供电	无
绝缘要求	高	无
抗电磁干扰能力	一般	极好
耐腐蚀	一般	很好
防雷	差	极好

光纤光栅传感器是一种点式光纤传感器，传感器的两块光栅组合形成莫尔条纹（如图1所示），被测物理量变化引起光栅移动，光栅的移动距离通过光电检测系统对移过的莫尔条纹进行计数、处理后自动测量出来。传感器安装埋设方式与常规电测类传感器基本相同，两端出纤的光纤光栅传感器可从任一端进行测量，并可多支传感器串联后进行远距离传输，这不但使仪器的成活机会提高了一倍，还成倍地减少了传输介质的数量，并且突破了常规电测类传感器传输距离的瓶颈，可进行动态测量，成本也相对低廉，还具有常规电测类传感器所不具备的优势，为抽水蓄能电站水道系统监测提供了新的选择。

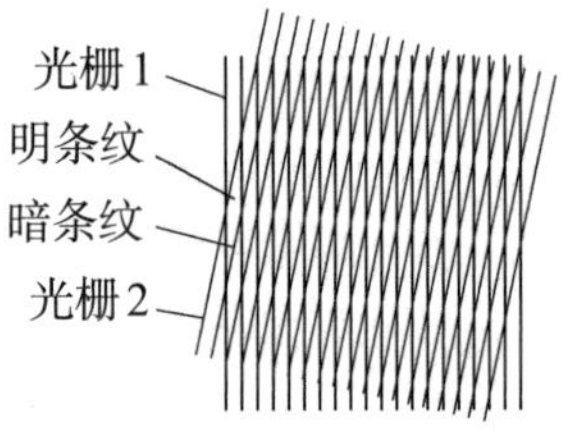

图1　莫尔条纹图形

2.2　光纤光栅监测系统

光纤光栅监测系统主要由宽带光源、信号传输光纤、光纤光栅传感器、信号解调等组成。其工作流程是将宽带光源产生的光波作为载波经入射光纤传输到传感器，光波的某些特征参量在传感器内被外界物理量调制，含有被调制信息的光波经出射光纤传输到光电转换部分，经调解后得到被测物理量的大小和状态。

抽水蓄能电站水道光纤光栅FBG监测系统考虑了施工期临时观测、充水调试期动态自动观测、电站监测自动化系统局域网通信等，系统典型布置包括：至少1台计算机、若干FBG监测传感器、多通道光纤光栅解调仪、单模多芯铠装主干光缆和单模单芯铠装连接光缆等（如图2所示）。

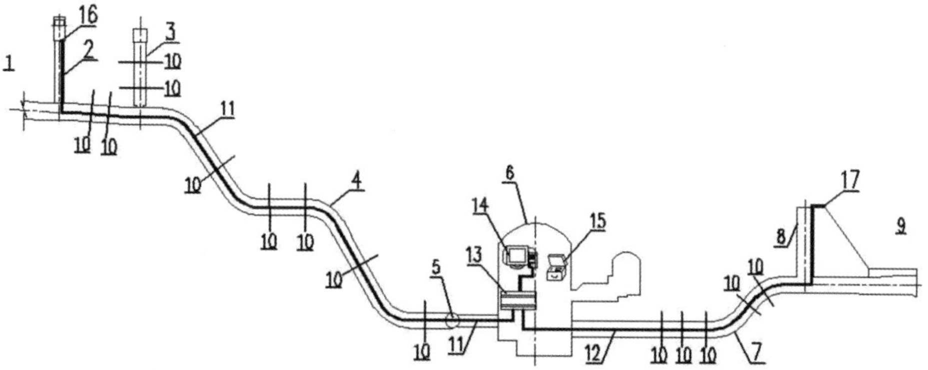

1. 上水库；2. 上水库闸门井；3. 引水系统调压井；4. 引水系统；5. 岔管；6. 地下厂房；
7. 尾水系统；8. 下水库闸门井；9. 下水库；10. 水道系统监测断面，布置FBG光纤光栅传感器；
11. 引水系统主干光缆；12. 尾水系统主干光缆；13. 多通道光纤光栅解调仪；14. 计算机；
15. 便携式光纤光栅解调仪；16. 至上水库监测室；17. 至下水库监测室。

图2　抽水蓄能电站水道监测系统典型布置示意图

3　工程实例

3.1　工程简介

某抽水蓄能电站为一等大（1）型工程，总装机容量1200 MW，额定水头521 m。电站枢纽主要由上水库、水道系统、地下厂房系统、下水库工程组成。水道系统总长约2.3 km，由上水库进/出水口、引水隧洞、引水调压井、高压管道、尾水隧洞和下水库进/出水口组成，引水系统采用一管两机方式，尾水系统采用一洞一机方式，直进直出厂房。

3.2　监测项目及仪器类型

尽管光纤光栅传感器技术已较为成熟，但在抽水蓄能电站水道系统鲜有应用，因此，该工程谨慎地在应力应变和温度类监测项目上选用了光纤光栅（FBG）传感器。

水道系统监测部位包括引水隧洞、引水调压井、高压管道、尾水隧洞及上下库进/出水口，监测断面衬砌类型包括钢筋混凝土衬砌和钢板衬砌，设置的监测项目及仪器类型汇总见表2所列，另外结合排水廊道对水道的外水压力及渗流量进行监测。

表2　水道系统安全监测项目及仪器类型汇总表

序号	监测类别	监测项目	仪器类型	备注
1	变形	围岩内部变形	振弦式	—
		接缝变化	振弦式	—
2	渗流	渗透水压力	振弦式	—
		地下水位	—	测压管
		渗流量	—	量水堰

续表

序号	监测类别	监测项目	仪器类型	备注
3	应力应变和温度	钢板应力	FBG	—
		混凝土应力应变	FBG	—
		温度	FBG	—
		钢筋应力	FBG	—
		锚杆应力	FBG	—
		压应力	振弦式	—
4	环境量	调压井水位	压阻式	—

3.3 断面设置及仪器接入

水道系统围岩以Ⅱ、Ⅲ类为主，局部穿越断层、破碎带等部位为Ⅳ～Ⅴ类围岩，安全监测选择围岩条件相对较差和有代表性的部位设置监测断面。监测断面分布于1#和2#引水系统的上平段、调压井、上斜井、中平段、下斜井、下平段、岔管段，1#和3#尾水系统的下平段、斜井段，3#和4#尾水闸门井。水道系统共布置监测断面33处，子断面合计58个，共布置光纤光栅（FBG）传感器369支（见表3所列）。

表3　A电站水道系统监测断面及仪器数量统计表

工程部位	主断面(处/个)	辅助断面(处/个)	电类传感器(点/支)	FBG传感器(点/支)
1#引水系统	11/23	4/4	112/177	160/184
2#引水系统	6/15	1/1	72/109	79/92
1#尾水系统	2/4	3/3	30/42	36/40
3#尾水系统	3/5	3/3	32/51	47/51
4#闸门井	0	0	2/8	2/2
合计	22/47	11/11	248/387	324/369

对于光纤光栅（FBG）传感器，按监测断面逐个进行串接后再与主干光缆的光纤进行“U”形熔接。每根光纤最多可接入传感器的数量根据光纤光栅解调仪的带宽所能容纳传感器的最小带宽的数量确定；传感器的最小带宽基于工作带宽并考虑传感器缓冲区带宽及制作误差带宽最终确定。本工程采用的光纤光栅解调仪的带宽为40 nm，经综合考虑传感器占用的最小带宽按2 nm考虑，每根光纤最多可接入20支传感器，对于含温补光栅的传感器则只接入10支传感器。

3.4 主干光缆芯数及敷设线路

3.4.1 确定主干光缆芯数

主干光缆采用单模多芯铠装光缆，在每条需监测的隧洞内设置1根。主干光缆芯线数根据所在隧洞的传感器数量、每根光纤拟接入的传感器数量、隧洞设置监测断面的个数、每个断面传感器的数量初定，同时考虑有效利用光纤光栅解调仪的通道数以及留足备用芯线、统一主干光缆芯数等因素。以本工程1#引水系统为例，通常确定主干光缆芯数有三种方式。

方式一：根据FBG传感器总数量确定。本工程1#引水系统FBG传感器数量最多，为184支，考虑温补光栅，每根光纤按最多可接入10支传感器计算，则主干光缆需要19根光纤。该方式确定了光缆的最少芯线数，可充分利用接入光纤的解调仪通道，但监测断面间调配的工作量大，不利于施工和管理，除非解调仪通道资源紧张，一般仅作为参考不作为最终结果。

方式二：根据FBG传感器监测断面个数确定。本工程1#引水系统共有监测断面27个，其中布置有FBG传感器的监测断面有21个，断面内FBG传感器不足5支的有2个、5～8支的13个、10～15支的3个、15～20支的2个，22支的1个，按每根光纤最多接入10支传感器、不考虑断面间共用光纤计算，则主干光缆需要28根光纤。该种方式确定了光缆较为宽裕的芯线数，便于施工和管理，但对于接入传感器数较少的光纤则浪费了解调仪的通道资源。

方式三：在方式二的基础上进行优化调配。一是传感器数量（或余数）均少于5支的那2个监测断面可共用1根光纤，二是传感器数量（或余数）之和小于10的那2个监测断面可共用1根光纤。按前者调配，则主干光缆可优化为25芯。调配后，解调仪通道资源得以高效利用，施工和管理也较为方便。

在上述计算方式的基础上，考虑为监测自动化系统提供通道以及统一采购降低费用等原因，本工程1#和2#引水系统、1#尾和3#尾水系统均采用32芯主干光缆。

3.4.2 主干光缆敷设线路

分别沿1#引水系统和2#引水系统各设置一条32芯主干光缆，上水库端分别从上水库两个进出水口闸门井引出，最终引至上水库值班房监测室，厂房端分别经高压支管沿地下厂房上游边墙最终引至副厂房监测室。

分别沿1#尾水系统和3#尾水系统各设置一条32芯主干光缆，下水库端分别从下水库1#、3#尾水闸门井引出，沿左岸库顶公路电缆沟引至拦河坝值班房监测室，厂房端分别经1#、3#尾水管沿地下厂房下游边墙最终引至副厂房监测室。

3.4.3 兼顾监测自动化系统局域网通信

水道系统光纤光栅监测系统主干光缆的敷设线路除了满足水道系统监测外还需兼顾自动化系统局域网通信监测。本工程监测自动化系统设置三个监测管理站，分别位于上水库值班房监测室、地下厂房副厂房监测室和下水库值班房监测室，与水道光纤光栅监测系统主干光缆的两端在同一房间。自地下副厂房监测室至下水库值班房监测室和上水库值班房监测室，各有2根光纤光栅监测系统的32芯主干光缆连通，均可提供至少2芯光纤供监测自动化系统组网使用。

3.5 观测

系统配备便携式光纤光栅读数仪，方便施工期对未接入主干光缆的FBG传感器进行人工观测。FBG传感器接入主干光缆后，通过中速光纤光栅解调仪即可在计算机上实现施工期的自动观测。

光纤光栅监测系统除可进行常规的静态监测外还可进行动态连续监测，如获取水道系统充放水、机组调试、机组甩负荷试验等快速工况过程中的连续监测数据，从而捕捉到瞬间极值，以判断水工结构在快速工况下是否安全。

4 监测成果

在1#机组甩100%负荷过程中，利用光纤光栅监测系统获取了高频次的动态监测数据。图3是1#机组甩100%负荷过程中截取的5分钟内岔管主管监测断面7个钢板应力测值的过程曲线。这对常规电类传感器来说是难以实现的。

图3给出1#机组甩负荷全过程钢板应力变化情况，监测频率设置为每5秒采集一次，从图中可以看出，钢板应力在机组甩负荷后出现第一次极大值和极小值后，其相应峰值即逐渐衰减，经过约40秒后逐渐恢复到甩负荷前的应力状态，甩负荷过程中钢板应力值最大波动幅度约10 MPa。

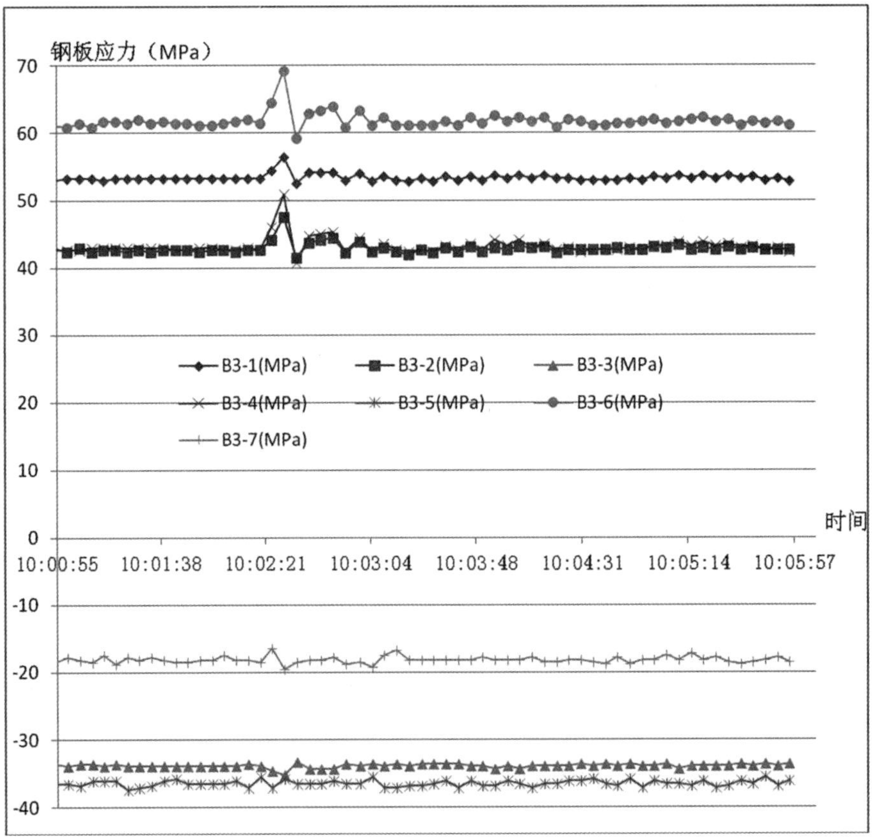

图3　1#组甩100%负荷过程中岔管主管钢板应力变化过程曲线

5 结语

①光纤光栅监测系统应用于抽水蓄能电站水道系统，并兼顾监测自动化系统局域网通信，较常规监测方式节省了大量的监测电缆，简化了水道监测系统，降低了监测子系统间的组网难度，节省了工程投资。

②采用光纤光栅传感器，突破了常规电类传感器传输距离的瓶颈，其传输距离远远超出了抽水蓄能电站水道系统的长度，该光纤光栅监测系统模式可以应用到其他蓄能电站。

③水道光纤光栅监测系统能够在施工期及早实现静态和动态自动监测，在水道系统初次充水过程中、机组调试及甩负荷过程中方便进行高频次或连续动态监测，能够捕获瞬间极值，这对于监控结构安全具有重要意义。

参考文献

[1] 索丽生，刘宁. 水工设计手册. 第11卷. 水工安全监测[M]. 2版. 北京：中国水利水电出版社，2013.

[2] 中国水电顾问集团北京勘测设计研究院有限公司. 一种抽水蓄能电站水道监测信号采集装置和监测系统：中国，ZL 2014 2 0266783.3[P]. 2014-09-17[2015-03-05].

浅析EPC模式下的施工管理
——以某公路工程特大桥人工挖孔桩项目管理为例

李小波

（中国电建集团成都勘测设计研究院有限公司，四川 成都 610072）

摘　要：EPC工程总承包模式下施工管理的四大目标——安全目标、进度目标、质量目标、费用目标，加强施工管理是上述四大目标得以实现的前提。充分利用EPC总承包方施工和设计的整合优势，在某特大桥人工挖孔桩施工过程中，将四大目标贯穿于整个施工过程，从而实现了总承包项目管理目标。

关键词：EPC模式；人工挖孔桩；项目管理

1　概述

EPC模式，英文全称为Engineer Procure Construct，是集设计、采购、施工为一体的总承包模式。近年来，国家大力提倡推行EPC工程总承包。

EPC的核心是施工和设计的整合，充分利用总承包商自身的技术、管理等优势来缩短工程建设周期，提高工作效率，降低工程造价。

在某公路工程大桥人工挖孔桩施工管理过程中，笔者作为总承包方工程管理人员，充分意识到施工和设计的整合效应，将施工管理的安全目标、质量目标、进度目标、费用目标贯穿于整个施工过程，从而实现了项目管理目标。

该大桥全长840 m，主墩高100 m，主跨长200 m，主桥上部结构为预应力混凝土连续刚构箱梁，采用群桩基础，设计桩孔深度多数为30～40 m。

2　大桥人工挖孔桩施工管理之四大目标的实现

笔者以某大桥人工挖孔桩施工管理为例，详述EPC模式下的施工期四大目标实现过程。

2.1　施工安全管理

该公路工程大桥桩基施工受场地条件限制，机械成孔施工难度大，因此采用人工挖孔作业。桩深度多数为30～40 m，而人工挖孔过程中面临孔壁坍塌、物体打击、出渣高空坠物、窒息、触电、爆破伤害等多种伤害，安全风险极大。

根据安全生产相关法规，人工挖孔桩开挖深度大于16 m，为超过一定规模危险性较大的分部分项工程。总承包项目部组织编制了人工挖孔桩专项施工方案，并经过专家论证。根据专家意见和建议，对专项施工方案进行了补充、修改和完善。

专项方案实施前，施工单位技术负责人对现场管理人员和作业人员进行了安全技术交底。施工过程中，严格按照专项施工方案施工，加强安全监管，不定期巡查，针对施工现场作业人员的不安全行为进行耐心劝导，及时消除物的不安全状态，采取改善施工作业环境等措施消除施工安全隐患。特大桥桩孔开挖过程中未发生生产安全事故，实现了安全生产目标。

2.2 施工进度控制

根据该特大桥实施性施工进度计划，将桩基施工进度目标分解到周，跟踪进度计划，每周末对该周进度偏差进行分析，针对工期紧张的情况，采取必要的经济措施、组织管理措施，如延长工作时间、奖励措施等。

桩基施工过程中，进度主要受以下几个方面的影响：①火工产品管理较严格，存储量不能满足现场需求；②随着深度增加，地层岩石更加坚硬、完整，钻孔时间更长，每日开挖进尺较小；③人工挖孔劳动强度大，效率较低，工人经常出现生病现象；④成孔、钢筋笼制安、混凝土浇筑等工序之间衔接不上；⑤砂石骨料、水泥、钢筋等原材料受当地运输条件限制；⑥混凝土拌和系统等临建系统出现故障。

桩孔开挖过程中，总承包项目管理人员在了解设计意图后，根据施工现场开挖揭示的地质条件与设计人员进行及时沟通，发挥总承包设计与施工整合的优势，建议优化桩长，减少挖孔深度，缩短开挖工序持续时间，进而实现进度目标，同时也有利于成本控制。多数桩孔开挖深度减少了5～10 m，实现了施工进度目标，同时也有利于施工成本控制。

2.3 施工质量控制

工程质量是企业的生命，施工管理必须加强质量控制，确保工程实体质量。总承包项目部首先要求施工分包商建立、健全质量管理体系与质量管理制度并保证其有效运行；其次，对进场主要原材料必须严格按照规范要求的频率进行抽检试验，只有合格的原材料方可使用于主体工程，从源头控制施工质量；最后，严格对关键工序的验收、主控项目均应合格。桩基施工中，挖孔桩分项工程桩孔直径、桩孔深度、混凝土强度是主控项目，钢筋笼制安分项工程受力筋间距、保护层厚度等为主控项目。

强化工程质量过程管理，严格执行“上一道工序未验收下一道工序严禁施工”的原则。桩孔重要隐蔽工程必须经三方人员验收确认后，方可进行钢筋笼安装。

总承包项目部质检人员通过巡视、检查、旁站、试验检查、工序验收等手段，加强质量过程控制并及时形成质量管理资料。

2.4 施工成本控制

在施工过程中，施工成本控制是指对影响施工成本的各种因素加强管理并采取各种有效措施。施工成本控制主要是控制设计变更、工程变更。工程量清单综合单价分包合同模式下，桩基工程成本控制主要在于减少负变更，尽量为正变更，通过设计优化，充分发挥总承包设计与施工整合的优势。根据开挖揭示出的地质条件优化设计桩长，从而实现成本控制目标。

3 结束语

EPC工程总承包模式实现了建设生产过程的组织集成化，克服了因设计与施工的分离导致的投资增加，以及克服了因设计和施工的不协同而影响的工程建设进度。EPC模式将设计、采购、施工等三方项目管理的弊病变为项目内部管理，充分发挥了设计与施工整合优势，有利于实现施工管理四大目标。

参考文献

[1] 郑家祥，刘伟才，雷军.设计院承担EPC项目在施工管理中的优势[J]. 水电站设计，2012，28（2）：2-5

[2] 刘羽佳. 浅谈EPC工程总承包管理模式[J]. 中小企业管理与科技（下旬刊），2012（1）：101-102

[3] 陈永辉. EPC工程总承包管理模式的运行探讨[J]. 山西建筑，2010，36（27）：205-206

[4] 吴云良，何武全，刘智. 水电工程EPC总承包管理模式及应用[J]. 水资源与水工程学报，2011，22（6）：155-157

“扩桩成墙”施工工艺在某水电站加固施工中的研究应用

刘　亮　　刘　付

（中国水电基础局有限公司，天津 031700）

摘　要：本项目研究了一种混凝土导墙基础加固的方法。“扩桩成墙”施工方法的研究基于某水电站左导墙建基面以下基础加固项目。沿着平行于混凝土左导墙（宽度6.2 m）轴线的方向，对轴线长80 m范围内、桩径1 m、桩中心间距1.5 m的非连续桩用“旋挖钻机成孔、冲击钻机+定位导向装置定向扩桩成槽”的施工方法，将相邻两桩间桩底高程以上左导墙建基面以下桩间基岩凿除，实现桩间连通，经过捞渣、清孔、换浆、下设接头管、下设钢筋笼、下设浇筑导管、浇筑混凝土等工序，达到单幅成墙。每幅“扩桩成墙”含2个桩孔和2孔之间的一幅墙段，通过分组实施、逐孔推进，多幅衔接，实现多个墙段在左导墙基础底部形成一道连续封闭的防洶墙。

关键词：导墙基础加固；扩桩成墙；声呐检测；国内首例

1　引言

某水电站导流明渠左导墙宽度6.2 m，基础为砂岩、混合岩、碳质页岩，局部穿过F1断层带，地基状况较差。电站建成运行后，历经河床左侧水流不间断淘刷，导墙底部冲刷，出现较大空腔，影响导墙稳定。

2019年，为彻底解决导墙底部基础被冲刷、被侵蚀、并阻断导墙两侧水力联系。在设计确定实施灌注桩方案的基础上，结合施工经验及工程设计意图，通过高导墙基础底部复杂地层“扩桩成墙”技术的研究，确定采用“旋挖钻机成孔、定位导向器+冲击钻机定向冲击扩桩成槽”的施工方法，将左导墙建基面以下至桩底高程以上桩间基岩凿除，进行基岩段定向冲挖成槽，并采用水下混凝土压球法开浇、接头拔管工艺套接实现成墙。该技术在不破坏原混凝土导墙整体结构的前提下，增强导墙整体稳定性，有效地完成了混凝土导墙基础的加固，在导墙底部地基岩层状态差的部位形成一道封闭连续的防淘墙，有效解决导墙底部冲刷、淘蚀问题，从根本上消除了电站运行安全隐患。

2　“扩桩成墙”方案确定

初期左导墙设计方案为抗冲桩。为切断导墙基础部位的水力联系，更好地解决水流长期淘刷基础的问题，提出“扩桩成墙”实施理念，即使用全孔桩构造增加本体承载能力，并在导墙建基面下部“扩桩成墙”增强导墙基础的抗冲能力。

行业知名专家到现场踏勘、探讨，提出解决“下墙”的若干建议，主要方案为单轮铣侧面扩挖成槽、高压射水切割成槽、改装液压钻头扩桩搭接成槽等。

四种建议方案施工原理见表1所列。

表1　成槽施工原理

序号	方案名称	原理
方案1	单轮铣侧挖成槽	沿轴线长度方向设置限位导轨,单轮铣槽机沿限位导轨活动,排渣装置设置与喷渣管底部连通,通过在槽段内多次平移喷渣管,利用单轮铣槽机进行铣削土层
方案2	高压水切割成槽	利用高压水对基岩进行破碎切割成槽
方案3	改装液压钻头扩桩搭接成槽	在液压作用下,扩孔翼沿钻杆轴线均匀张开,张开的扩孔翼在扭矩作用下切割土体,均匀扩大桩径
方案4	冲击钻定向扩桩成槽	将定位导向装置提前放置入孔内扩挖区域并固定,采用冲击钻机冲凿定位导向装置,冲击过程中,因定位导向装置占据孔内空间,冲击钻头挤压冲击导向装置相反侧土体基岩,实现定向扩挖成槽

四种成槽方案优缺点见表2所列。

表2　成槽施工方案比选

序号	名称	施工优点	施工缺点	备注
方案1	单轮铣侧挖成槽	施工精度高,速度快	占地面积大,场地布置受限,成孔孔斜要求高,成本高	—
方案2	高压水切割成槽	不受场地限制,成本低	切割水压力、范围不易控制,可能造成大面积塌孔,存在安全风险	—
方案3	改装液压钻头扩桩搭接成槽	操作方便、施工简单	对地层均质性要求高、不适宜硬质岩层,不能定向扩挖	—
方案4	冲击钻定向扩桩成槽	施工进度快,不受场地限制,可定向扩挖,成本低	对成孔孔斜要求高	—

通过理论研究、试验模拟比较，最终确定方案4为最优方案。

3　“扩桩成墙”施工工艺

3.1　施工流程

采用大扭矩旋挖钻机钻进灌注桩至设计底高程，随后使用85t履带吊吊装1台冲击钻（配ϕ80 cm钻头、定位导向装置），分别由桩孔两侧进行由上至下的定向扩挖成槽施工。定位导向器的最下缘厚度为55 cm，冲击钻头随定位导向器凹槽向下冲击、劈打侧面，形成既定方向及深度的槽段。期间配合旋挖定期捞渣、清孔，连通成墙。经槽型验收后，采用“水下混凝土压球法开浇、接头管拔管套接法”工艺实施浇筑，即在分组的套接孔下设接头管，导管浇筑串联孔的桩、墙混凝土。

以上工序不断循环作业，最终在导墙要求深度范围内，形成桩及一道连续的防渗防淘墙。以1#、2#桩为例，施工流程简述如图1所示。

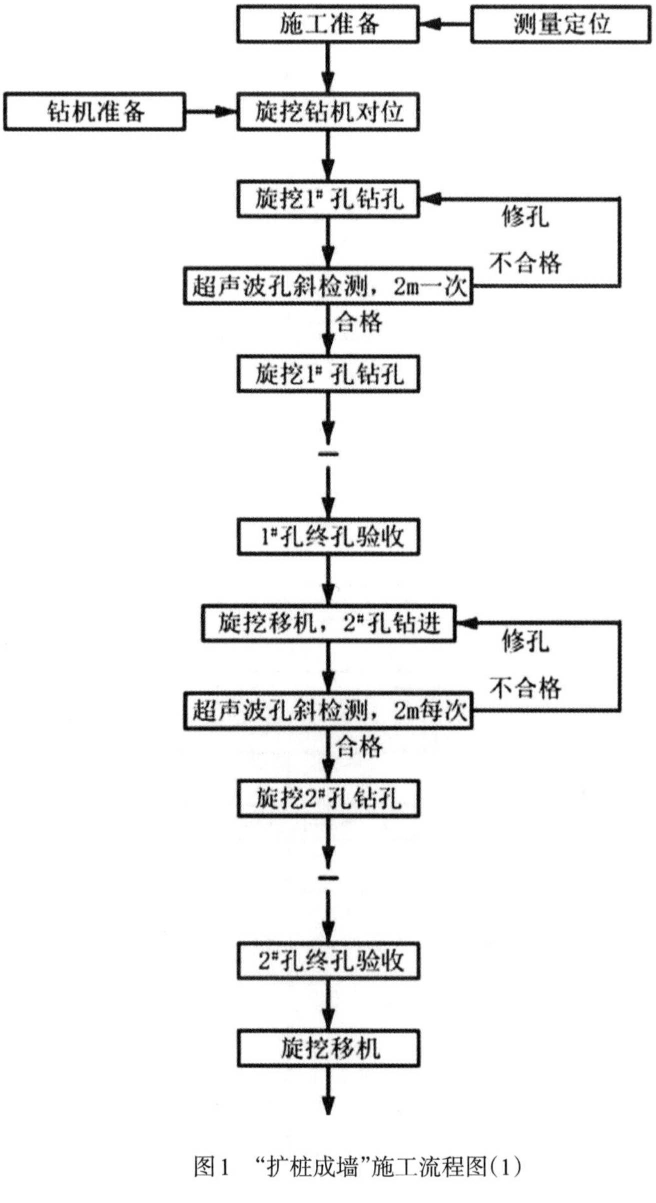

图1 “扩桩成墙”施工流程图(1)

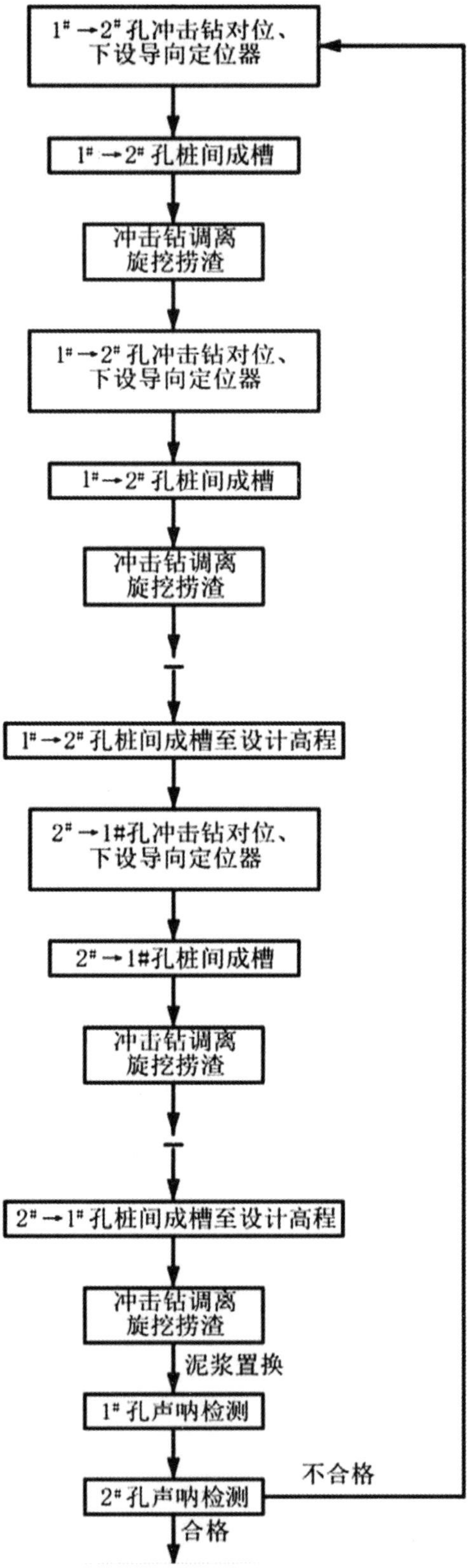

图1 “扩桩成墙”施工流程图(2)

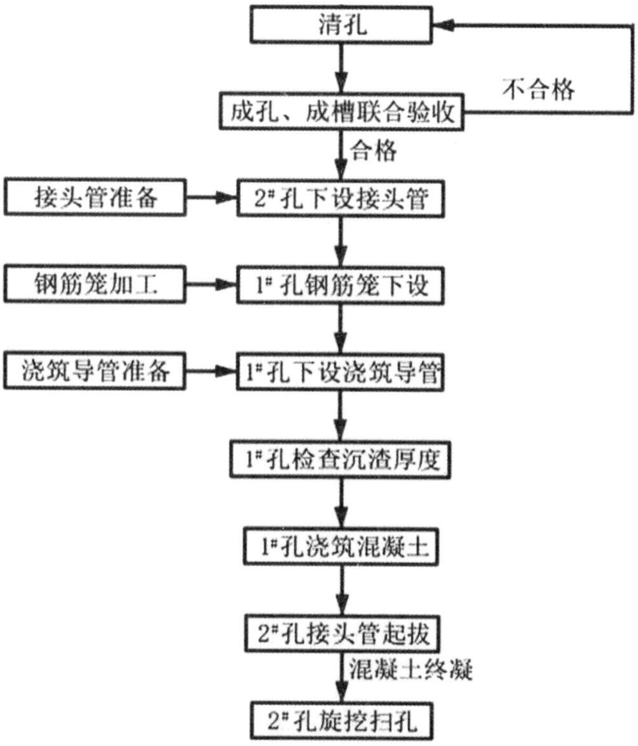

图1 “扩桩成墙”施工流程图(3)

3.2 施工工艺

（1）旋挖钻机成孔

①桩位测量放样。测量人员根据桩位施工图将“扩桩成墙”抗冲桩桩位逐一放样定位，用醒目十字线画出桩位点，做好标识并妥善保护。

②旋挖钻机就位。放样完成后，旋挖钻机按照拟定分组施工顺序就位，确保对位准确、钻机牢固平稳。旋挖钻机移动时，应由专人指挥，同时做好桩位点保护。

③旋挖钻机钻进。开孔前，对开孔位置、孔位中心、平台高程进行复查。确认无误后，将钻头中心点对准桩位十字线交叉点，调平钻头、调直钻杆，低速稳压开孔作业。首先完成1#孔成孔作业，然后移机钻进2#孔，完成2#成孔施工。

④孔斜、孔型控制。旋挖钻机钻进过程中，严格孔斜控制。在钻机自身垂直度控制基础上增加过程中垂直度复核。采用超声波测斜仪进行孔斜的检测，出现孔斜偏差时及时纠偏。

旋挖钻机钻孔示意图如图2所示。

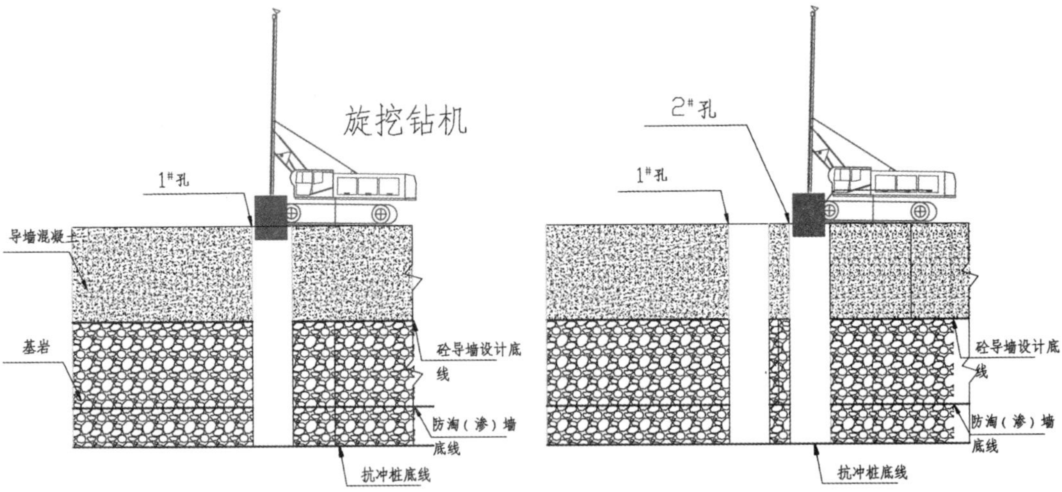

旋挖钻机钻进1#孔至孔底　　　旋挖钻机钻进2#孔至孔底

图2　旋挖钻机分组钻进施工示意图

（2）冲击钻成槽

旋挖钻机成孔至孔底后，采用定位卷扬机将定位导向器顺钢丝绳沿1#桩孔孔壁下放至冲槽位置，定位导向器在桩孔内贴壁平稳后固定位置，随后下设冲击钻头，冲击钻头沿定位导向器斜面在1#桩孔内定向朝2#孔方向岩体冲击、切削、钻凿桩间基岩，直至钻凿至桩底高程以上5 m处（如图3所示）。

在1#桩孔扩孔完成后，采用上述相同步骤对2#桩孔朝1#桩孔方向进行扩孔，将导墙建基面下部两桩桩间基岩完全凿除（如图4所示），使两个桩孔连通形成相互套接的咬合孔（如图5所示）。

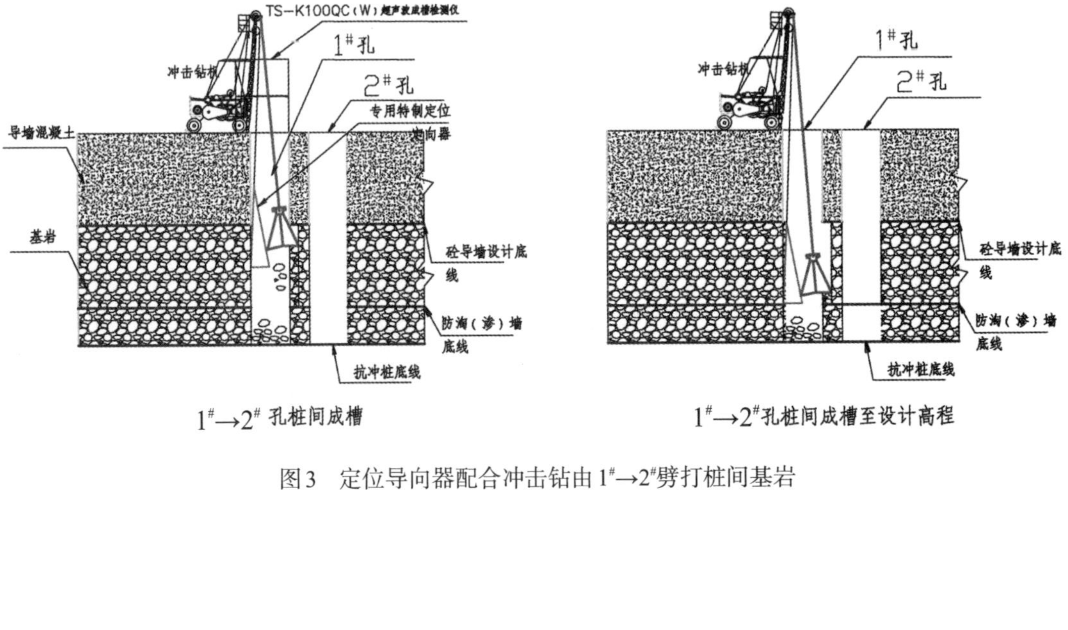

1#→2# 孔桩间成槽　　　1#→2#孔桩间成槽至设计高程

图3　定位导向器配合冲击钻由1#→2#劈打桩间基岩

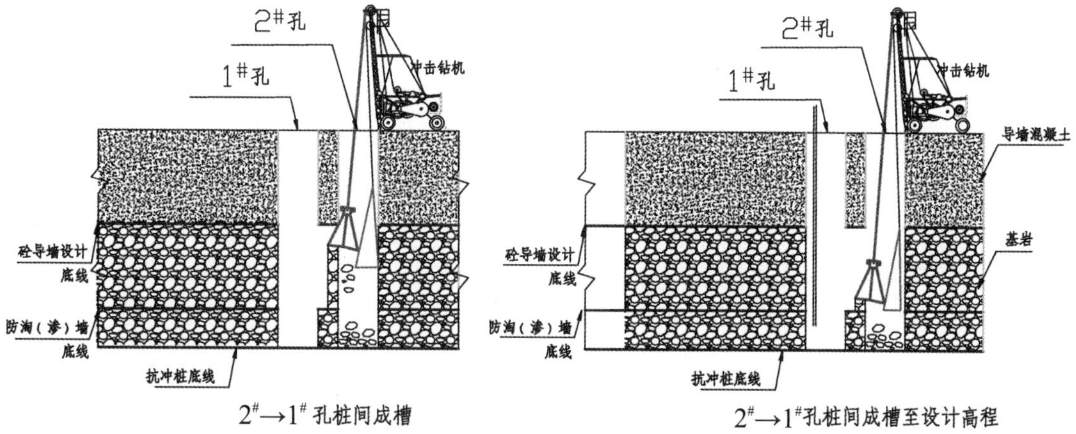

图4　定位导向器配合冲击钻由2#→1#劈打桩间基岩

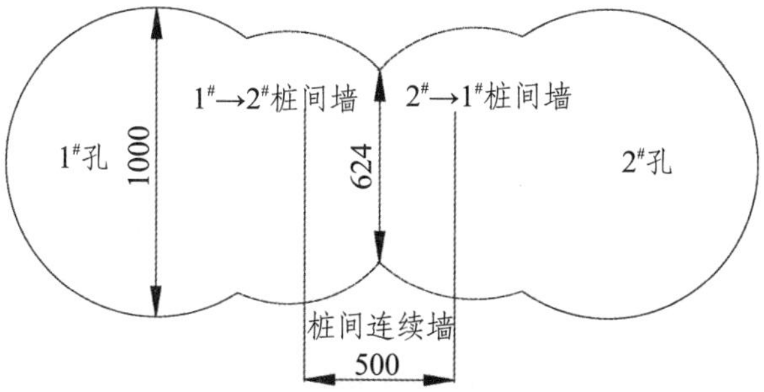

图5　单幅桩间墙成槽效果示意图(单位:mm)

其中，定位导向器为本项目专门研制（如图6所示）。成槽过程中采用最大厚度55 cm的定位导向器配合 ϕ80 cm的冲击钻头。冲击成槽过程中，采用旋挖钻机配合孔内捞渣。

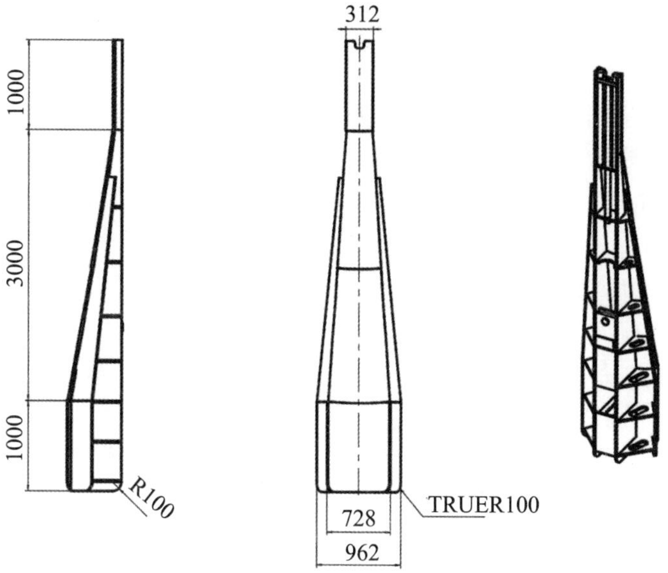

图6　定位导向器示意图(单位:mm)

（3）槽型检测

在冲击钻扩桩成墙形成单幅桩墙连通孔后，采用Imagenex 881A Borehore Sonar型声呐检测仪器进行槽型检测。在$1^{\#}$孔进行槽体连通性和成槽宽度的检测，从孔口高程下放声呐仪器，通过槽壁声呐反射信号形成连通孔断面的成槽图形，每米检测一个断面，施测至孔底高程。

在$1^{\#}$孔声呐检测完成后，采用上述相同方法对$2^{\#}$孔进行声呐检测。声呐检测成槽剖面如图7所示。

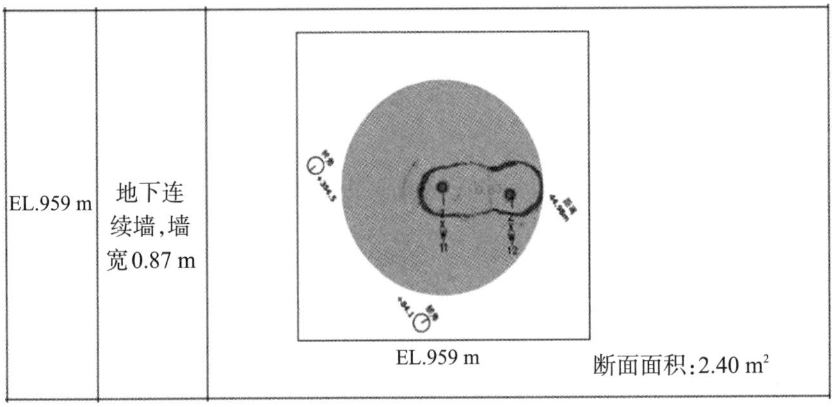

图7　声呐检测成槽剖面图

（4）清孔、下设钢筋笼及接头管

①清孔捞渣。成槽检测合格后，采用旋挖钻机换平底捞渣钻头进行清孔捞渣作业。将钻渣及泥、砂等沉淀物捞出孔外，捞取过程中掺入优质泥浆保证孔内液面高程。

清孔验收标准：清孔完成4 h后，沉渣厚度不大于200 mm。

②下设接头管。清孔验收合格后，采用85 t履带吊进行$2^{\#}$孔接头管下设。

首先，清洗、检查接头管，进行试拼接，观察垂直度；其次，在底节接头管底部绑上粗筛网或焊上钢板，防止混凝土进入管内；然后，按照试拼接的顺序逐根依次下设。

③下设钢筋笼。采用左导墙顶端85 t履带吊“逐节起吊，分节下设、孔口对接”的工艺，在$1^{\#}$孔下设钢筋笼。

④下设浇筑导管。导管使用前，进行试拼装、注水密封试验，并按自下而上顺序编号、标示尺度。每次下设前进行外观质量检查，包括表面平整度、丝扣完好性、密封完好性、连接处泥沙等。导管底口距孔底距离30～50 cm。

（5）混凝土浇筑成墙

采用压球法开浇。导管埋入混凝土面的深度控制在3～6 m，最小埋入深度不得小于2 m，导管勤提勤拆，严禁提出混凝土面。

$1^{\#}$孔浇筑混凝土过程中需不断上下活动$2^{\#}$孔内接头管，通过观察接头管微动时的压力变化和同条件混凝土试块初凝状况，判断接头管起拔时机。

$1^{\#}$桩孔浇筑完成后，混凝土将充满$1^{\#}$孔和$1^{\#}$～$2^{\#}$孔桩间墙，形成一幅桩墙（如图8所示）。

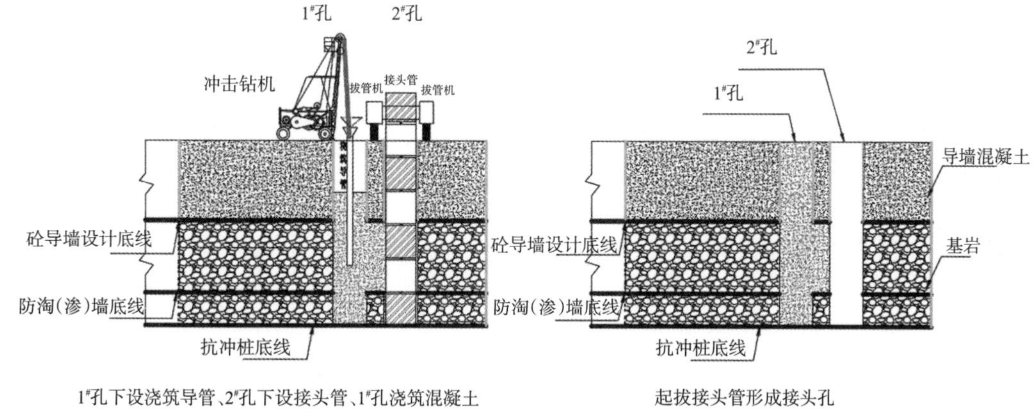

图8　下设接头管、导管浇筑混凝土工序示意图

按照以上1#、2#孔施工工艺，分组实施、逐孔推进，赶羊施工。每个墙段进行以2个桩孔为一组的底部基岩“扩桩成墙”施工，每组“扩桩成墙”含2个桩孔和2孔之间的一幅墙段。最终实现整个墙体底部连接，形成一道防渗防淘墙。

4　控制要点

4.1　技术控制要点

①旋挖钻机成孔孔斜率是成槽的前提条件。抗冲桩最大深度59 m，桩间墙宽度0.5 m，孔斜率控制不超过0.2%方可顺利成槽。每钻进2 m采用成槽检测仪检测孔斜并及时纠偏，过程中，采用增加钻具长度、“低压慢钻”等措施施工。尤其加强开孔、混凝土和基岩接触段、软弱基岩接触段、斜岩等关键部位的孔斜控制。

②冲击钻成槽是扩桩成墙的核心工作。根据不同岩层，动态调整钻凿方法。钻至软弱地层时“轻打勤放”，即采用小冲程、高频次、勤放钢丝绳的钻进方法；遇到坚硬地层时提前采用高强耐磨块加焊钻头，采用高冲程、低频次的点击重打法。

③接头管套接成墙是桩间墙施工的重点。单孔下设起拔接头管比常规防渗墙槽段内下设接头管难度增加。保证台钳、卡子固定牢固无松动，上下管口连接处对齐，接头管下设垂直。破碎岩层、塌孔地段浇筑过程中增加接头管活动频次和幅度，放缓混凝土浇筑速度，避免过大冲击力造成管体倾斜、增加难度，甚至出现“铸管抱管”隐患。

④混凝土浇筑是成槽的关键工序。它采用压球法开浇，准确计算首灌方量，保证导管埋入深度不小于1 m。需严格控制混凝土坍落度，连续浇筑，不得中断。

4.2　安全控制要点

①左导墙宽度6.2 m，两侧临空，作业区间狭小，安全风险高。根据“扩桩成墙”分区分组施工情况进行区域化管理，划分责任区，明确责任人及安全职责。

②左导墙两侧设置硬隔离措施。在导墙明渠侧搭设宽度1.5 m人行栈道，保证人员安全通行，避免与施工作业区交叉。

③在旋挖钻机、履带吊车、冲击钻机作业时，进行封闭隔离管理并悬挂警示标示，严禁非本工种作业人员进入施工区。

④起吊作业前，由技术负责人进行安全技术交底，并安排专职安全员全程监督落实，划分吊装责任区并设警示标识。吊装辐射范围内严禁人员停留，并由司索工、信号工指挥吊装作业。

5 “扩桩成墙”实施效果

左导墙“扩桩成墙”槽段连通性声呐检测817个点，其中，墙段厚度最大值1.6 m，最小值0.13 m，平均值0.79 m，墙厚测点小于0.4 m的点数34个，占比4.16%，远远小于设计指标10%的技术要求。

按照设计要求，抽取3幅桩墙钻孔取芯并进行注水试验、孔内摄像、声波对穿检测。芯样完整、密实、无断层，孔内摄像显示混凝土无裂缝、无明显气泡、密实、完整，桩间墙对穿声波最小值3911 m/s，各项指标均满足设计要求。

通过“扩桩成墙”施工技术在某水电站左导墙加固中的实施应用，使导墙的钢筋混凝土结构内成桩，在左导墙建基面以下地层内成墙，形成一道封闭连续的防淘墙，实现对混凝土导墙基础的补强加固，彻底解决了水电站混凝土导墙基础的淘刷问题，有效阻断了导墙两侧的水力联系，从根本上保障了电站的安全运行。

6 结语

“扩桩成墙”施工工艺在某水电站左导墙加固中的成功实施填补了国内此类施工技术的空白，达到在高导墙深部基础“扩桩成墙”的目的，同时解决了施工技术参数、施工工艺、质量控制等问题，为工程施工提供科学的施工工艺和施工方法，对大型水电站已建建筑基础进行加固补强提供了解决问题的新思路、新方法，为类似工程的施工提供了指导意见。

参考文献

[1] 高钟璞. 大坝基础防渗墙[M]. 北京：中国电力出版社，2000.

[2] 傅祝体. 混凝土防渗墙的常用技术及其发展[J]. 科技咨询导报，2007（2）：204-205.

[3] 邝柏昌. 水利水电工程中混凝土防渗墙施工技术的应用[J]. 建材与装饰（下月刊），2008（5）：197-198.

缓解城市热岛效应的新型混凝土——海绵混凝土

沙雲晴

（纽卡斯尔大学建筑工程管理，澳大利亚 2308）

摘要：随着社会经济的发展，人们越来越重视生活环境，尤其关注气候变暖这一全球重大问题。城市规模的迅速扩大，导致城市相对于郊区的温度较高，从而形成了“热岛效应”。城市热岛效应正逐渐引起人们的重视，而道路面积在城市建设中占有很大比重，因此路面质量对城市环境起着决定性的作用。基于多孔水泥较高的孔隙率，将吸水材料海绵加入混合材料中形成多孔海绵水泥混合材料，是有效解决城市热岛效应的途径之一。本文通过对现有相关文献进行系统研究，从对城市温度控制、城市辐射反射、城市路面渗透性、城市水循环和城市环境的影响方面详细讨论了多孔海绵混凝土调节城市热岛效应的作用机制，并提出了多孔海绵水泥混凝土路面现存的缺陷。

关键词：多孔海绵混凝土；热岛效应；城市路面；降温

1　引言

随着大中城市人口数量的增长和车辆的频繁运行，绿化混凝土、水泥混凝土等传统铺装材料铺设的城市道路和广场区域成为夏季城市温度上升的原因之一。在城市温度升高过程中，城市中心区域的温度升高更为明显，称为“城市热岛效应”。1982年，奥凯将城市温度与郊区温度之差定义为“热岛强度”（如图1所示）。

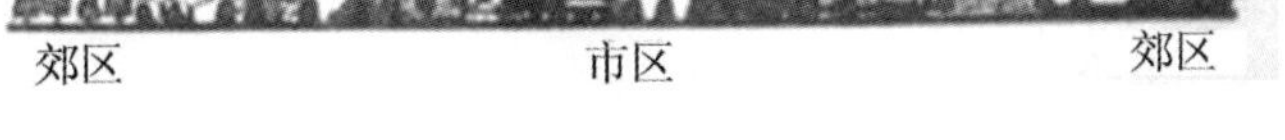

图1　热岛和热岛循环图

波梅兰茨将城市热岛效应定义为由大量的人工加热、建筑物和人造路面等高储热体以及绿地减少造成的城市高温的升高。申克在1972年提出，城市热岛效应是指城市的温度明显高于附近郊区温度的现象。凯尔认为，在近地面当的温度分布上，郊区的温度变化非常小，而城市地区是一个高温区，就像一个突出于海面的岛屿，因为这个岛代表了城市的高温区域，所以被形象地称为“城市热岛”。此外，吉姆和克罗索都认为城市热岛反映了一个温差的概念，只要城市和郊区之间存在明显的温差，就可以说明存在城市热岛。

造成城市热岛效应的主要原因有两个，一个是人造工程的增加，另一个是人造热源的增加。首先，萨布尼斯认为，大量的人造建筑结构、铺设地面、建筑墙体等，改变了城市地区的热属性。这些人造工程的吸热速度快，热容量小。在 相同的太阳辐射条件下，它们比自然地表（绿地、水面等）升温更快，所以这些人造工程的表面温度明显高于自然地表。其次，工厂、机动车等燃烧燃料会消耗大量能源，也会排放热量，增加对城市的热量排放，导致底层地表温度上升。相反，费拉罗认为城市热岛效应的主要原因是城市绿化面积的减少和城市水域面积的减少。通过对萨斯文献的研究，严左仁指出在增加城市绿化面积和城市附近水域面积的前提下，城市热岛效应并没有得到缓解，城市热源的增加仍然是城市热岛效应产生的主要原因。

基于以上分析，可以认为城市热岛效应的主要原因是人类活动造成的城市热源的增加。其中，城市铺装地面加剧了城市热岛效应。由于多孔海绵水泥路面是近年来得到普遍关注的一种典型透水降温路面，一定程度上可以缓解城市热岛效应的影响，因此，本论文将论述多孔海绵水泥路面对解决城市热岛效应的作用。

2　多孔海绵混凝土路面对降低城市热岛效应的影响机制分析

2.1　多孔海绵混凝土路面降温机制

很多学者对多孔海绵水泥混凝土路面的温度调节原理进行了研究。众多研究已经表明，多孔海绵水泥混凝土能比其他铺装材料能更好地调节城市温度。胡丽群等人提出，多孔海绵水泥混凝土内部存在有大量充满空气的孔隙（如图2所示），在太阳辐射下，热量可以通过孔隙传递。在长时间的阳光照射下，多孔海绵水泥混凝土中储存的水分可以吸收大量的热量，然后借助水分的不断蒸发带走热量。王俊松等也认为，这一过程可以在炎热的夏季带走路面大量的热量，从而达到降温的效果（如图3所示）。有学者指出，由于水的比热容较高，如果在城市中广泛铺设多孔海绵水泥混凝土路面，在夏季水分蒸发的过程中会吸收很多热量，可以达到降低路面环境温度的效果。李永清等指出，如果在道路高温期有降雨或有专业养护部门进行洒水养护，水会被多孔海绵水泥混凝土中的海绵吸收储存，然后通过蒸发，就会降低道路表面的温度，从而降低城市环境的温度。当阳光较弱时，大量的孔隙也会使路面温度迅速下降，因此多孔海绵水泥混凝土路面的升温速度比普通水泥混凝土路面慢，且降温速度则较快。卡卢什、波梅兰茨认为，多孔海绵水泥混凝土路面结构中存在良好的保水材料海绵和导热通道，使路面结构具有较强的温度自我调节和平衡能力，所以路面结构中通常不会出现高温现象。另外，在相同温度下，多孔海绵水泥混凝土表面温度的极限高温比普通水泥混凝土低。

图2　多孔海绵水泥混凝土内部空隙示意图

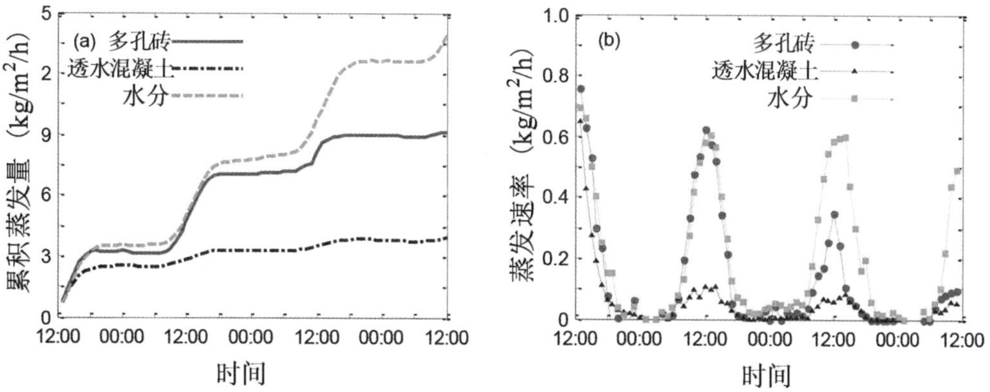

图3　透水混凝土的蒸发过程

胡等人的实验表明，不同路面材料条件下，上部空气的极限高温是不同的。在对照实验中，多孔海绵水泥混凝土表面的极限高温最低，透水混凝土路面温度为52.7 ℃，沥青路面为53.3 ℃，而多孔海绵水泥混凝土路面为52.2 ℃。透水混凝土路面上空的空气极限高温为49.7 ℃，沥青路面为50.4 ℃，多孔海绵水泥混凝土为48.8 ℃。这说明多孔海绵水泥混凝土对路面及其上部空气温度有较强的调节能力。

胡丽群采用了不同的实验方法，结果表明夏季保水混凝土对路面温度和空气温度的调节能力要优于普通混凝土。在夏季，通过内部水分蒸发降低路面温度是保水降温路面材料的主要功能。实验中，分别成型了30 cm×30 cm×10 cm的保水降温水泥混凝土和普通水泥混凝土试件，并在实验样品的表面和中间嵌入热电耦，28天后进行实验。实验中，用喷壶在两个试块的表面喷水600 ml，然后用数据采集仪进行48 h的连续温度采集。在相同的温度条件下，保水降温铺装材料板和普通水泥混凝土板的表面和中间部分的温度变化实验结果表明，普通水泥混凝土或保水降温水泥混凝土的表面温度在下午2点至3点时最高，表面最高温度出现2 h之后中间部分达到最高温度；含水路面水泥混凝土的表面温度和中间温度低于普通水泥混凝土。在实验的第一天，表面最高温度和中间最高温度的差值分别为7.2 ℃和3.2 ℃。在实验的第二天，表面最高温度和中间最高温度之差分别为5.1 ℃和3.1 ℃左右。因此，保水降温的水泥混凝土具有明显的降温功能，但随着水分的流失，其降温效果也会减弱。实验中使用的保水混凝土虽然没有添加多孔海绵，但用粉煤灰和矿渣代替海绵，添加后的保水性能比海绵差。因此发现，如果以多孔海绵混凝土为实验对象，其保水性能和温控性能可能会更好。

张倩和李云英认为，多孔海绵水泥混凝土由于其多孔结构，雨后多孔海绵水泥混凝土中的海绵会吸收丰富的水分，在太阳辐射下通过自然蒸发吸收大量的显热和潜热，使多孔海绵水泥混凝土的表面温度降低，从而有效缓解“热岛现象”。

2.2　多孔海绵混凝土路面对城市辐射反射的影响

波梅兰茨和卡卢什均提出，路面的热量来源于三个部分：太阳直接辐射、散射辐射和大气逆向辐射（如图4所示）。路面除吸收外界能量外，还自发产生对外界的能量辐射，并以地面辐射和路面反射的方式向大气传递能量，随着路面温度升高，路面辐射能力增强。胡丽群的进一步研究表明，当路面温度与环境温度发生温差时，会发生热对流，在风的作用下会加剧对流效应。卡卢什对路面材料的辐射反射率的研究表明，由于沥青混凝土路面的颜色较深，受其本身颜色的影响，对太阳辐射有很强的反射能力，其平均反射率为0.26。反射率的不同直接影响到道路对太阳热辐射的吸收程度，从而导致道路积热的不同。夏季，在相同的天气条件下，反射率为 08 的沥青混凝土路面的最高温度比反射率为0.28 的多孔海绵水泥混凝土路面的最高温度高 15 ℃左右，冬季在相同的天气条件下的最高温度高 8 ℃左右。张倩表示，吸收太阳辐射使路面温度高于空气温度，温差使不同温度介质直接产生热卷积，而风速的影响会加剧对流效应，从而加剧局部热岛效应的发展。因此，与沥青相比，多孔海绵水泥混凝土的反射率更高，温度更低。

相反，李云英指出，与普通混凝土路面相比，多孔海绵水泥混凝土的反射率由于水分子的存在而下降。但本研究认为，多孔海绵水泥混凝土较高的反射率可以更好地调节自身的温度，因此在解决城市热岛效应的前提下，可以不考虑满水条件下的路面温度差异。

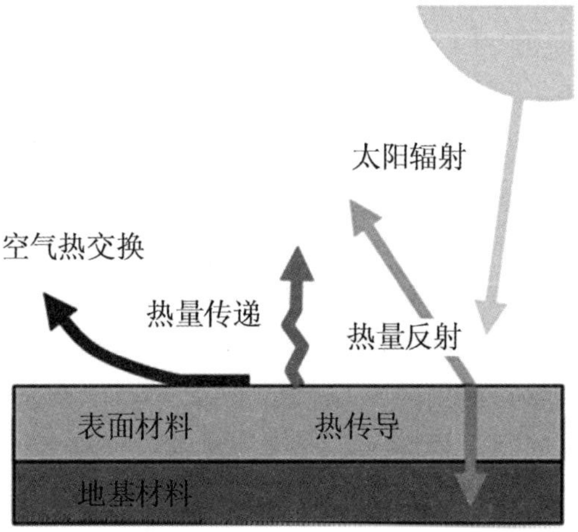

图4 路面的能量来源示意

2.3 多孔海绵混凝土路面对城市的路面渗透性的影响

多孔海绵水泥混凝土可以调节城市路面的渗透性，同时保持水分，形成城市地表水与地下水的相互作用，形成湿润且相对低温的道路环境，改善城市热岛效应。

多孔海绵水泥混凝土可以使雨水快速渗入地下，补充地下水，维持地下水与土壤的生态平衡，改善城市生态环境。此外，还可以避免因过度开采地下水而导致的建筑地基下沉、塌陷等工程地质灾害。经卡卢什计算，5000 万平方米的透水地面，按年降雨量 600 mm计算，可蓄水 3000 万立方米，达到中等规模的蓄水能力，由此可见多孔海绵水泥混凝土道路蓄水潜力十分巨大。日本学者木内等指出，日本是一个多雨的国家，日本单位面积的年平均降雨量为 1800 mm，是世界年平均降雨量的 215 倍。20 世纪 70 年代，为了解决“地下水抽取造成的地基沉降”问题，日本采取了“雨水地下化对策”，开发应用透水路面，并在 80 年代初由日本建设省实施了雨水入渗计划。根据木内 等人的统 计，东京透水铺装区的雨水流出率从 51.8%下降到 5.4%。东山宏浩等表明，多孔海绵水泥混凝土的保水能力可以自行储存一部分水且不会造成地面上的污染水流向地下，可以预防和控制地下水资源的污染。

2.4　多孔海绵混凝土路面对城市水循环的影响

多孔海绵水泥混凝土可以很好地调节城市水循环，从而改善被硬化路面破坏的城市水循环能力，水循环良好的路面可以调节城市温度，改善城市热岛效应。

透水混凝土路面相比沥青等传统材料路面具有较强的透水性（如图5所示）。多孔海绵水泥混凝土具有很强的透水功能，其透水率一般为 15×102 cm/s，可应对 60 mm/h 的降雨，雨水可迅速下渗补充地下水，可用于辅助道路和广场。从水循环和水平衡来看，自然降水是维持整个陆地生态系统的基础。地下水源主要由雨水补充，世界上的城市供水在很大程度上依赖于地下水。李永清等提到，传统石材、水泥混凝土、普通陶瓷方砖等材料铺设道路后，由于不具有透水性和透气性，下雨时，这些硬化的道路不能及时吸收雨水，而是让大量雨水流向河流，造成地表径流的二次污染。有了多孔海绵水泥混凝土路面，雨水不仅可以迅速渗入地下，恢复自然储水能力，还可以防止地下水干涸。东山宏浩等认为，用多孔海绵水泥混凝土代替不透水的硬化地面，可以有效缓解硬化地面对城市地下水资源的不利影响。

传统的非透水路面强调地面的防水性能，但难以及时补充城市地下水源，严重影响了雨水的有效利用。李云英表明，当城市铺设非透水路面时，雨水首先通过地面的排水坡度或沟渠排入下水道。雨水在进入下水道之前要经过很长一段距离的地表径流才能进入城市地下排水系统。在这个过程中，相对干净的雨水会溶解大量的城市地表污染物，二次污染在径流过程中产生，使自然水体的污染程度加重。因此，卡卢什指出，多孔海绵水泥混凝土可以通过渗流路径将雨水直接渗入下部土壤，雨水还可以通过土层的过滤作用得到净化。因此，多孔海绵水泥混凝土可以有效解决城市防渗硬化地面对城市水资源的不利影响。

图5　沥青路面与透水混凝土路面

2.5 多孔海绵混凝土路面对城市植被与环境美化的影响

多孔海绵水泥混凝土的保水和透水性能可以为周围的植物提供良好的生长环境，植物又可以很好地调节城市热岛效应。李云英的研究表明，多孔海绵水泥混凝土可用于河道护坡，防止水流向河岸造成水土流失，有利于植物的生长。卡卢什指出，防渗地面铺装严重破坏了城市地表土壤的生物环境，改变了大自然原有的生态环境；城市建筑、道路、广场等设施取代了森林、绿地和田野，形成了城市沙漠；野生动物数量减少；城市防渗硬化地面的铺设破坏了原有的自然生物环境。城市不透水硬化地面是城市环境危机的根源之一。巴拉尔提出，多孔海绵水泥混凝土具有良好的透水性和保水性，充分考虑了人类活动对硬化地面的使用要求。此外，由于具有接近天然草坪和土壤表面的生态优势，多孔海绵水泥混凝土将减少对自然的破坏程度。因此，它体现了可持续发展理念。此外，胡丽群指出，多孔海绵水泥混凝土可以在黏结剂中掺入各种颜料，使混凝土路面颜色多样，可以自由设计并与周围景观相结合，避免了路面颜色的单一性，丰富了城市道路表面色彩，达到美化城市景观的效果（如图6所示）。

图6　多孔海绵水泥混凝土路面效果图

3 多孔海绵混凝土路面应用中的弊端及解决思路

3.1 多孔海绵混凝土路面应用中的弊端

多孔海绵混凝土与常规混凝土相比，在材料力学特性方面其抗压强度和抗破坏能力会有所下降。从材料特性来讲，传统海绵材质柔软且不具备支撑属性，因此，海绵的加入，会降低混凝土原本的抗压强度，使得混凝土的支撑能力下降。此外，由于多孔海绵混凝土内部孔隙率较大，较大孔隙率同时使得多孔海绵混凝土内部密度分布不均，使得材料密度下降，并且在受压情况下，容易造成局部应力集中，导致材料完整性破坏，降低了多孔海绵混凝土的抗破坏能力。

多孔海绵混凝土的抗腐蚀性较差。混凝土的抗侵蚀性与所用水泥的品种、混凝土的密实程度和孔隙特征有关。密实和孔隙封闭的混凝土，环境水不易侵入，故其抗侵蚀性较强。而多孔海绵混凝土内部孔隙率较大且被吸水海绵填充，因此多孔海绵混凝土兼具高透水性和高保水性特点，这意味着多孔海绵混凝土渗透性强且混凝土内部材料与外界侵入介质的作用时间长。因此，在具有腐蚀性的外界物质侵入介质通过多孔海绵混凝土的孔隙渗透进入混凝土内部并被掺混海绵吸收后，掺混海绵极易被腐蚀破坏，造成掺混海绵材质硬化材料属性改变，其吸水保水能力及弹性极大程度下降，导致混凝土内部孔隙堵塞，宏观上造成多孔海绵混凝土渗透性和保水性下降，导致多孔海绵混凝土被腐蚀破坏。

多孔海绵混凝土路面抗寒能力弱，不适合寒冷地区使用。多孔海绵水泥混凝土具有很强的保水功能，冬季水进入材料后会导致海绵在较低的温度下发生阻塞和硬化。胡丽群等人实验结果表明，随着洒水次数的增加，冻融后水泥混凝土的抗压强度有所下降。保水混凝土材料的受冻损坏现象与水的存在密切相关，冻融循环后，保水水泥混凝土的抗压强度下降明显，这主要有两个原因：第一，在保水降温水泥混凝土的成型过程中，保水材料主要依靠自身的流动性进行填充。李云英指出，在生产过程中，由于搅拌和震荡含水混凝土的内部孔隙可能被完全填充。所以当水结冰膨胀时，随着含水材料体积扩大，含水混凝土内部无法空出更多的空间供含水材料膨胀，所以会造成含水混凝土内部结构改变，含水混凝土抗压能力下降。另一方面，保水水泥混凝土的强度主要取决于粗骨料的骨架，在保水材料膨胀和气温降低的双重影响下，粗骨料的抗压强度也会下降。莎爱明的实验结果表明，由于内部存在水分，冻融后多孔海绵水泥混凝土的强度会下降，但并不明显。虽然多孔海绵水泥混凝土具有较强的保水能力，但由于粗骨料骨架中形成了较大的孔隙，水不会完全被孔隙填充；而海绵具有较高的弹性，这为水结冰时产生的内力释放提供了一定的空间，水的体积扩大，所以多孔海绵水泥混凝土的冻融破坏效应明显。两次实验结果不同，但考虑到前者的实验设计更加科学合理，与寒冷地区冬季的实际情况相似，本文选择性地接受了李云英的实验结果。认为多孔海绵混凝土在抗冻性能上存在缺陷，容易发生冻损（如图7所示），这样就会影响多孔海绵混凝土在冬季调节温度的能力，降低多孔海绵混凝土对城市热岛效应的调节能力。因此，在寒冷地区，多孔海绵混凝土并不是通过铺装材料来改善城市热岛效应的最佳选择。

图7　冻损路面

此外，胡江等研究表明，多孔海绵混凝土在后期养护后透水性降低。一方面，多孔海绵混凝土内部孔隙较多，泥土、灰尘等物质会随水流入多孔海绵混凝土内部，孔隙被堵塞，海绵的空间被挤压；另一方面，多孔海绵混凝土受到长时间挤压，内部粗骨料与海绵之间的位置会发生变化。这就要求在铺设后对透水混凝土进行 维护。李永清等表明，由于多孔海绵混凝土的铺设是一次性成型，后期的养护只是针对路面，不能对内部结构进行维护和调整，所以后期维护的难度比较大。因此，多孔海绵混凝土在生产和维护方面会产生相对较高的成本，这对于发展中地区的城市建设可能有一定的经济困难。这也是多孔海绵混凝土的缺点之一。

综上所述，多孔海绵混凝土与常规混凝土相比，在特定条件下其力学特性、抗腐蚀性、抗冻性及抗渗性均会有所下降，即多孔海绵混凝土在特定条件下的耐久性较差。多孔海绵混凝土的耐久性与生产过程中的掺混海绵量、海绵掺混时间、水灰比、孔隙率、集料级配等因素相关，因此多孔海绵混凝土生产工艺复杂、工艺难度高。

3.2 解决思路

提高多孔海绵混凝土的力学特性，应该首先提高多孔海绵混凝土内部的内聚力和粘合力。通过选取高标号水泥材料并严格控制水灰比提高混凝土内部的内聚力；生产过程中，添加适当减水剂减少用水量，控制孔隙率，保证孔隙分布均匀，可提高多孔海绵混凝土内部海绵与混凝土之间的粘合力；提高抗腐蚀性，应该考虑选取抗腐蚀性较强的吸水海绵，同时平衡多孔海绵混凝土的吸水能力和保水能力，生产过程中控制孔隙率及孔隙大小，避免孔隙率较大导致外界侵入介质的大量渗入；为保证多孔海绵混凝土较好的抗冻性可以在混凝土成型过程中，在混凝土内部或者掺混海绵内部加入适量抗冻剂或者NaC_l等盐类添加剂，提高混凝土孔隙内部的抗冻能力及海绵内部水分的熔点，防止掺混海绵硬化膨胀。多孔海绵混凝土内部孔隙率及孔隙大小是保证多孔海绵混凝土良好渗透性的关键因素，孔隙率及孔隙大小应该满足多孔海绵混凝土的使用环境状态需求，防止孔隙过大导致外界较大体积杂质渗入混凝土内部堵塞透水孔隙，同时也要避免孔隙过小导致透水效率下降。

因此，为提高多孔海绵混凝土的耐久性，未来应针对多孔海绵混凝土的基础研究应当对水泥材质、海绵材质、水灰比、孔隙大小及孔隙率、掺混添加剂等对多孔海绵混凝土耐久性的影响特性进行研究，确定各种影响因素对多孔海绵混凝土耐久性的微观影响机制及宏观影响规律，为多孔海绵混凝土的生产工艺及工程应用提供技术参考，以提高多孔海绵混凝土在应用过程中的耐久性。

4 结论

本文对多孔海绵混凝土一系列研究文献和实验进行了归纳总结，并分析了多孔海绵混凝土的相关性能及其对缓解城市热岛效应的作用机制。

本文首先对城市热岛效应进行定义，城市热岛效应是指由于大量的人工供暖、建筑物和人造路面等高蓄热体以及绿地的减少而造成的城市“高温”现象。城市路面是造成城市热岛效应的主要原因之一，因此减少现有的沥青路面，并采用保水材料对城市路面进行建设和改造是解决城市热岛效应的主要手段。

本文通过多孔海绵混凝土对城市温度控制、城市辐射反射、城市路面渗透性、城市水循环和城市环境的影响，详细讨论了多孔海绵混凝土调节城市热岛效应的作用机制。首先，在城市温度控制方面，几乎所有的研究者都认为多孔海绵混凝土能比其他路面铺装材料更好地调节城市温度，而且这一观点已经被多个实验结果证实。其次，对于城市辐射反射，现有文献从不同天气、不同颜色、不同季节三个方面进行了测试。实验证明，多孔海绵混凝土对太阳辐射有较好的反射能力。第三，在城市路面渗透性方面，多孔海绵混凝土具有保水性，可以形成城市地表水与地下水的相互作用，可以形成更潮湿的环境，改善城市热岛效应。第四，多孔海绵混凝土的透水性可以供给城市地下水源，这是传统的硬化路面不能实现的。城市水循环系统的建立可以增加城市水面积，水的蒸发可以带走更多的热能，从而降低城市温度。第五，多孔海绵混凝土可以为城市植物带来良好的生长环境，提高城市的植物覆盖率可，有效改善城市热岛效应。

最后，通过对相关文章的研究，分析了多孔海绵混凝土在力学特性、抗腐蚀性、抗冻性及渗透性方面存在的弊端，并提出了相应的解决思路。

参考文献

[1] Pomerantz M， Akbari H， Chang S C，et al. Examples of cooler reflective streets for urban heat-island mitigation：Portland cement concrete and chip seals[J]. materialsence.

[2] Sabnis G M . Green Building with Concrete: Sustainable Design and Construction, Second Edition[J]. Crc Press, 2015.

[3] Carr W F . A study of passive solar space heating techniques applied to family housing units within the continental United States. 1981.

[4] Kaloush K E， Carlson J D， Golden J S，et al. The Thermal and Radiative Characteristics of Concrete Pavements in Mitigating Urban Heat Island Effects[J]. Heat, 2008.

[5] Jim C Y . Old stone walls as an ecological habitat for urban trees in Hong Kong[J]. Landscape and Urban Planning, 1998, 42(1):29-43.

[6] Ting M， Koomey J， Pomerantz M . Preliminary evaluation of the lifecycle costs and market barriers of reflective pavements[J]. office of scientific & technical information technical reports, 2001.

[7] Smalls-Mantey L， Digiovanni K， Olson M，et al. Validation of two soil heat flux estimation techniques against observations made in an engineered urban green space[J]. Urban Climate, 2013, 3:56-66.

[8] Ferraro R M， Nanni A， Vempati R K，et al. Carbon Neutral Off-White Rice Husk Ash as a Partial White Cement Replacement[J]. Journal of Materials in Civil Engineering, 2010, 22(10):1078-1083.

[9] Hu L Q， Ma W S， Hou H Q . Research on Temperature Characteristic of Porous Cement Concrete[J]. Advanced Materials Research, 2011, 374-377:2105-2109.

[10] Wang J， Meng Q， Tan K，et al. Experimental investigation on the influence of evap-

orative cooling of permeable pavements on outdoor thermal environment[J]. Building and Environment, 2018:S0360132318302932.

[11] Kaloush K E , Carlson J D , Golden J S , et al. The Thermal and Radiative Characteristics of Concrete Pavements in Mitigating Urban Heat Island Effects[J]. Heat, 2008.

[12] Zhang X , Hu Y , Jia G , et al. Land surface temperature shaped by urban fractions in megacity region[J]. Theoretical & Applied Climatology, 2015, 127(3):1-11.

[13] Hu L Q , Zhang J W , Wang H N , et al. Mechanical and temperature reduction properties of porous concrete with addition of sponge[J]. Journal of Chang'an University (Natural ence Edition), 2014, 34(5):1-7.

[14] Li H , Harvey J , Kendall A . Field measurement of albedo for different land cover materials and effects on thermal performance[J]. Building & Environment, 2013, 59(JAN.): 536-546.

[15]Field measurements of road surface temperature of several asphalt pavements with temperature rise reducing function[J]. Case Studies in Construction Materials, 2016, 4(C):73-80.